Harald Zepp

WASSERHAUSHALT UND VERLAGERUNG WASSERLÖSLICHER STOFFE IN LÖSSDECKEN DES MAIN-TAUNUS-VORLANDES

ARBEITEN ZUR RHEINISCHEN LANDESKUNDE

ISSN 0373—7187

Herausgegeben von

H. Hahn · W. Kuls · W. Lauer · P. Höllermann · W. Matzat · K.-A. Boesler · G. Aymans

Schriftleitung: H.-J. Ruckert

Heft 56

Harald Zepp

Wasserhaushalt und Verlagerung wasserlöslicher Stoffe in Lößdecken des Main-Taunus-Vorlandes

1987

In Kommission bei
FERD. DÜMMLERS VERLAG · BONN
— Dümmlerbuch 7156 —

Wasserhaushalt und Verlagerung wasserlöslicher Stoffe in Lößdecken des Main-Taunus-Vorlandes

von

Harald Zepp

Mit 97 Abbildungen, 15 Tabellen und 1 Beilage

In Kommission bei
FERD. DÜMMLERS VERLAG · BONN
1987

Dümmlerbuch 7156

Alle Rechte vorbehalten

ISBN 3-427-71561-2

© 1987 Ferd. Dümmlers Verlag, 5300 Bonn 1
Herstellung: Richard Schwarzbold, Witterschlick b. Bonn

Vorwort

Die Durchführung der vorliegenden Untersuchung wurde durch die fakultätsübergreifende Zusammenarbeit zwischen dem Geographischen Institut und dem Institut für Bodenkunde der Universität Bonn, durch die Herren Professoren Dr. P. Höllermann und Dr. H. Zakosek ermöglicht, die zu dem interdisziplinären Arbeitsansatz ermutigten. Die Studie entstand auf Anregung von Herrn Prof. Dr. H. Zakosek, dem ich für seine fördernde und engagierte Anteilnahme am Fortgang der Arbeit sehr herzlich danke.

Mein Dank gilt ebenfalls allen Mitarbeitern des Institutes für Bodenkunde, die durch mancherlei Hilfestellungen und besonders durch die gute Institutsatmosphäre zum Gelingen der Arbeit beitrugen. Stellvertretend möchte ich an dieser Stelle Herrn Dr. H. Gewehr und Frau R. Kahrer sowie Frau E. Sillmann nennen. Herrn Dr. A. Scholz danke ich für die Einführung in die rechnergestützte Datenauswertung und Herrn Dr. G. Voss für zahlreiche Diskussionen im Institut für Bodenkunde.

Die Untersuchungen wurden durch die Farbwerke Hoechst AG gefördert, auf deren landwirtschaftlichen Untersuchungsflächen ich die notwendigen Geländearbeiten und Langzeitmeßreihen durchführen konnte. Für die Gastfreundschaft während meiner mehrmonatigen Aufenthalte in Hattersheim sowie für die Gewährung und logistische Unterstützung unbeeinflußter Forschungsarbeit gilt mein aufrichtiger Dank besonders Herrn Dr. N. Taubel. Für ungezählte praktische Hilfestellungen und für die Mitbetreuung der Meßstationen danke ich Frau M. Klüsche und Herrn W. Mook sowie Herrn Dipl. Ing. H. Müller, die insbesondere bei der Beschaffung von Arbeitsmaterialien bzw. bei der Durchführung von Geländearbeiten zur Stelle waren. Die umfangreichen Laborbestimmungen von Chlorid und Nitrat wurden freundlicherweise durch Herrn H. Frings, unterstützt durch Herrn W. Groh, sorgfältig ausgeführt.

Herrn Dr. Hülsenberg vom Bundesgesundheitsamt, Institut für Wasser-, Boden- und Lufthygiene, Außenstelle Hattersheim, überließ mir freundlicherweise detaillierte Niederschlagsdaten. Mit Herrn Prof. Dr. M. Renger (Berlin), Herrn Dr. O. Strebel (Hannover) und Herrn Dr. U. Krahmer (Krefeld) konnte ich vor Beginn der Geländeuntersuchungen dankenswerterweise grundsätzliche Probleme der Bilanzierung des Bodenwasserhaushaltes erörtern und mit Herrn Dr. G. Morgenschweis (Essen) Probleme der Sondeneichung besprechen.

Schließlich darf ich herzlich meiner Frau, Karin Sträubig-Zepp, danken; sie erledigte nicht nur einen Teil der Schreibarbeiten, sondern sie half im privaten Bereich mit großem Einfühlungsvermögen und Ausdauer, den zwangsläufig mit einer solchen Arbeit verbundenen Erwartungsdruck aufzufangen. Auch allen hier nicht namentlich erwähnten Personen, die zum Gelingen der Arbeit beigetragen haben, möchte ich meinen Dank aussprechen.

Den Herausgebern der Schriftenreihe, besonders Herrn Prof. Dr. P. Höllermann, danke ich für das Angebot, diese auf meiner Dissertation basierende Studie in den ARBEITEN ZUR RHEINISCHEN LANDESKUNDE zu veröffentlichen. Das Manuskript wurde im Februar 1986 abgeschlossen.

Bonn, im Dezember 1986

Harald Zepp

Inhalt

1.	Einleitung	1
2.	Fragestellung und Zielsetzung	2
3.	Hydrogeographie des Untersuchungsgebietes	3
3.1	Naturräumliche Lage	3
3.2	Regionalklimatische Verhältnisse	3
3.3	Grundwasservorkommen	6
3.4	Grundwasserneubildung	7
4.	Untersuchungsmethodik	9
5.	Untersuchungsflächen	13
5.1	Oberflächengestalt und holozäne Morphodynamik	14
5.2	Böden	14
5.3	Lößmächtigkeiten	15
5.4	Hydrologisch bedeutsame Eigenschaften der Lößdecke	16
6.	Bodenfeuchtemeßstandorte	17
6.1	Auswahl und Typisierung	17
6.2	Bodenkundliche Standortaufnahme	20
6.2.1	Profilbeschreibungen und Bodeneigenschaften	20
6.2.2	Beziehungen zwischen Bodenart und Porengrößenverteilung	29
7.	Bodenhydrologische Meßmethoden	31
7.1	Neutronensonde	31
7.2	Tensiometer	36
7.3	Chlorid und Nitrat als Tracer	39
8.	Witterungsverlauf und Bodenfeuchte im Untersuchungszeitraum	42
8.1	Witterungsverlauf	42
8.2	Bodenwassergehalte	45
8.2.1	Variationsbreite der Wassergehalte	46
8.2.2	Der zeitliche Gang der Bodenfeuchte	49
8.2.3	Vergleich und Diskussion der Bodenfeuchteverläufe	59
8.3	Saugspannungen	64
8.3.1	Variationsbreite der Saugspannungen	65
8.3.2	Der zeitliche Gang der Saugspannungen	67
8.3.3	Vergleich der Saugspannungsverläufe	77
8.4	Vergleich zwischen Bodenfeuchte- und Saugspannungszeitreihen	81
9.	Wasserspannungs-Wassergehalts-Beziehungen	82
9.1	Datenbasis und mathematische Formulierung	82
9.2	Vergleich zwischen Labor- und Freilandergebnissen	83

10.	Bodenwasserdynamik	85
10.1	Bestimmung der Wasserumsätze in der ungesättigten Zone	85
10.1.1	Theoretische Grundlagen der Bodenwasserbewegung	85
10.1.1.1	Potentialkonzept und hydraulische Wasserscheide	85
10.1.1.2	Grundgleichungen der Wasserbewegung in der ungesättigten Zone	86
10.1.1.3	Die Bedeutung der ungesättigten Leitfähigkeit	88
10.1.1.4	Einfluß der Pflanzenwurzeln auf die Bodenwasserbewegung	89
10.1.2	Bodenphysikalische Bilanzierungsmöglichkeiten	90
10.1.2.1	Lysimetermethode	90
10.1.2.2	Wasserscheidenmethode	91
10.1.2.3	Flüssemethode	91
10.1.2.4	Modelle auf der Grundlage der klimatischen Wasserbilanz	92
10.1.2.5	Numerische Simulationsmodelle	92
10.1.2.6	Schlußfolgerungen	95
10.1.3	Bestimmung der Bodenwasserhaushaltskomponenten durch ein kombiniertes Wasserscheiden-Wasserhaushaltsverfahren	99
10.1.3.1	Bewegungsrichtung des Bodenwassers und Hydraulische Wasserscheide	99
10.1.3.2	Bodenwasserbilanzen und Sickerwassermengen	103
10.2	Sickerwasserstrecken und Verlagerung von Nitrat und Chlorid	109
10.2.1	Zur Strömungsdynamik und Porenraumgeometrie	109
10.2.2	Beziehungen zwischen Sickerwasserstrecken und Verlagerungsdistanzen wasserlöslicher Stoffe	111
10.2.3	Zeitreihen der Nitrat- und Chlorid-Tiefenfunktionen	112
10.2.3.1	Nitrat-Tiefenfunktionen	112
10.2.3.2	Chlorid-Tiefenfunktionen	122
10.2.3.3	Vergleich der Nitrat- und Chloridmobilität	132
10.2.4	Ableitung von Sickerwasserstrecken aus Sickerwassermengen	134
10.2.4.1	Berechnungsverfahren	134
10.2.4.2	Anpassung an experimentell ermittelte Verlagerungsdistanzen	136
10.2.4.3	Ergebnisse und Interpretationsmöglichkeiten	137
11.	Diskussion der Untersuchungsergebnisse	141
11.1	Niederschläge und Sickerwassermengen	141
11.2	Verlagerungsdistanzen	141
11.3	Verweildauer des Sickerwassers in der Lößdecke	147
	Zusammenfassung	151
	Summary	152
	Literatur	153
	Anhang	
	Beilage	

Abbildungsverzeichnis

3.1	Isohyetenkarte der Main-Taunus-Region
3.2	Prozentualer Anteil der Monatsniederschläge am Jahresniederschlag zwischen Taunus und Mainzer Becken
4.1	Struktur des Untersuchungsprogramms
5.1	Lage der Untersuchungsflächen
6.1	Lage der Bodenfeuchte- und Klimameßstellen
6.2	Einbauschema der Tensiometer und Sondenrohre
6.3	Station 1: Korngrößenverteilung, Carbonatgehalt und Porengrößenverteilung
6.4	Station 2: Korngrößenverteilung, Carbonatgehalt und Porengrößenverteilung
6.5	Station 3: Korngrößenverteilung, Carbonatgehalt und Porengrößenverteilung
6.6	Station 4: Korngrößenverteilung, Carbonatgehalt und Porengrößenverteilung
6.7	Station 5: Korngrößenverteilung, Carbonatgehalt und Porengrößenverteilung
6.8	Station 6: Korngrößenverteilung, Carbonatgehalt und Porengrößenverteilung
6.9	Wasserspannungskurven ausgewählter Horizontgruppen
6.10	Regression zwischen Feinporenanteil und Tongehalt
7.1	Meßprinzip der Sonde
7.2	Änderung der Neutronenflußrate beim Übergang Polypropylen – Luft
7.3	Änderung der Neutronenflußrate beim Übergang zwischen Polypropylen-Zylindern mit unterschiedlichen Durchmessern
7.4	Zuordnung der Impulsraten zu Bodenfeuchte- und Dichte-Meßtiefen
7.5	Eichgerade der Neutronensonde für die Lagerungsdichte 1,5
7.6	Stickstoff-Dynamik in der ungesättigten Zone
7.7	Kleinräumige Variation der NO_3-N-Tiefenverteilung
8.1	Niederschläge und Lufttemperaturen (Monatswerte August 1983 bis Juli 1985)
8.2	Mittelwert, Minimum und Maximum der Wassergehalte an Station 1
8.3	Mittelwert, Minimum und Maximum der Wassergehalte an Station 2
8.4	Mittelwert, Minimum und Maximum der Wassergehalte an Station 3
8.5	Mittelwert, Minimum und Maximum der Wassergehalte an Station 4
8.6	Mittelwert, Minimum und Maximum der Wassergehalte an Station 5
8.7	Mittelwert, Minimum und Maximum der Wassergehalte an Station 6
8.8	Variationsbreite der Wassergehalte an 6 Standorten
8.9	Bodenfeuchte-Isoplethen an Station 1
8.10	Bodenfeuchte-Isoplethen an Station 2
8.11	Bodenfeuchte-Isoplethen an Station 3
8.12	Bodenfeuchte-Isoplethen an Station 4
8.13	Bodenfeuchte-Isoplethen an Station 5
8.14	Bodenfeuchte-Isoplethen an Station 6
8.15	Wasserspeicherung in der gesamten Lößdecke an 6 Standorten
8.16	Zeitlicher Gang der Bodenfeuchtespeicherung einzelner 100 cm-mächtiger Lößzonen an Station 1
8.17	Zeitlicher Gang der Bodenfeuchtespeicherung einzelner 100 cm-mächtiger Lößzonen an Station 2
8.18	Zeitlicher Gang der Bodenfeuchtespeicherung einzelner 100 cm-mächtiger Lößzonen an Station 3
8.19	Zeitlicher Gang der Bodenfeuchtespeicherung einzelner 100 cm-mächtiger Lößzonen an Station 4
8.20	Zeitlicher Gang der Bodenfeuchtespeicherung einzelner 100 cm-mächtiger Lößzonen an Station 5
8.21	Zeitlicher Gang der Bodenfeuchtespeicherung einzelner 100 cm-mächtiger Lößzonen an Station 6

8.22	Mittelwert, Minimum und Maximum der Saugspannungen an Station 1
8.23	Mittelwert, Minimum und Maximum der Saugspannungen an Station 2
8.24	Mittelwert, Minimum und Maximum der Saugspannungen an Station 3
8.25	Mittelwert, Minimum und Maximum der Saugspannungen an Station 4
8.26	Mittelwert, Minimum und Maximum der Saugspannungen an Station 5
8.27	Mittelwert, Minimum und Maximum der Saugspannungen an Station 6
8.28	Variationsbreite der Saugspannungen an 6 Standorten
8.29	Saugspannungs-Isoplethen an Station 1
8.30	Saugspannungs-Isoplethen an Station 2
8.31	Saugspannungs-Isoplethen an Station 3
8.32	Saugspannungs-Isoplethen an Station 4
8.33	Saugspannungs-Isoplethen an Station 5
8.34	Saugspannungs-Isoplethen an Station 6
8.35	Saugspannungsverläufe im Oberboden, im Bt-Horizont und im Rohlöß an Station 1
8.36	Saugspannungsverläufe im Oberboden, im Bt-Horizont und im Rohlöß an Station 2
8.37	Saugspannungsverläufe im Oberboden, im Bt-Horizont und im Rohlöß an Station 3
8.38	Saugspannungsverläufe im Oberboden, im Bt-Horizont und im Rohlöß an Station 4
8.39	Saugspannungsverläufe im Oberboden, im Bt-Horizont und im Rohlöß an Station 5
8.40	Saugspannungsverläufe im Oberboden, im Bt-Horizont und im Rohlöß an Station 6
8.41	Maximale Tiefenlage der 500 cm WS-Isolinien zwischen August 1983 und Juli 1985
9.1	Vergleich der Freiland- und Labor-pF-Kurve: Ap-Horizont (Station 2)
9.2	Vergleich der Freiland- und Labor-pF-Kurve: Bt-Horizont (Station 3)
9.3	Vergleich der Freiland- und Labor-pF-Kurve: C-Horizont (Station 5)
10.1	Hydraulische Leitfähigkeitsfunktion
10.2	Interpretation hydraulischer Gradienten
10.3	Zeit-Tiefen-Region zur Simulation des Bodenwasserhaushaltes
10.4	Rechenschritte zur Bodenwasserbilanzierung
10.5	Tiefenlage der Hauptwasserscheide an 6 Standorten
10.6	Sickerwassermengen und Klimatische Wasserbilanz auf Monatsbasis 1983 - 1985
10.7	Kumulierte Sickerwassermengen an 6 Standorten
10.8	Kumulierte Evapotranspiration an 6 Standorten
10.9	Wasserbilanzen 1983 - 1985 für 6 Standorte
10.10	Porensysteme im Boden
10.11	Nitrat-Stickstoff-Tiefenfunktionen zwischen Juli 83 und Juli 85 (Standort 1)
10.12	Nitrat-Stickstoff-Tiefenfunktionen zwischen Juli 83 und Juli 85 (Standort 2)
10.13	Nitrat-Stickstoff-Tiefenfunktionen zwischen Juli 83 und Juli 85 (Standort 3)
10.14	Nitrat-Stickstoff-Tiefenfunktionen zwischen Juli 83 und Juli 85 (Standort 4)
10.15	Nitrat-Stickstoff-Tiefenfunktionen zwischen Juli 83 und Juli 85 (Standort 5)
10.16	Nitrat-Stickstoff-Tiefenfunktionen zwischen Juli 83 und Juli 85 (Standort 6)
10.17	Nitrat-Stickstoff-Tiefenfunktionen zwischen Juli 83 und Juli 85 (Bohrpunkt 187)
10.18	Chlorid-Tiefenfunktionen zwischen Juli 83 und Juli 85 (Standort 1)
10.19	Chlorid-Tiefenfunktionen zwischen Juli 83 und Juli 85 (Standort 2)
10.20	Chlorid-Tiefenfunktionen zwischen Juli 83 und Juli 85 (Standort 3)
10.21	Chlorid-Tiefenfunktionen zwischen Juli 83 und Juli 85 (Standort 4)
10.22	Chlorid-Tiefenfunktionen zwischen Juli 83 und Juli 85 (Standort 5)
10.23	Chlorid-Tiefenfunktionen zwischen Juli 83 und Juli 85 (Standort 6)
10.24	Chlorid-Tiefenfunktionen zwischen Juli 83 und Juli 85 (Bohrpunkt 187)
10.25	Berechnete und gemessene Verlagerungsdistanzen für Station 1
10.26	Berechnete und gemessene Verlagerungsdistanzen für Station 2
10.27	Berechnete und gemessene Verlagerungsdistanzen für Station 4

11.1   Zunahme von Evapotranspiration und Sickerwassermenge bei Erhöhung des Niederschlages
11.2   Regressionen zwischen Niederschlag und Sickerwassermengen für den Raum Hattersheim
11.3   Beziehung zwischen Niederschlag und Sickerwassermenge für den Raum Hattersheim
11.4   Zusammenhang zwischen Lößmächtigkeit und Wasserspeicherung
11.5   Mittlere Verweildauer des Sickerwassers in der Lößdecke

Tabellenverzeichnis

3.1   Orientierende Klimadaten für den Raum Hattersheim

6.1   Kurzcharakteristik der Bodenfeuchte-Meßstandorte
6.2   Fruchtfolgen an den Bodenfeuchte-Meßstellen
6.3   Wassergehalte bei verschiedenen Entwässerungsstufen für ausgewählte Horizonte

7.1   Theoretische Obergrenze der Tensiometer-Meßbereiche in Abhängigkeit von der Einbautiefe

8.1   Niederschlag und Lufttemperatur der Stationen Frankfurt-Flughafen (DWD) bzw. Hattersheim (Versuchsfeld) für die Zeitraum Januar 1983 bis Juli 1985
8.2   Beginn der bodenhydrologisch feuchten Phase in den Hydrologischen Winterhalbjahren 1983/84 und 1984/85 an 6 Standorten
8.3   Beginn der bodenhydrologisch trockenen Phase in den Hydrologischen Sommerhalbjahren 1984 und 1985 an 6 Standorten

10.1   Wasserbilanzen 1983 - 1985 an 6 Standorten
10.2   Tiefenlagen der Chloridmaxima
10.3   Mittlere jährliche Verlagerungsdistanzen für Nitrat-N und Chlorid
10.4   Immobiler Wassergehalt und Wurzelentzugs-Kennwerte für die Standorte 1, 2 und 4

11.1   Niederschläge und Sickerwassermengen auf Lößstandorten
11.2   Regressionen zwischen jährlichen Niederschlags- und Sickerwassersummen (Lößböden)
11.3   Mittlere jährliche Sickerwassermenge für den Raum Hattersheim, nach verschiedenen Verfahren

Anhang

Wassergehalts-Saugspannungsbeziehungen auf der Grundlage paralleler Neutronensonden- und Tensiometermessungen

Beilage

Karte 1   Bodenkarte der landwirtschaftlichen Feldversuchsflächen
Karte 2   Lößmächtigkeiten der landwirtschaftlichen Feldversuchsflächen

Symbolverzeichnis

A	Abfluß	(mm)
BF	Bodenfeuchte	(mm)
D	Diffusivität	
E	Evapotranspiration	(mm)
E_{pot}	potentielle Evapotranspiration	(mm)
ET_a, E	aktuelle Evapotranspiration	(mm)
E_{Haude}	Haude-Verdunstung	(mm)
N	Niederschlag	(mm)
S	Sickerwasser	(mm)
S	Wasseraufnahme durch Pflanzenwurzeln	(mm)
S	Schnee-Wasseräquivalent	(mm)
U	relative Luftfeuchtigkeit	(%)
Z	Zufluß	(mm)
e	aktueller Dampfdruck	(mbar)
f	Korrekturfaktor für die Haude-Verdunstung	
i	definiertes Kompartiment	
j	definierter Zeitpunkt	
k	Wasserleitfähigkeit	(cm/d)
q, v	Wasserfluß	(mm/d)
t, T	Zeit	(Tag, Jahr)
w	Wassergehalt	(mm)
x, y, z	Ortskoordinaten	(cm)
ζ	Tiefenlage der hydraulischen Wasserscheide	(cm)
ψ	Potential des Bodenwassers	(cm WS, cm Hg, mbar, hPa)
ψ_H, Φ	Hydraulisches Potential	(dto.)
ψ_m	Matrixpotential	(dto.)
ψ	Gravitationspotential	(dto.)
θ	Bodenwassergehalt	(Vol.-%)
θ_{ex}	Ausschlußwassergehalt, immobiler Wasseranteil	(%, Vol.-%)

1. Einleitung

Je mehr sich die physische Geographie der Erforschung komplexer Systeme (STODDART 1970, CHORLEY & KENNEDY 1971, FRÄNZLE 1971, KLUG & LANG 1981) zuwendet, desto größere Bedeutung erlangt die quantitative Erfassung der Wechselwirkungen zwischen den Systemelementen. Ausgehend von einer landschaftsökologischen, auf die Erfassung landschaftlicher Ökosysteme (LESER 1978) ausgerichteten physischen Geographie im Sinne TROLLs (1966) und NEEFs (1967) widmet sich die vorliegende Arbeit dem bodenhydrologischen Subsystem. Sie steht daher im Schnittpunkt zahlreicher geowissenschaftlicher Teildisziplinen, allen voran Bodenkunde, Hydrogeographie und Klimatologie. Zwangsläufig werden daher bodenhydrologische Fragestellungen vorzugsweise interdisziplinär bearbeitet. Der spezifisch geographische Ansatz der integrativen Erforschung komplexer Systeme schafft eine fruchtbare Forschungsperspektive, hydro- und pedologische Meß- und Untersuchungsmethoden problemorientiert einzusetzen.

Innerhalb der Nachbardisziplinen Bodenkunde, Bodengeographie, Standortlehre und Landschaftsökologie nimmt bei divergierenden Zielsetzungen die Beschäftigung mit dem Bodenwasser eine zentrale Stellung ein. Die methodisch ausgerichtete Bodenphysik (CHILDS 1969, HARTGE 1971, KIRKHAM & POWERS 1972, HARTGE 1978) liefert die theoretischen und meßtechnischen Grundlagen für das Verständnis des Wassers im Boden, die Bodengenetik untersucht den Bodenbildungsfaktor Wasser (ZAKOSEK 1952, MÜCKENHAUSEN & ZAKOSEK 1961, MÜCKENHAUSEN 1977), die Bodengeographie analysiert das Bodenwasser im Hinblick auf dessen funktionale Bedeutung für das räumliche Verteilungsmuster von Böden (NEEF et al. 1961, THOMAS-LAUCKNER et al. 1967); Standortlehre und Landschaftsökologie untersuchen die Wechselbeziehungen zwischen Bodenwasser und Pflanzenwachstum einerseits und zwischen Bodenwasser und Pflanzenverbreitung andererseits (LESER 1976, SCHREIBER 1977, ELLENBERG 1978).

Die fundamentale Bedeutung des Regelfaktors Bodenwasser in terrestrischen landschaftlichen Ökosystemen begründet die Praxisrelevanz derartiger Untersuchungen, zumal dem Boden eine Vielzahl landschaftlicher Funktionen zukommen. Daher ist mit Recht in den letzten Jahren die Beschäftigung mit dem Boden in das Blickfeld des wissenschaftlichen, öffentlichen und politischen Interesses gerückt. Seine Funktion als Träger der Bodenfruchtbarkeit, als Wasserspeicher, als hochkompliziertes Filter- und Puffersystem sowie als Regulativ für die Grundwassererneuerung und den Abfluß sind ursächlich mit dem Bodenwasserhaushalt verknüpft.

Grundwasserneubildung, Sickerwasserqualität sowie Nähr- und Schadstofftransport sind Schlüsselbegriffe, die die Unverzichtbarkeit bodenhydrologisch orientierter Untersuchungen begründen. Auf die Bedeutung der Böden für die Grundwasserneubildung hat bereits ZAKOSEK (1954) hingewiesen, unter ökonomischen und ökologischen Gesichtspunkten untersucht die landwirtschaftlich orientierte Forschung die Einflußfaktoren des Nährstofftransportes (STREBEL et al. 1980, TIMMERMANN 1981, WELTE & TIMMERMANN 1982, MÜLLER 1982, WEHRMANN & SCHARPF 1983), und, durch Konflikte zwischen landwirtschaftlicher Nutzung und Grundwasserentnahme aufmerksam geworden, betont die Hydrogeologie verstärkt die zentrale Rolle des Bodens hinsichtlich Menge und Qualität des Sickerwassers (OBERMANN 1982).

Die ungesättigte Zone einschließlich des oberflächennahen Untergrundes im physiogeographisch übergreifenden Sinne von Bodenkunde, Geomorphologie und Geologie ist das Kompartiment der landschaftlichen Ökosysteme, in dem sich entscheidet, welcher Teil der Niederschläge dem Grundwasser zugeführt wird und welchen Transformationsprozessen die Wasserinhaltsstoffe auf dem Weg durch die vielfach differenzierte Bodenzone unterliegen. Sie steht im Mittelpunkt der vorliegenden Untersuchung.

2. Fragestellung und Zielsetzung

Mit Ausnahme der Rhein-Main-Region liegen aus zahlreichen Lößlandschaften Mitteleuropas detaillierte Untersuchungen über den Bodenwasserhaushalt repräsentativer Bodentypen und Standorte vor. Auf umfangreichem Datenmaterial basierende Langzeit-Meßreihen wurden von der Bodenkunde bereits früh in Angriff genommen (BLUME et al. 1968, BUCHMANN 1969, BRÜLHART 1969, HASE & MEYER 1969, BEESE 1972, SCHRADER 1974). In diesen Arbeiten standen zunächst deskriptive Aspekte des Bodenfeuchte-Jahresganges im Vordergrund, daneben rückte auch die Pflanzenverfügbarkeit des Bodenwassers ins Blickfeld. Ebenfalls wurden Ansätze zu Bodenwasserbilanzen sichtbar, doch erst die fortschreitende Theoriebildung als Folge der Auseinandersetzung mit in den USA, Großbritannien, den Niederlanden und Frankreich entwickelten Konzepten ermöglichte die detaillierte Analyse von Bodenwasserbewegungen (vgl. EHLERS 1983) als Voraussetzung für exakte Bilanzierungen. Anwendungsfelder dieser dynamischen Betrachtung sind die Ermittlungen von Sickerwassermengen (RENGER et al. 1974) für wasserwirtschaftliche Zwecke sowie die Beschreibung von Nährstofftransporten im Wurzelraum. Grundwasserabsenkungen zwingen zu einem intensivierten Studium und zur Modellierung des kapillaren Aufstieges, um Beeinflussungen des Wasserverbrauchs und der Ertragsbildung landwirtschaftlicher Kulturen abschätzen zu können (DUYNISVELD & STREBEL 1983, RENGER et al. 1986). Hier bietet vor allem der Einsatz von Tracern und Simulationsmodellen methodische Voraussetzungen, um über die Quantifizierung der Sickerwassermengen hinaus zu Aussagen über Verlagerungsstrecken des Bodenwassers zu gelangen (MÜNNICH et al. 1966, BEESE et al. 1978, KREUTZER et al. 1980, BEESE & WIERENGA 1983, DUYNISVELD 1983).

Die angesprochenen, auf ein Höchstmaß an Aussagegenauigkeit zielenden Untersuchungen basieren überwiegend auf Punktmessungen mit hohem meßtechnischem Aufwand. Dieser Anspruch an Präzision scheint einer flächenhaften Interpretation der Meßergebnisse entgegenzustehen, denn nur vereinzelt werden in der Literatur räumliche Aspekte (MORGENSCHWEIS 1980 a, GERMANN 1981, RENGER & STREBEL 1981) berücksichtigt. Die räumliche Betrachtung spielt vor allem für Transportprozesse an Hangstandorten sowie für gebietshydrologische Bilanzen eine Rolle. Während die Regionalisierung von Bodenfeuchtejahresgängen auf quantitativer Grundlage in geographisch ausgerichteten Arbeiten der letzten Jahre vorangetrieben worden ist (TRETER 1970, ROSENKRANZ 1981, LANG 1982), sind dreidimensionale Bilanzierungen, deren Aussagegenauigkeit die von Punktmessungen erreicht, nur mit Hilfe aufwendiger Modellrechnungen möglich (GREMINGER et al. 1979, BORK et al. 1985).

Da sich die Mehrzahl der bisher vorliegenden Arbeiten auf den südniedersächsischen Raum konzentriert, ist es ein Ziel der vorliegenden Arbeit, das bei der Literaturdurchsicht erkannte Defizit an bodenhydrologischen Untersuchungen im Rhein-Main-Gebiet abzubauen. Die im stärker maritim geprägten Klimaraum Nordwestdeutschlands ermittelten Ergebnisse lassen sich nicht problemlos auf den nördlichen Oberrheingraben übertragen, sondern bedürfen der Überprüfung, zumal auch die physikalische und chemisch-mineralogische Zusammensetzung der Böden beider Regionen nicht identisch ist. Darüberhinaus werden intraregionale Vergleiche mit den von BRECHTEL (1973), BÖKE & LINSTEDT (1981) und MATTHESS & PEKDEGER (1981) für Standorte des Rhein-Main-Gebietes vorgelegten Wasserbilanzen, mit den von hydrogeologischer Seite entwickelten Vorstellungen zur Grundwassererneuerung (GOLWER 1980) sowie mit den Ergebnissen des hessischen Lysimeterprogramms (KLAUSING 1970) angestrebt.

Aus diesen Gründen wurden Lößstandorte im Main-Taunus-Vorland ausgewählt und Bodenfeuchtemeßstellen installiert. Bei der Auswahl der Meßflächen wurde darauf geachtet, daß eine
ganzjährige Betreuung sichergestellt ist und die Meßinstrumente vor Diebstahl und Zerstörung geschützt sind. Solche Voraussetzungen waren auf den Feldversuchsflächen der
Landwirtschaftlichen Entwicklungsabteilung der Hoechst AG in Hattersheim gegeben.

Die eigenen Untersuchungen zielen auf die experimentelle Ermittlung standortspezifischer
Wasserbilanzen. Hierbei steht nicht die Wasserversorgung der Kulturpflanzen im Mittelpunkt
des Interesses, sondern das Ziel der Untersuchungen ist die Bestimmung des versickerungswirksamen Niederschlages, derjenigen Sickerwassermenge, die als Grundwasserneubildung
angesehen werden kann. Ein zweites Ziel ist die Ermittlung von Verlagerungsgeschwindigkeiten des Bodenwassers und damit von Verlagerungsdistanzen sowie Verweilzeiten für wasser-
lösliche Stoffe in der ungesättigten Zone. Die Beobachtungs- und Meßergebnisse sollen
Abschätzungen über das Verhalten von Nähr- und Schadstoffen in der Zone oberhalb des
Grundwasserleiters erlauben. Darüber hinaus sollte über die Punktmessungen hinaus eine
flächenhafte Interpretation vorgenommen werden.

3. Hydrogeographie des Untersuchungsgebietes

3.1 Naturräumliche Lage

Naturräumlich liegt das Untersuchungsgebiet am Südostrand des Main-Taunus-Vorlandes unmittelbar an der Landschaftsgrenze zur Untermain-Ebene (SCHMITHÜSEN 1956). Während die Untermain-Ebene durch Hochflutsedimente und Altläufe des Mains sowie südöstlich des Main durch
Flugsande geprägt ist, stellt sich das Main-Taunus-Vorland als komplizierte, durch Tekto-
nik differenzierte Terrassentreppe im Übergang zwischen Taunus und Main dar. Innerhalb des
Main-Taunus-Vorlandes liegen die Untersuchungsflächen westlich des bei Hofheim den Taunus
verlassenden Schwarzbaches und östlich des Eppsteiner Horstes, der als tektonische Hochscholle quer zum Streichen des Taunus nach Süden ins Vorland ragt. Überwiegend pleistozäne
Terrassenkiese werden hier von Lössen unterschiedlicher Mächtigkeit bedeckt (SEMMEL 1969,
SEMMEL & ZAKOSEK 1970). Aus ihnen haben sich die flächenmäßig dominierenden Parabraunerden,
erodierten Parabraunerden und Pararendzinen sowie die kolluvial bedeckte Parabraunerde entwickelt. Andere Bodentypen haben eine nur geringe Verbreitung.

Die tektonische und morphologische Position des Untersuchungsgebietes ist bestimmend für
dessen klimatische und hydrologische Ausstattung. So beeinflußt die Orographie die räumliche Differenzierung der Temperatur- und Niederschlagsverhältnisse, während die Grundzüge
des Bodenfeuchteregimes durch die Lößbedeckung geprägt werden. Schließlich bedingt die
tektonische Lage westlich des geohydrologisch bedeutsamen Eppsteiner Horstes die Einordnung in die 'Grundwasserlandschaft' (DEUTSCHE FORSCHUNGSGEMEINSCHAFT 1983) des Rhein-
Main-Gebietes.

3.2 Regionalklimatische Verhältnisse

Das Gebiet um Hattersheim liegt am Ostrand des von KANDLER (1977) als eigenständige
Klimaregion angesehenen "Rhein-Main-Nahe-Beckens", welches in etwa mit dem geologischen
Raum "Mainzer Becken" übereinstimmt und steht unter dem Einfluß des mitteleuropäischen
"subozeanischen Klimas der kühlgemäßigten Zone" (TROLL & PAFFEN 1964). Seine Übergangs-

stellung zwischen dem maritimen und dem kontinentalen Teil Europas wird durch die Beckenlage verstärkt. Zwar folgt aus der Lage zur planetarischen Zirkulation der Atmosphäre der typische stetige Witterungs- und Wetterwechsel mit zyklonalen und antizyklonalen Lagen, doch zeigen 17 - 19° C Jahresschwankung der Monatsmitteltemperaturen und Jahresniederschläge unter 700 mm bereits eine kontinentale Klimatönung an (vgl. zur regionalklimatischen Einordnung BÖHM 1964 und ERIKSEN 1971).

Abb. 3.1 zeigt deutlich die hygrische Übergangsstellung des Untersuchungsgebietes zwischen dem regenreichen Taunus mit Niederschlägen bis etwa 1000 mm und dem trockeneren Gebiet östlich von Mainz (etwa 550 mm). An der Niederschlagsstation des DEUTSCHEN WETTERDIENSTES (DWD) in unmittelbarer Nähe des Untersuchungsgebietes beträgt der langjährige Mittelwert (1931 - 1960) des Niederschlags 633 mm mit dem absoluten Maximum im August, dem Minimum im März und einem sekundären Maximum im November (DEUTSCHER WETTERDIENST 1983). Ebenso belegt der Jahresgang der prozentualen Monatsniederschläge am Gesamtniederschlag (Abb. 3.2) die zunehmende Kontinentalität von den angrenzenden Taunushöhen des Klimaraums 'Rhein-Main-Nahe-Becken' hin zu dessen Zentrum; der Anteil der Niederschläge im hydrologischen Sommerhalbjahr (Mai - Oktober) am Gesamtniederschlag steigt zum Zentrum hin an: Niedernhausen 53,1 %, Okriftel 56,6 % und Flörsheim 60,0 %. Das sommerliche Niederschlagsmaximum im August muß mit verstärkter konvektiver Niederschlagstätigkeit in Verbindung gebracht werden, die besonders im stark erhitzten Beckenbereich auftritt (vgl. GEGENWART 1952).

An der dem Untersuchungsgebiet am nächsten gelegenen Wetterstation des DWD mit kontinuierlichen Temperaturmessungen, der Wetterwarte Frankfurt-Flughafen (vor dem 7.11.1961 Frankfurt Feldbergstr.) in 110 m NN Höhe beträgt die Jahresdurchschnittstemperatur 9,7° C (1891 - 1930) (Tab. 3.1). Der maximale Jahreswert zwischen 1956 und 1980 wurde mit 11,3° C und der minimale mit 8,7° C ermittelt. Die leicht kontinentale Tönung der thermischen Klimaverhältnisse geht aus der Jahresamplitude der Monatsmitteltemperaturen von 18,4° C hervor, wobei der Januar als kältester Monat mit 0,7° C bzw. 0,0° C noch oberhalb des Gefrierpunktes bleibt und mit 18,2° C bzw. 17,9° C der August der wärmste Monat ist (vgl. auch DEUTSCHER WETTERDIENST 1950).

Tab. 3.1: Orientierende Klimadaten für den Raum Hattersheim

	J	F	M	A	M	J	J	A	S	O	N	D	J
Mittlere Temp. 1)+	0,7	2,1	5,2	9,6	14,2	17,5	19,1	18,2	14,7	9,6	4,5	1,5	9,7
2)	0,0	1,0	5,0	9,4	13,8	17,1	18,7	17,9	14,5	9,2	4,8	1,2	9,4
Mittlerer Niederschl. 1)	53	40	34	43	49	68	65	72	54	51	53	51	633
3)	42	34	39	41	42	55	60	65	53	56	47	51	585
Max. Niederschlag 2)	93	86	102	101	114	135	124	214	109	169	116	118	890
Min. Niederschlag 2)	12	1	3	0	4	13	1	16	2	4	14	11	359
Sonnenscheindauer 2)	46	69	144	188	230	211	218	196	162	103	44	29	1640
potentielle Verd. 2) (THORNTHWAITE)	2	7	24	50	92	114	126	109	73	40	15	5	657

1) DWD, 1983, Hattersheim-Okriftel (1931-1960) + Frankfurt-Flughafen
2) MÜLLER 1980, Frankfurt-Flughafen 3) DWD, Dt. Meteor. Jb. (1891-1930)

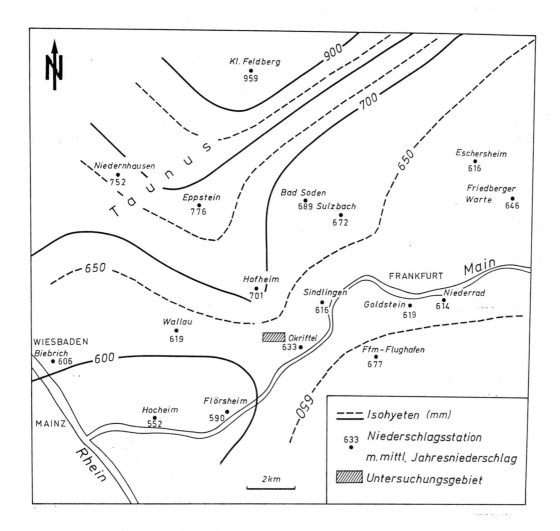

Abb. 3.1: Isohyetenkarte der Main-Taunus-Region
(nach Angaben des DEUTSCHEN WETTERDIENSTES 1983)

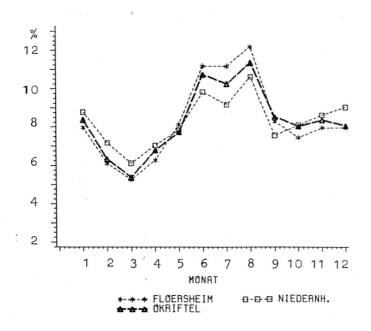

Abb. 3.2: Prozentualer Anteil der Monatsniederschläge am Jahresniederschlag zwischen Taunus und Mainzer Becken

Orientierende Daten über Verdunstungshöhen sind im Hydrologischen Atlas der Bundesrepublik Deutschland (KELLER 1978) zusammengestellt. Je nach Methode variieren die Verdunstungsschätzungen. So wird die mittlere jährliche Verdunstung nach PENMAN mit etwa 600 mm angegeben (Mai - Oktober: 400 mm, November - April: 125 mm), wohingegen nach dem Wasserhaushaltsverfahren mit 500 - 550 mm mittlerer Verdunstung gerechnet werden kann. Bei diesem Verfahren wird die Verdunstung aus der Differenz zwischen dem Niederschlag und dem Abfluß berechnet. Mit etwa 425 mm pro Jahr ist die mittlere aktuelle Verdunstung, die aus klimatologischen Daten nach ALBRECHT (1962) berechnet wurde, der niedrigste Ansatz für die Verdunstung.

3.3 Grundwasservorkommen

Östlich der Linie Hofheim - Rüsselsheim wird die Oberrheinebene "nur von drei Gewässern gequert, deren gesamte Wasserführung aus dem Oberlauf stammt" (THEWS 1969, 109). THEWS sieht in der geringen Gewässerdichte des Main-Taunus-Vorlandes und der Untermain-Ebene den Ausdruck für die gute Durchlässigkeit des Untergrundes, die es dem Grundwasser erlaubt, weite Strecken unterirdisch zurückzulegen.

Die tektonischen Lagerungsverhältnisse im Main-Taunus-Vorland begründen dessen Zugehörigkeit zu verschiedenen Grundwasserlandschaften. Bedeutsam für das eigene Untersuchungsgebiet ist der Verlauf der westlichen "Rheingraben-Randverwerfungszone" (KÜMMERLE & SEMMEL 1969), die in N-S-Richtung zwischen Flörsheim und Hofheim den Eppsteiner Horst vom Hattersheimer Graben trennt. Die Anlage dieser Verwerfungszone reicht vermutlich bis ins Präpliozän zurück, die Vertikalbewegungen dauern bis ins Holozän an, wie Verwerfungen im Bt-Horizont von Oberflächen-Parabraunerden belegen (KÜMMERLE & SEMMEL 1969). Während die tertiären, überwiegend oligozänen Schichten der Hochheimer Hochscholle von geringmächtigen pleistozänen Kiesen und Lössen bedeckt sind, ist das Tertiär im Hattersheimer Graben "um einige Hundert m in die Tiefe gesunken" (KÜMMERLE & SEMMEL 1969, 104). Hier bilden pliozäne und pleistozäne Sande und Kiese "ausgedehnte Porengrundwasserleiter von guter Durchlässigkeit und hohem Speichervermögen" unterhalb des Vorflutniveaus (THEWS 1969, 113, vgl. NÖRING 1954 u. 1957, AUST et. al. 1980, DEUTSCHE FORSCHUNGSGEMEINSCHAFT 1983), wohingegen die Lagerungs- und petrographischen Verhältnisse der Hochheimer Hochscholle nur untergeordnete Porengrundwasserleiter zulassen, die oberhalb des Vorflutniveaus an den feinkörnigen, stauenden Tertiärschichten ausstreichen. Folgt man dem Konzept der Grundwasserlandschaften der Bundesrepublik Deutschland (DVWK 1982), wird man nur das Gebiet östlich des Eppsteiner Horstes zur Grundwasserlandschaft "Oberrheingraben" zählen dürfen.

Obwohl im Hattersheimer Graben durch pliozäne Ton- und Sandlinsen mehrere Grundwasserstockwerke ausgebildet sind, stehen diese miteinander in hydraulischer Verbindung. Der Entnahmetrichter des Wasserwerkes Hattersheim wirkt sich daher auf den gesamten Schichtenverband aus (THEWS 1969, 115). Die Schichtmächtigkeit im Bereich des Wasserwerkes Hattersheim gibt NÖRING (1957) mit 10 - 15 m Pleistozän und mindestens 100 m Oberpliozän an. Die k_f-Werte variieren von $3 - 5 \times 10^{-4}$ m/sec in den pliozänen Kiesen bis 2×10^{-4} m/sec in den pleistozänen Kiesen. Die Ostbegrenzung des Hattersheimer Grabens wird von REUL (1980) in der Okrifteler N-S-Störung gesehen, die sich von Zeilsheim nach Süden entlang des östlichen Bebauungsrandes von Hattersheim nach Okriftel erstreckt. GOLWER (1980) beziffert die Mächtigkeit der pleistozänen Kiese und Sande nördlich der Mainaue westlich von Hattersheim und in der Mainaue selbst mit 2 - 8 m. In Richtung auf den Flughafen Frankfurt/Main steigen südlich des Main die Pleistozän-Mächtigkeiten über 20 - 30 m auf 35 - 45 m an. Auch südlich des Main führen tonig-schluffige Zwischenlagen gebietsweise gespanntes Grundwasser; sie sind aber hydraulisch nicht wirksam (GOLWER 1980, 86). Wie auch im Raum Hattersheim bilden pliozäne und pleistozäne Sedimente zusammen ein gemeinsames Grundwasserstockwerk, das durch Wassergewinnungsanlagen erschlossen ist.

3.4 Grundwasserneubildung

Bei fehlendem Oberflächenabfluß kann die Grundwasserneubildung in grober Vereinfachung aus der einfachen Wasserhaushaltsgleichung abgeschätzt werden. In dem Maß wie die Verdunstungsberechnungen methodenabhängig differieren, streuen ebenfalls die Abschätzungen der Grundwasserneubildungsraten. Auf der Grundlage der oben (Kap. 3.2) mitgeteilten Verdunstungshöhen ist bei einem mittleren Jahresniederschlag von 633 mm für die Station Okriftel des DWD mit klimabedingten Grundwasserneubildungsraten zwischen 33 und 200 mm zu rechnen. Solche Überschlagsrechnungen vernachlässigen notwendigerweise, daß die Grundwasserneubildung von zahlreichen räumlich und zeitlich differenzierten Faktoren abhängig ist.

An der Grundwasserneubildung eines definierten Gebietsausschnittes sind folgende Komponenten beteiligt:

- Versickerung unter nicht versiegelten landwirtschaftlich und forstlich genutzten Flächen

- Versickerung des Oberflächenabflusses am Rande oder im Zentralbereich versiegelter Flächen

- Zusickerung aus nicht versiegelten Wasserläufen

- unterirdische Zusickerung aus angrenzenden Gebieten mit Poren- oder Kluftgrundwasserleitern

- künstliche Anreicherung (Uferfiltration, Verrieselung).

Für den Hattersheimer Graben hat zuerst NÖRING (1957) die Diskrepanz zwischen dem hohen Wasserdargebot im Vergleich zu den niedrigeren Abschätzungen der Grundwasserneubildung auf der Basis der Wasserhaushaltsgleichung durch infiltrierendes Main- und Schwarzbachwasser erklärt. THEWS (1969, 118) bestätigt, daß durch Uferfiltration die verstärkte Wasserabgabe des Schwarzbaches in den Untergrund induziert wird. Den größten Anteil an der Uferfiltration besitzt jedoch das Mainwasser, an einigen Stellen dehnt sich der Entnahmetrichter des Wasserwerkes Hattersheim bis unter das linke Mainufer aus.

Für die exaktere Ermittlung der Grundwasserneubildungsrate als sie sich aus den o.a. groben Abschätzungen ergibt, stehen diverse Methoden zur Verfügung. Im Rahmen dieser Arbeit sind diejenigen an erster Stelle zu nennen, die insbesondere zur Erfassung des versickerungswirksamen Anteils des Niederschlags führen, die Grundwassererneuerung durch Uferfiltration soll hier nicht betrachtet werden. Angaben über Sickerwassermengen können sowohl Lysimetermessungen als auch pedohydrologische Untersuchungen zum Bodenwasserhaushalt liefern. Langjährige Lysimeteraufzeichnungen liegen aus dem Gebiet nördlich des Main um Hattersheim und Eddersheim (KLAUSING 1970, HESSISCHE LANDESANSTALT FÜR UMWELT 1985) sowie südlich des Main aus dem Frankfurter Stadtwald vom Wasserwerk Hinkelstein (FRIEDRICH

1954 und 1957) vor. Ebenfalls aus dem Frankfurter Stadtwald stammen Untersuchungsergebnisse eines auf Bodenwassergehaltsmessungen basierenden forsthydrologischen Untersuchungsprogramms (BRECHTEL 1971 u. 1973).

BRECHTEL & HOYNINGEN-HUENE (1979) ermittelten für sandig-kiesiges Material auf den Flächen des Frankfurter Stadtwaldes unter Berücksichtigung verschiedener Baumarten und Altersklassen mittlere Neubildungsraten von 68 mm/a bei einem durchschnittlichen Niederschlag von 663 mm. Demgegenüber werden für Ackerflächen 166 - 232 mm, für Flächen mit spärlicher Vegetation 318 mm und für unbewachsenen Boden 398 mm Versickerung pro Jahr angenommen. Im Mittel wird die Grundwasserneubildung im Trinkwasserschutzgebiet Frankfurt mit 162 mm angegeben. GOLWER (1980) gibt für das 130 km^2 große Grundwassereinzugsgebiet südlich des Mains, dessen Nutzungsverhältnisse allerdings nicht mit dem Frankfurter Stadtwald gleichzusetzen sind, langjährige mittlere Grundwasserneubildungsraten von 5 - 6 l/s und km^2 (169 - 190 mm/a) an. Auffallend erscheint bei den Untersuchungen BRECHTELs die große Amplitude der Sickerwassermengen zwischen Wald und Flächen mit spärlicher Vegetation. Diese starke nutzungsspezifische Abstufung der Versickerungsraten läßt sich nach Ansicht GOLWERs (1980) durch den Vergleich von Grundwasserganglinien unter entsprechend genutzten Flächen nicht nachvollziehen. Da die von BRECHTEL angegebene mittlere Grundwasserneubildungsrate für das gesamte Grundwasserschutzgebiet Frankfurt mit den auf den Erfahrungen der Wasserwerke beruhenden Neubildungsraten übereinstimmt, läßt sich vermuten, daß sowohl die maximalen als auch die minimalen Sickerwasserraten weniger stark voneinander abweichen als BRECHTEL annimmt. GOLWER hält die mittlere Grundwasserneubildungsrate von 2,2 l/s und km^2 für die sandigen Standorte des Frankfurter Stadtwaldes für zu gering. BÖKE & LINSTEDT (1981, 203) nehmen für Sand-Kies-Böden der Rhein-Main-Niederung bei vergleichbaren Niederschlägen, je nach Grundwasserflurabstand 130 - 200 mm mittlere Grundwasserneubildung an. Nach Berechnungen von MATTHESS & PEKDEGER (1981, 185) ist auf Böden aus lehmigem Sand mit 156 mm Grundwasserneubildung zu rechnen.

Die Lysimeterbeobachtungen am Wasserwerk Hinkelstein im Frankfurter Stadtwald stimmen größenordnungsmäßig mit den von GOLWER angegebenen Werten überein. In den Jahren 1959 - 1978 wurde eine mittlere jährliche Sickerwassermenge von 7,1 l/sec und km^2 (etwa 220 mm) ermittelt. Obwohl es sich hier um ein künstlich mit Grobsand befülltes Lysimeter mit 5 m^2 Auffangfläche handelt, können diese Beobachtungen als annähernd repräsentativ für natürlich gelagerte Böden dieses Gebietes gelten, da die Körnung des eingefüllten Materials dem sandigen Ausgangssubstrat der Böden im Frankfurter Stadtwald entspricht.

Im Rahmen des hessischen Lysimeterprogramms (KLAUSING 1970) wurden in den 60er Jahren nördlich des Mains in unmittelbarer Nachbarschaft zu den eigenen Untersuchungsflächen Lysimeter in Eddersheim und in Hattersheim eingerichtet. Beide sollen zu einem Vergleich mit den eigenen Ergebnissen herangezogen werden. Der Standort des Lysimeters Eddersheim ist durch eine Auenvega mit Parabraunerde-Charakter geprägt, das Lysimeter Hattersheim ist auf einer Lößparabraunerde eingerichtet. Während bodenartlich in Eddersheim sandige Lehme vorherrschen, die nicht mit den Schluffböden des eigenen Untersuchungsgebietes gleichgesetzt werden können, stimmen die Standortverhältnisse des Lysimeters in Hattersheim mit dem Untersuchungsgebiet überein. Beide nicht wägbaren Lysimeter entsprechen dem in Deutschland am weitesten verbreiteten Modell nach FRIEDRICH-FRANZEN (DVWK 1980) mit 1 m^2 Auffangfläche und einem Ablauf in 1,5 m Tiefe. Der obere Rand des Auffangbehälters liegt unterhalb der Krume.

Bei im einzelnen sehr stark streuenden Jahreswerten (1965 - 1984) der Versickerung wird am Lysimeter Hattersheim ein Mittelwert von 182 mm erzielt. Die Bilanzierungen beziehen sich auf hydrologische Jahre (Nov. - Okt.). Die Sickerwassermengen der Winterhalbjahre übertreffen die der Sommerhalbjahre um das Dreifache. Damit liegt die mittlere jährliche Sickerwassermenge für die Lößgebiete nördlich des Mains deutlich unterhalb derjenigen für die Sandböden südlich des Mains.

GOLWER (1980) kommt in einer vergleichenden Betrachtung der Grundwasserneubildung für das Gebiet des Meßtischblattes Kelsterbach zu dem Schluß, daß für die lößbedeckten Gebiete nördlich des Main mit einer Grundwasserneubildung von 4 - 5 l/s und km^2 (126 - 157 mm/a) und für die Sandböden südlich des Main zwischen 6 und 7 l/s und km^2 (157 - 190 mm/a) gerechnet werden darf. In Anbetracht der Fortschreibung der Lysimeteraufzeichnungen in Hattersheim dürfte die Grundwassererneuerung für die Lößgebiete eher in der Nähe des oberen Grenzwertes von 157 mm liegen.

4. Untersuchungsmethodik

Die Komplexität des Untersuchungsgegenstandes legt es nahe, die Fragestellung in einzelne Problemkreise zu gliedern, die spezifische Untersuchungsmethoden aus unterschiedlichen geowissenschaftlichen Teildisziplinen verlangen. Den adäquaten Hintergrund bildet die Wasserhaushaltsgleichung, auf deren Grundlage sowohl die meßtechnische Erfassung der hydrologischen Elemente als auch deren Aggregierung zu Teilkomplexen vorgenommen werden kann:

$$N + Z_0 - A_0 + Z_u - A_u - ET - S = \Delta(BF, S) \qquad (4.1)$$

$$
\begin{aligned}
\text{mit} \quad N &= \text{Gebietsniederschlag} \\
Z_0 &= \text{oberirdischer Zufluß} \\
A_0 &= \text{oberirdischer Abfluß} \\
Z_u &= \text{unterirdischer Zufluß} \\
A_u &= \text{unterirdischer, horizontaler Abfluß} \\
S &= \text{unterirdischer vertikaler Abfluß (Versickerung)} \\
\Delta(BF, S) &= \text{Änderung der Wasserspeicherung im Boden und} \\
&\quad \text{in der Schneedecke} \\
ET &= \text{Evapotranspiration}
\end{aligned}
$$

(verändert nach LUFT 1981a, 40)

Die tägliche Niederschlagserfassung mit dem HELLMANN-Regenmesser liefert für die vorliegende Fragestellung die bestmögliche Datenbasis. Eine höhere zeitliche Auflösung ist nicht angestrebt, da Detailanalysen der Wirkungen einzelner Niederschläge auf die Bodenfeuchte nicht Gegenstand der Arbeit sind.

Seit langem ist bekannt, daß bei diesem standardisierten Verfahren zwischen gemessenem und tatsächlichem Niederschlag je nach Niederschlagsintensität, meteorologischen Rahmenbedingungen und Wahl des Aufstellungsortes zum Teil erhebliche Differenzen zu beobachten sind. Im allgemeinen werden die tatsächlichen Niederschläge unterschätzt, wobei die monatlichen

Abweichungen im Sommer bis zu 25 % der Niederschläge betragen können (SEVRUK 1974). Für eine zehnjährige Meßperiode wurden Monatskorrekturen zwischen 5 und 35 % ermittelt (VISCHER & SEVRUK 1975). Da die eigenen Messungen mit den amtlichen Niederschlagsstatistiken verglichen werden sollen und diese in der Bundesrepublik Deutschland im Gegensatz zu manchen anderen Staaten (WMO 1973, zitiert in KELLER 1980) nicht korrigiert werden, ist die Verwendung der normalen HELLMANN-Niederschläge sinnvoll. Eine Korrektur der Niederschläge für die Bilanzierung (STRUZER & GOLUBEV 1976, KARBAUM 1969) soll ebenfalls entfallen, da im Rahmen dieser Arbeit keine systematischen Untersuchungen zur Fehler-Abschätzung bei der Niederschlagsmessung vorgenommen werden.

Oberirdische Zu- und Abflüsse, die bei geneigten Standorten erhebliche methodische Schwierigkeiten bereiten können, dürfen, da das Untersuchungsgebiet nahezu ausschließlich aus ebenem Gelände besteht, ausgeschlossen werden. Ebenfalls scheiden die für Interflowbetrachtungen entscheidenden unterirdischen Zuflüsse aus der Betrachtung aus. Diese Größen sind auf den ebenen, grundwasserfernen und stauwasserfreien Lößstandorten zu vernachlässigen. Der Wassertransport unterhalb der Bodenoberfläche vollzieht sich hier überwiegend als deszendente und aszendente Bodenwasserbewegung. Ihr Ausmaß wird bestimmt durch die Höhe der Evapotranspiration, die als variable Größe von einer Vielzahl meteorologischer, pflanzen- und bodenspezifischer Einflußfaktoren gesteuert wird.

Die Methodendiskussion über die Messung, Bestimmung und Abschätzung der Evapotranspiration hat eine lange Tradition in der Agrarmeteorologie, Klimatologie und Hydrologie (VAN EIMERN 1964, HEGER 1978, SCHMIEDECKEN 1978, LAUER & FRANKENBERG 1981). Die ET_{pot}, auch Landverdunstung oder Verdunstungskraft des Klimas sowie Verdunstungsanspruch der Troposphäre an den Vegetationsstandort genannt, wird von THORNTHWAITE (1948, zitiert in SPONAGEL 1980) als die unter den gegebenen Witterungsbedingungen maximal mögliche Evapotranspirationsrate des mit Vegetation bedeckten Bodens bezeichnet bei gleichbleibend reichhaltigem Wasserangebot im Boden. Demgegenüber präzisiert PENMAN (1948) die Definition der ET_{pot}, indem er als zusätzliche Bedingung eine kurzgehaltene, grüne, den Boden vollständig beschattende Pflanzendecke in vollem Wachstum aufstellte. Die WMO (1966) definiert ein reichhaltiges Wasserangebot als den Feuchtezustand, den der Boden bei Feldkapazität besitzt.

Unter realer Evapotranspiration wird im allgemeinen der tatsächliche Wasserverbrauch der Pflanze verstanden (vgl. UHLIG 1954). Außer von klimatischen Faktoren wird sie von Bodeneigenschaften, insbesondere von Bodenwasserhaushaltsparametern und von pflanzenphysiologischen Faktoren (phänologische Phase, Wuchshöhe, osmotisches Gefälle zwischen Pflanzenzellen und Bodenlösung, Transpirationsfläche etc.) bestimmt. Diese untereinander in ökosystemarem Zusammenhang stehenden Größen beeinflussen sich auf vielfältige Weise wechselseitig. In besonders transpirationsaktiven Wachstumsphasen kann die reale Evapotranspiration wegen der vergrößerten Transpirationsfläche die Verdunstung einer freien Wasserfläche übertreffen. Bei kleineren Flächen, die feuchter als ihre Umgebung sind, führt der Oaseneffekt durch advektive Energiezufuhr zu einer zusätzlichen Erhöhung der Evapotranspiration.

Bei den seit PENMAN (1948) und THORNTHWAITE (1948) entwickelten Verdunstungsformeln ergeben sich starke Diskrepanzen der Ergebnisse, die u.a. bei SCHENDEL (1967), SPONAGEL (1980), GENID et al. (1982), LANG (1982), MATTHESS & UBELL (1983) vergleichend diskutiert werden. Sie resultieren sowohl aus der unterschiedlichen Komplexität, d.h. der Vielzahl der berücksichtigten meteorologischen, pflanzenphysiologischen und bodenphysikalischen Parameter als auch aus den oftmals extrem divergierenden Bedingungen, unter denen Formeln geeicht sind. Zu unterscheiden ist zwischen den Berechnungsansätzen für die reale Evaporation einer freien Wasseroberfläche und den Methoden zur Bestimmung der realen oder potentiellen Evapotranspiration einer mit Pflanzen bestandenen Fläche. Ein Methodenvergleich ist wegen der oft voneinander abweichenden Definitionen der Verdunstung erheblich erschwert; diese Situation beklagte bereits PENMAN (1963, 48): "... some sort of philosophy is needed to make a way through the chaos of observations, guesses, interferences and dogmatic assertions that find their way into print as facts".

Diese Problematik der systematischen Erarbeitung pflanzenspezifischer Transpirationsraten und der Differenzierung der Evapotranspiration in produktive und unproduktive Anteile wird im Rahmen der vorliegenden, schwerpunktmäßig dem Bodenwasserhaushalt und der Versickerung gewidmeten Untersuchung nur am Rande gestreift. Vielmehr stehen die mit Hilfe des kombinierten Einsatzes von Wasserhaushaltsgleichung und bodenhydrologischen Bilanzierungsmöglichkeiten gewonnenen Aussagen im Vordergrund (vgl. Kap 10.1.3). Die auf dieser Basis ermittelte Gesamtverdunstung längerer Zeitabschnitte erleichtert die witterungsklimatische Interpretation des Untersuchungszeitraumes.

Die Änderung der Wasserspeicherung im Boden und in der Schneedecke repräsentiert das Speicherglied der Wasserhaushaltsgleichung. Wegen ihrer relativen Bedeutungslosigkeit auf den ausgewählten Standorten wird die Rolle der Schneedecke meßtechnisch vernachlässigt, jedoch im Einzelfalle bei der Interpretation berücksichtigt. Die Änderungen der Wasserspeicherung in der ungesättigten Zone stehen neben den mit diesen verknüpften Bodenwasserbewegungen im Mittelpunkt der eigenen Untersuchungen. Meßtechnisch an erster Stelle steht die Erfassung bodenhydrologischer Parameter durch Neutronensonde und Tensiometer (zur Methodendiskussion s. Kap. 7).

Während die Änderung der Bodenfeuchte mit direkten oder indirekten Methoden gemessen werden, können Sickerwassermengen im Freiland an durch technische Eingriffe in die Bodenstruktur unbeeinflußten Böden nur aus bodenhydrologischen Parametern abgeleitet werden (vgl. Kap. 10.1.2). Störungen des Bodenwasserhaushaltes, insbesondere der Kapillarität sind eine unvermeidliche Konsequenz z.B. bei der Anlage von Lysimetern, die in der Vergangenheit in starkem Maße zur Bestimmung von Sickerwassermenge, Sickerwasserstrecke und -qualität eingesetzt worden sind (BASF 1984, DVWK 1980). Unter Vermeidung derartiger technischer Eingriffe sind Sickerwassermengen entweder als Restglied der Wasserhaushaltsgleichung kalkulierbar oder über die Beziehung zwischen Wassergehalt bzw. Saugspannung und Wasserleitfähigkeit aus der Darcy-Gleichung zu ermitteln. In begrenzten Zeiträumen kann die Sickerwassermenge auch über Saugspannungs- und Wassergehaltsmessungen direkt bestimmt werden (zu den theoretischen Grundlagen dieser Verfahren siehe Kap. 10.1.1 und 10.1.2). Die Sickerwassergeschwindigkeit läßt sich unter speziellen, in Kap. 10.2 diskutierten Bedingungen aus der Sickerwassermenge und ergänzenden bodenphysikalischen Informationen abschätzen oder mit Tracern direkt messen.

Die Diskussion der Relevanz der in der Wasserhaushaltsgleichung erscheinenden Parameter für die eigene Untersuchung führt zu einer Reduktion der Gleichung (4.1) auf Gleichung (4.2), die gleichzeitig zusammen mit Abb. 4.1 die interne Struktur des eigenen Untersuchungsprogramms verdeutlicht:

$$N = ET + S + \Delta BF \qquad (4.2)$$

Die Erfassung der Bodenfeuchteveränderungen und der Bodenwasserbewegungen erfordert zunächst Informationen über die morphologische, bodentypologische sowie bodenphysikalische Beschaffenheit des Untersuchungsgebietes, die als Ergebnisse einer Boden- und Lößmächtigkeitskartierung den Standortuntersuchungen vorangestellt werden. Die Untersuchungen umfassen über das Solum hinaus den Untergrund bis zum Grundwasserleiter (Kap. 5). Vor diesem Hintergrund erfolgte die Auswahl und bodenkundliche Charakterisierung der Standorte für die Bodenfeuchtemeßstellen (Stationen) (Kap. 6).

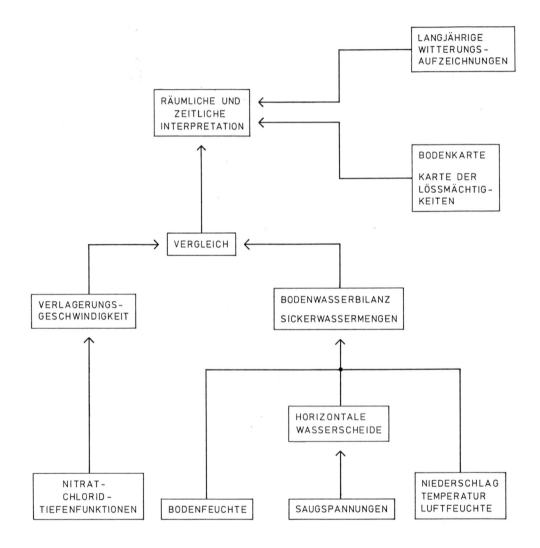

Abb. 4.1: Struktur des Untersuchungsprogramms

An jeder Station wurden von August 1983 bis Juli 1985 Bodenfeuchtemessungen mit der Neutronensonde (Kap. 8.2) und Saugspannungsmessungen mit Quecksilber-Schlauchtensiometern (Kap. 8.3) durchgeführt. Die Tensiometer sind bis maximal 2 m in 20 cm-Vertikalabständen installiert und die Sondenrohre reichen jeweils bis zur Lößbasis bis in maximal 4,3 m Tiefe. Einmal wöchentlich erfolgten die Wassergehaltsmessungen, die Tensiometer wurden in kürzeren Zeitabständen abgelesen. Weiterhin stehen von den Meßflächen die Tagessummen des Niederschlages sowie Thermohygrographen-Registrierungen der Lufttemperatur und der Luftfeuchte zur Verfügung (Kap. 8.1). Bodenfeuchte- und Saugspannungswerte als Funktion der Tiefe und der Zeit führen gemeinsam mit meteorologischen Daten zu einer Bestimmung der Sickerwassermengen.

Neben den Meßstationen wurde im Januar 1984 Chlorid als Begleit-Ion einer Kali-Düngung aufgebracht. Auf den gedüngten Parzellen wurden in weiten Zeitabständen Tiefenfunktionen des Chloridgehalts im Boden bestimmt. In analoger Weise erfolgte an einigen Standorten die Beobachtung von Nitrat-Stickstoff-Tiefenverteilungen (Kap.10.2.3). Beide führen zu einer Abschätzung von Verlagerungsgeschwindigkeiten wasserlöslicher Stoffe und werden mit den auf denselben Standorten experimentell ermittelten Sickerwassermengen verglichen (Kap. 10.2.4). Die räumliche und zeitliche Interpretation der Untersuchungsergebnisse (Kap. 11) auf der Grundlage der Kartierungen und der langjährigen Klimaverhältnisse schließt die vorliegende Studie ab.

5. Untersuchungsflächen

Die drei Einzelflächen (I, II, III in Abb. 5.1), im folgenden "Versuchsfeld Biologie", "Obstanlage" und "Versuchsfeld Hattersheim" genannt, liegen in der Gemarkung Hattersheim (TK 25 5916 Hochheim a. M.), westlich von Frankfurt. Überwiegend jung-pleistozäne Lösse decken im Untersuchungsgebiet mittelpleistozäne Terrassen-Schotterkörper ab, so daß es gerechtfertigt ist, von einer weitgehenden Homogenität der Boden- und Substratverhältnisse zu sprechen. Die nächstgelegene Landschaftsgrenze, der als Geländekante ausgebildete Übergang zur Main-Niederterrasse, begleitet die Untersuchungsflächen in einem wechselnden Abstand von 50 bis 100 m.

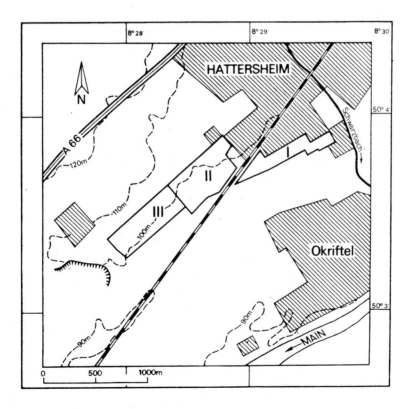

Abb. 5.1: Lage der Untersuchungsflächen

5.1 Oberflächengestalt und holozäne Morphodynamik

Während die von Auelehmen bedeckte Niederterrasse mittlere Höhen zwischen 90 und 92 m ü. NN erreicht, bewegen sich die absoluten Höhen der untersuchten Flächen zwischen 96 und 110 m, wobei ein allgemeiner Anstieg von Osten nach Westen zu beobachten ist. Das Südwestende des Arbeitsgebietes leitet über zu den höhergelegenen, noch älter angelegten Terrassenflächen des Mains. Die im folgenden mitgeteilten Beobachtungen sind in einer morphographischen Karte, die dem Autor als Manuskript vorliegt, zusammengefaßt.

Die Geländeoberfläche im Versuchsfeld Biologie ist flachwellig gestaltet, sehr schwach ausgeprägte Rinnen setzen im Versuchsgebiet an, um sich außerhalb des Untersuchungsgeländes in südöstlicher Richtung zur Mittelterrassenkante hin zu vertiefen. Kleinflächig erreichen die Hangneigungen maximale Werte um $2°$, die weitaus größten Areale sind eben. Eine schwache Gliederung ist durch Ackerberge gegeben, die oberflächlich an gestreckten, äußerst flachen Aufwölbungen erkennbar sind und durch eine mächtige kolluviale Auflage in exponierter Lage nachgewiesen wurden. Wie die Bodenkartierung und die Tiefensondierung im Löß ergab, ist hauptsächlich durch Erosions- und Bearbeitungsprozesse das frühholozäne Ausgangsrelief nivelliert worden. Das heutige Relief ist in starkem Maße anthropogen überprägt.

Von den drei Untersuchungsflächen weist die Obstanlage die geringsten Hangneigungen auf. Der weitaus größte Teil der Fläche ist derart eben, daß eine alte aufgelassene Wegführung, die heute in die Anbaufläche mit einbezogen ist, durch das ehemalige Vorgewende am Wegesrand in der Geländegestalt hervortritt. Schmale Streifen mit Hangneigungen um 2Ä begleiten auf beiden Seiten den das Gelände querenden Graben. Im südwestlichen Bereich hat die Obstanlage Anteil an dem muldenförmig ausgebildeten Übergang zur Niederterrassenfläche.

Das Versuchsfeld Hattersheim schließt Höhen zwischen 100 und 110 m ü. NN ein, wobei eine allgemeine Abdachung der Fläche von NW nach SE vorliegt. Hervorzuheben ist der breite Streifen maximaler Hangneigungen um $2°$, der das Gelände quert. Er trennt die tiefergelegenen Areale um 102 m von den höhergelegenen um 108 m. Im Zuge dieses Streifens kann es bei Starkregen und bei plötzlicher Schneeschmelze zu Bodenerosion kommen. Rezente Materialverlagerungen konnten am 18.5.83 nach heftigen Regenfällen an den Vortagen an zwei Standorten beobachtet werden. Im unbewachsenen, längs bearbeiteten Acker war ein Wasserriß (5 cm tief, 20 cm breit) entstanden, der sich über eine Distanz von 50 m hangabwärts verfolgen ließ. Auf Teilstrecken sowie am Hangfuß erfolgte die Sedimentation des Feinmaterials. Andernorts, auf weniger stark geneigten Flächen war nur eine geringfügige Verschlämmung des Oberbodens und Zerstörung des Gefüges festzustellen. Eine untergeordnete morphologische Gliederung des Versuchsfeldes ist durch eine längs zur Gebietsgrenze verlaufende Hangkante gegeben, unterhalb dieser Linie tritt ein schmales Areal höherer Hangneigungen auf.

5.2 Böden

Der repräsentative Bodentyp im Versuchsfeld Biologie ist eine Parabraunerde (Karte 1 im Anhang) mit nachstehender Horizontabfolge: Ap - Al - Bt - Cc - C. In den Parabraunerden hat eine Tonverlagerung aus den A-Horizonten in den Bt-Horizont stattgefunden; erkennbar ist dieser Prozeß vor allem an den Farb- und Tongehaltsunterschieden zwischen den A- und den B-Horizonten. Die A-Horizonte, deren Mächtigkeiten zwischen 30 und 60 cm betragen,

weisen schluffige Lehme bis stark lehmige Schluffe (Alternativbezeichnung nach AG BODEN-
KUNDE (1982): stark tonige Schluffe) auf, während der Tonanreicherungshorizont (Bt) bodenartlich vom schluffigen Lehm bis zum schluffig-tonigen Lehm (Alternativbezeichnung: stark
schluffiger Ton) variiert. Die Entwicklungstiefe der Parabraunerde schwankt zwischen 90 cm
und 110 cm. Das Ausgangsmaterial der Bodenbildung, der Löß, liegt als mittel bis stark
lehmiger Schluff oder schluffiger Lehm vor. Alle A- und B-Horizonte sind weitgehend carbo-
natfrei, während der Rohlöß (C-Horizont) stark carbonathaltig bis carbonatreich ist.
Häufig ist zwischen dem Bt-Horizont und dem unverwitterten Löß ein Kalkanreicherungshorizont (Cc) eingeschaltet, in dem das aus dem überlagernden Solum ausgewaschene $CaCO_3$ zum
Teil konkretionär ausgefällt ist.

Die erodierte Parabraunerde zeigt sich am verkürzten Solum, der Ap-Horizont ist im Bt-
Horizont ausgebildet oder der Bt-Horizont setzt geringfügig unterhalb des Ap-Horizontes
an. Durch Bodenerosion ist der Oberboden teilweise oder vollständig abgetragen worden. An
Erosionskanten, die sich allerdings im Gelände nur schwach abzeichnen, tritt die Pararendzina auf; sie weist ein Ap-C-Profil auf und spiegelt als fortgeschrittenste Erosionsform
die Standorteigenschaften des Rohlösses wider.

Das Korrelat der beiden letztgenannten Bodentypen bildet die kolluvial bedeckte Parabraunerde, die über dem Bt-Horizont ein bis 140 cm mächtiges Kolluvium (M-Horizonte) besitzt.
Da es sich hierbei um akkumuliertes Oberbodenmaterial der angrenzenden Erosionsprofile
handelt, zeichnen sich die kolluvial überdeckten Parabraunerden durch sehr locker gelager-
tes Bodenmaterial aus. Die Bodenarten und Carbonatgehalte des Kolluviums entsprechen denen
der Ap- und Al-Horizonte.

In der Obstanlage weichen die Bodenverhältnisse nicht grundsätzlich von den im Versuchsfeld Biologie festgestellten ab. Größere Verbreitung besitzen vor allem im Nordwesten der
Fläche kolluvial überdeckte Parabraunerden. Hier schwankt der Abstand zwischen der Bodenoberfläche und der Obergrenze des Bt-Horizontes, d.h. die Mächtigkeit des lockeren, leh-
mig-schluffigen Kolluviums zwischen 65 und 120 cm. Vereinzelt sind bis ca. 2,3 m mächtige
Kolluvien erbohrt worden. Die Parabraunerden dominieren im zentralen Teil der Obstanlage.

Gemessen an der im Vergleich zu den anderen beiden Versuchsflächen stärkeren Reliefierung
sind die Erosionsformen der Parabraunerden im Versuchsfeld Hattersheim unterrepräsentiert,
was mit der Zufuhr von Bodenmaterial aus den angrenzenden, außerhalb des Versuchsgeländes
liegenden Flächen zu begründen ist. Geköpfte Profile konnten daher nur an den Rändern der
höhergelegenen Verebnungen gefunden werden. Daß im Holozän Materialumlagerungen stattgefunden haben, geht aus dem hohen Flächenanteil kolluvial bedeckter Parabraunerden hervor,
jedoch ist mit 50 - 90 cm die Mächtigkeit der kolluvialen Decken geringer als in der
Obstanlage. Normal entwickelte Parabraunerden treten bevorzugt auf ebenen Standorten auf.

5.3 Lößmächtigkeiten

Um die Lößmächtigkeiten zu ermitteln, wurden Tiefensondierungen durchgeführt. Das meterweise verlängerbare 22 mm-Peilbohrgestänge mit Schlagkopf und Nut-Ende wurde mit Hart-
Plastik-Hämmern in den Boden getrieben und mit Hilfe eines Hebelgestells wieder herausge-
zogen. Da für die Fragestellungen (Bodenwasserhaushalt und Versickerung) der Löß eine
überragende Bedeutung besitzt, beschränkte sich die Tiefensondierung auf die den Schotterkörper abdeckende Lößschicht. Das zunächst angestrebte 50 m - Raster der Bohrungen ließ

sich wegen der zum Teil großen Lößmächtigkeiten nicht immer einhalten. Je nach Geländeverhältnissen wurde deshalb der Bohrabstand variiert. Die Lößmächtigkeiten der einzelnen Untersuchungsflächen sind in Karte 2 (Anhang) durch 50 cm-Isopachen dargestellt.

Im Versuchsfeld Biologie werden die größten Flächen von Lößmächtigkeiten zwischen 3 und 4 m eingenommen; örtlich sind noch mächtigere Lösse vertreten; stellenweise liegen die Terrassenkiese nur 2,5 m unter der Geländeoberfläche. Lößmächtigkeiten um 5 m wurden nur in einem schmalen Streifen nahe der östlichen Gebietsgrenze angetroffen. Im Westen der Fläche bedeckt eine nur geringmächtige Boden- und Lößdecke (< 1,5 m) die Schotterkörper und Sande. Diese grenzt mit hohem Gefälle gegen die mächtigeren Lösse.

Im Anschluß an das Versuchsfeld Biologie östlich des Eisenbahneinschnitts setzen sich die Areale geringmächtiger Lößbedeckung in den östlichen Teil der Obstanlage fort, durchziehen diese in einem schmalen Streifen im zentralen Abschnitt der Obstanlage, um im Südwesten der Obstanlage wieder ausgedehntere Flächen einzunehmen. Größte Verbreitung besitzen Lößmächtigkeiten zwischen 2 und 3 m. Mächtigere Lösse bis über 4 m säumen die Untersuchungsfläche im Nordwesten. Wie eine Orientierungsbohrung ergab, nimmt die Mächtigkeit außerhalb der Versuchsfläche zu. Diese Beobachtung hängt offensichtlich mit der paläomorphologischen Struktur zusammen, die im Versuchsfeld Hattersheim angetroffen wurde (s.u.).

Im Versuchsfeld Hattersheim konnte die größte Variationsbreite der Lößmächtigkeiten konstatiert werden; diese spiegelt sich im Kartenbild in einem auf den ersten Blick symmetrisch erscheinenden Aufbau der Mächtigkeitsverteilung wider. Im SW und NE liegen die Terrassenkiese nahe der Geländeoberfläche (< 2 m), eine Zentralzone weist die größten, in nördlicher Richtung bis auf über 9 m zunehmenden Mächtigkeiten auf. Ausrüstungsbedingt war in einigen Bohrungen wegen der dichteren und bindigeren Verlehmungszonen und fossilen Bodenhorizonte die vollständige Durchteufung der Deckschichten nicht möglich.

5.4 Hydrologisch bedeutsame Eigenschaften der Lößdecke

Löß ist wegen seiner hohen Wasserspeicherfähigkeit (vgl. Kap. 6.2.2) und seines guten ungesättigten Wasserleitvermögens bekannt, doch sind an dieser Stelle einige physikalische Besonderheiten der Lößdecke hervorzuheben. Am Aufbau der bis über 9 m mächtigen äolischen Sedimentfolge beteiligen sich verschiedenaltrige Lösse. Vorbehaltlich einer Labor- und pollenanalytischen Überprüfung der Geländebefunde und der Parallelisierung mit der regionalen Lößstratigraphie deutet sich ein zunehmendes Alter der Lößdecke von Westen nach Osten an. Im Versuchsfeld Biologie belegt das Eltviller Tuffbändchen, eine 1-2 cm starke, horizontal verlaufende, in frischem Boden grau und in trockenem Boden schwarz erscheinende Aschenlage, das jungpleistozäne Alter der Lösse. Demnach sind die Lösse ins Würm III zu stellen.

In der Obstanlage und im Versuchsfeld Hattersheim schalten sich ältere, fossile Bodenhorizonte in die Lößfolge ein. Immer im Hangenden der übrigen fossilen Horizonte liegen dunkel graubraun bis schwarz gefärbte fAhBt-Horizonte, deren Mächtigkeit über einen Meter betragen kann. Unter diesen konnten im Versuchsfeld Hattersheim noch weitere Verlehmungszonen und Bt-Horizonte nachgewiesen werden (vgl. Kap. 6.2.1).

Trotz dieser Körnungsdifferenzierungen zeigt die Lößdecke nahezu keine hydromorphen Merkmale. Die einzigen Anzeichen für Staunässe wurden auf Standorten mit geringer Lößbedeckung (< 1,5 m) oberhalb des Substratwechsels Terrasse zu Löß festgestellt. Da Lösse im allgemeinen gute Zeichnereigenschaften besitzen, ist für die mächtigeren Lösse temporärer Wasserstau auszuschließen. Dies bedeutet, daß das Wasserleitvermögen aller Lößschichten unterhalb des Solums durch das anfallende Sickerwasser nicht überschritten wird. Da das Grundwasser erst im Schotterkörper unterhalb der Lösse in 10 - 20 m Tiefe ansteht (vgl. Kap. 3.3), ist die Lößdecke ganzjährig der ungesättigten Zone zuzuordnen.

6. Bodenfeuchtemeßstandorte

6.1 Auswahl und Typisierung

Extreme Unterschiede im Bodenwasserhaushalt sind auf den Untersuchungsflächen nicht zu erwarten (s.o. und vgl. HESSISCHES LANDESAMT FÜR BODENFORSCHUNG 1969). Variationen ergeben sich außer durch die Differenzierung der Pflanzendecke durch bodentypologische und Reliefunterschiede. Eine differenzierte Gliederung, die den Substrataufbau der gesamten Lößdecke berücksichtigt, kann folgendermaßen vorgenommen werden:

- Pararendzina aus Löß über Rohlöß
- stark erodierte Parabraunerde aus Lößlehm über Rohlöß
- erodierte Parabraunerde aus Lößlehm über Rohlöß
- Parabraunerde aus Lößlehm über Rohlöß
- Parabraunerde aus Lößlehm über Löß mit fossilen Bt-Horizonten
- kolluvial überdeckte Parabraunerde aus Lößlehm über Löß
- kolluvial überdeckte Parabraunerde aus Lößlehm über Löß mit fossilen Bt-Horizonten
- Kolluvium aus Lößlehm über Rohlöß
- Böden auf Lössen mit einer Mächtigkeit von weniger als 2 m
- Böden auf 1 - $2°$ geneigten Standorten.

Die Auswahl der Standorte für Bodenfeuchtemeßstellen nach den Kriterien Lößmächtigkeit, Homogenität, Profilaufbau, Paläobodeneinfluß, Hangneigung und Transpirationsverhalten der Pflanzendecke geht aus Tab. 6.1 und Abb. 6.1 hervor. Der Schwerpunkt der Meßstationen wurde auf Lösse mittlerer Mächtigkeit (3 - 4 m) gelegt, da diese am weitesten verbreitet sind. Zu Vergleichszwecken dient Station 6 mit einer Lößauflage von nur 1,7 m. Da die Parabraunerde auf den Untersuchungsflächen dominiert, wurden sämtliche Meßstellen auf Parabraunerden eingerichtet, die sich hinsichtlich der Ausprägung der Bt-Horizonte geringfügig unterscheiden. Dies ermöglicht Vergleiche zwischen Meßstellen mit verschiedener Vegetation.

Bei der Auswahl der Meßstandorte wurden verschiedene landwirtschaftliche Kulturen wie Getreide, Gemüse und Obst berücksichtigt. Da keine bestandsspezifischen Korrekturfaktoren für empirische Verdunstungsformeln ermittelt werden sollen, konnten beliebige Fruchtfolgen gewählt werden. Sie sind nach Standorten gegliedert in Tabelle 6.2 aufgeführt. Die Bewirtschaftung der Flächen erfolgte mit praxisüblichen Methoden (Bodenbearbeitung, Düngung, Ernte und Einarbeitung von Ernterückständen). In einigen Fällen mußte direkt um die Meßrohre bzw. die Tensiometer per Hand nachgesät bzw. mußten Erdbeerpflanzen umgepflanzt werden.

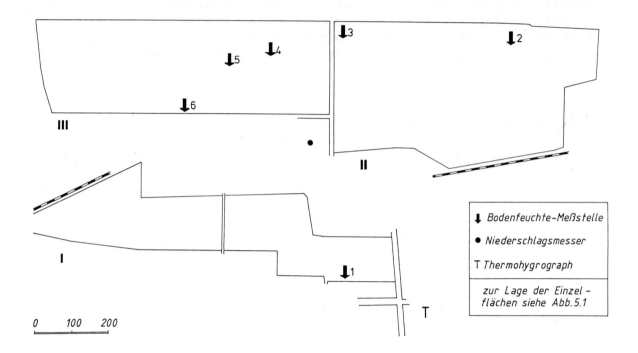

Abb. 6.1: Lage der Bodenfeuchte- und Klimameßstellen

Tab. 6.1: Kurzcharakteristik der Bodenfeuchte-Meßstandorte

Station	Lössmächtigkeit	Bt-Untergrenze	Nutzung
1	4.5 m	75 cm	Acker
2	3.3 m	100 cm	Obstbäume
3	3.3 m	125 cm	Obstbäume
4	4.5 m	95 cm	Erdbeeren
5	4.0 m	95 cm	Acker
6	1.7 m	80 cm	Acker

Tab. 6.2: Fruchtfolgen an den Bodenfeuchte-Meßstellen

Station	Jahr	Kultur	Saat	Ernte
1	1983	Ackerbohnen	3.83	10.83
	1984	Winterweizen	10.83	8.84
	1985	Winterweizen	10.84	8.85
2	1983 bis 1985	Apfelbäume (Reihenengpflanzung auf schwachwüchsiger Unterlage), Sorte: Idared		Okt.
2	1983 bis 1985	Apfelbäume (Reihenengpflanzung auf schwachwüchsiger Unterlage), Sorte: Idared		Okt.
4	1983 bis 1985	Erdbeeren	–	Juni und Juli
5	1983	Winterweizen	10.82	8.83
	1984	Sommergerste	3.84	7.84
	1985	Kopfsalat	4.85	7.85
6	1983	Hafer	3.83	8.83
	1984	Sommergerste	3.84	7.84
	1985	Brache, unbearbeitet	–	–

Die Installation der Neutronensondenrohre und Tensiometer wurde an allen Bodenfeuchtemeßstellen einheitlich nach folgendem Schema (Abb. 6.2) vorgenommen.

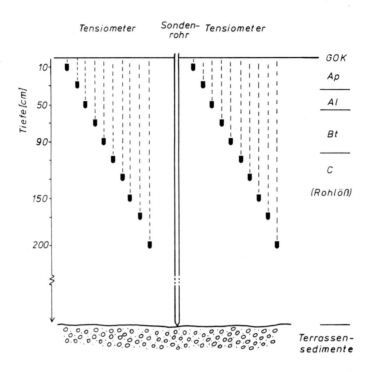

Abb. 6.2: Einbauschema der Tensiometer und Neutronensondenrohre

6.2   Bodenkundliche Standortaufnahme

6.2.1   Profilbeschreibungen und Bodeneigenschaften

Station 1

Die nur 75 cm tief entwickelte Parabraunerde (Abb. 6.3) mit einem in zwei Subhorizonte zu unterteilenden Tonanreicherungshorizont sitzt einem 4,3 m mächtigen Löß auf. Mit etwa 10 % Differenz der Tongehalte zwischen AlAp (23 % Ton) und Bt_2-Horizont (33 % Ton) hat eine deutliche Tonverlagerung stattgefunden. Im Übergang zum Cn-Horizont sinkt der Tongehalt auf 15 - 18 %, während der Carbonatgehalt, abgesehen von 22 % im Cvc im Rohlöß zwischen 12 % und 17 % variiert. Das Solum ist kalkfrei. Die Gesamtporenvolumina des Lösses liegen mit 48,1 % deutlich über den Gesamtporenvolumina des Oberbodens (42,7 bzw. 44,9 %). Entsprechend der Differenzierung im Tongehalt liegt der Totwasseranteil im Bt_2-Horizont um 8 % über dem des Oberbodens. Die Lagerungsdichten variieren zwischen 1,4 und 1,5.

Mit Ausnahme eines Bereiches bei 3 m Tiefe ist der Löß als ausgesprochen homogen zu bezeichnen, wofür auch der hohe Gehalt an Mittel- und Feinschluff (> 70 %) spricht. Die auf Kosten des fS- und gU-Anteils erhöhten Tongehalte sind möglicherweise auf eine schwach ausgeprägte präholozäne Verwitterung zurückzuführen, die jedoch keine weitergehende, beispielsweise farbliche Differenzierung bewirkt hat. In Annäherung an die liegenden Terrassenkiese steigen die Sandgehalte.

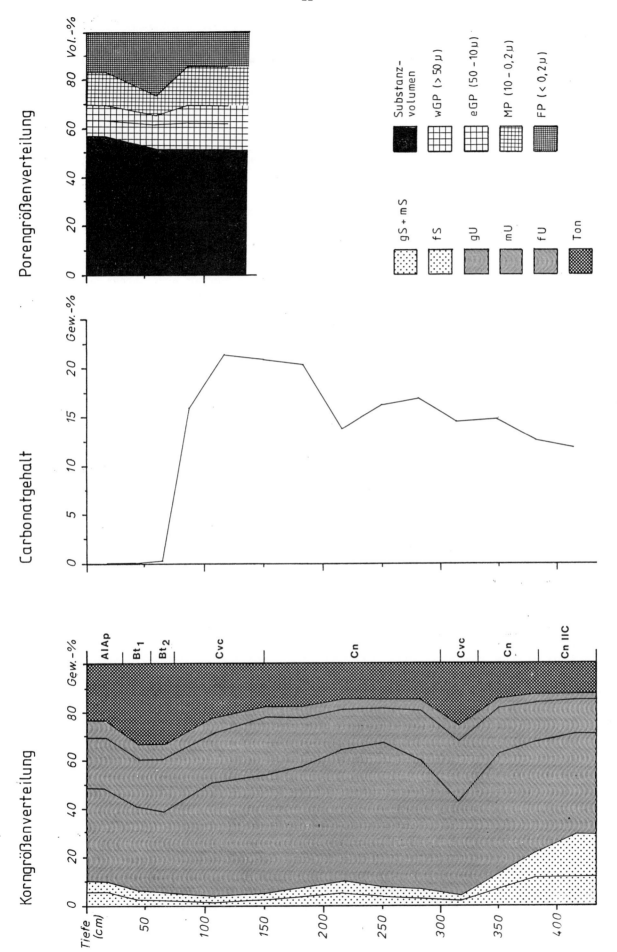

Abb. 6.3: Station 1: Korngrößenverteilung, Carbonatgehalt und Porengrößenverteilung

Station 2

Die Parabraunerde an Station 2 (Abb. 6.4) zeigt einen mit 35 % Ton kräftig entwickelten Bt-Horizont, der sich hinsichtlich der Bodenart und der Porengrößenverteilung deutlich von den umgebenden Horizonten abhebt. So hat die Lessivierung zu einem Tongehaltsgradienten zwischen Ah- und Bt-Horizont von 17 über 26 auf 35 % geführt; andererseits steigt der Anteil der Feinporen von 10 über 13 auf 21 %. Die hohen Gesamt- und Grobporenvolumina sowie die geringen Lagerungsdichten unterstreichen die günstigen bodenphysikalischen Eigenschaften des Ah-Horizontes. Erwartungsgemäß weist der Bt-Horizont mit bis 1,55 die höchste Lagerungsdichte auf.

Die Tongehalte um 20 % sowie die geringen Carbonatgehalte (um 5 %) im C-Löß werfen die an dieser Stelle jedoch nicht weiter zu diskutierende Frage nach einer der holozänen Bodenbildung vorausgegangenen Verwitterung auf. Bis zur Terrassenoberfläche in 3,3 m Tiefe ist makroskopisch keine bedeutsame farbliche Nuancierung feststellbar. Abschließend sei ein zwischengelagertes Sand- und Feinkiesband erwähnt, welches vom Löß abweichende hydrologische Eigenschaften besitzt. Seine Tiefenlage variiert kleinsträumig zwischen 2,2 und 2,6 m. Eine größere flächenhafte Verbreitung kann aufgrund der Lößmächtigkeitskartierung ausgeschlossen werden.

Station 3

Bei Station 3 treten fossile Bodenhorizonte unter dem holozänen Boden auf (Abb. 6.5). Die holozäne Parabraunerde, die der Mächtigkeit des Oberbodens zufolge eine geringmächtige kolluviale Überdeckung trägt, besitzt einen deutlich tonverarmten Oberboden (17 % Ton) mit geringem Totwasseranteil und einen kräftigen Illuvialhorizont (> 30 % Ton). Auffallend ist die große Mächtigkeit des Bt-Horizontes von 70 - 126 cm. Der Oberboden an Station 3 zeigt im Gegensatz zu jenem an Station 2 deutlich niedrigere Werte für die Luftkapazität, was seine Ursache vermutlich in dem höheren Alter der Baumkultur an Station 3 hat.

Unter dem Bt-Horizont folgt zunächst, wie bei den anderen Standorten, der hellgelbe Löß, charakterisiert durch das hohe Gesamtporenvolumen, einen Tongehalt von etwa 20 % und über 70 % Schluff. Ab 2 m Tiefe gehen die hellgelblichen Lößfarben allmählich in Brauntöne über und die Tongehalte steigen. Das Material zwischen 2,0 und 2,8 m trägt alle Anzeichen eines sekundär aufgekalkten fossilen Verbraunungshorizontes, in dem außerdem ein geringmächtiger fAh-Horizont eingeschlossen ist. Unterhalb von 2,8 m bis zur Lößbasis schließt sich ein fossiler Bt-Horizont an.

Station 4

Die Parabraunerde an Station 4 (Abb. 6.6) ist auf einem 4,5 m mächtigen Lößpaket entwickelt, welches verschiedene fossile Horizonte einschließt. Die Tongehalte der holozänen Bt-Horizonte, die gerade 30 % erreichen, liegen im Vergleich mit denen anderer Stationen um etwa 2 - 5 % niedriger. Auch der Unterschied zum Tongehalt des Ap-Horizontes ist mit 5 % als gering zu bewerten. Der relativ hohe Anteil an Feinporen und der erhöhte Tongehalt deuten darauf hin, daß der Ah-Horizont möglicherweise bereits durch Erosion verkürzt ist (vgl. Station 1). Unmittelbar unter dem Bt-Horizont schließt sich Rohlöß an. Zwischen 1,6 und 3,2 m folgt eine mächtige schwarzbraune Humuszone, deren Tongehalte (27 - 28 %) darauf deuten, daß hier eine Tonbildung stattgefunden hat. Parallel zur Tongehaltszunahme verläuft der Rückgang des Carbonatanteiles. Die Humuszone geht in einen 40 cm mächtigen, kräftigen Bt-Horizont über, der scharf an einen Kalkanreicherungshorizont grenzt. In Annäherung an die Terrassenoberfläche steigen die Sandgehalte deutlich an.

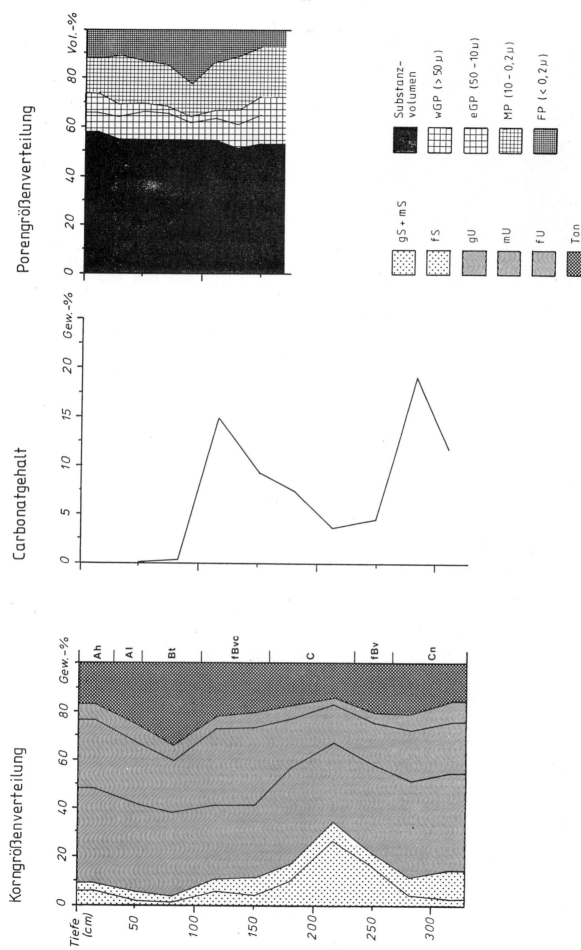

Abb. 6.4: Station 2: Korngrößenverteilung, Carbonatgehalt und Porengrößenverteilung

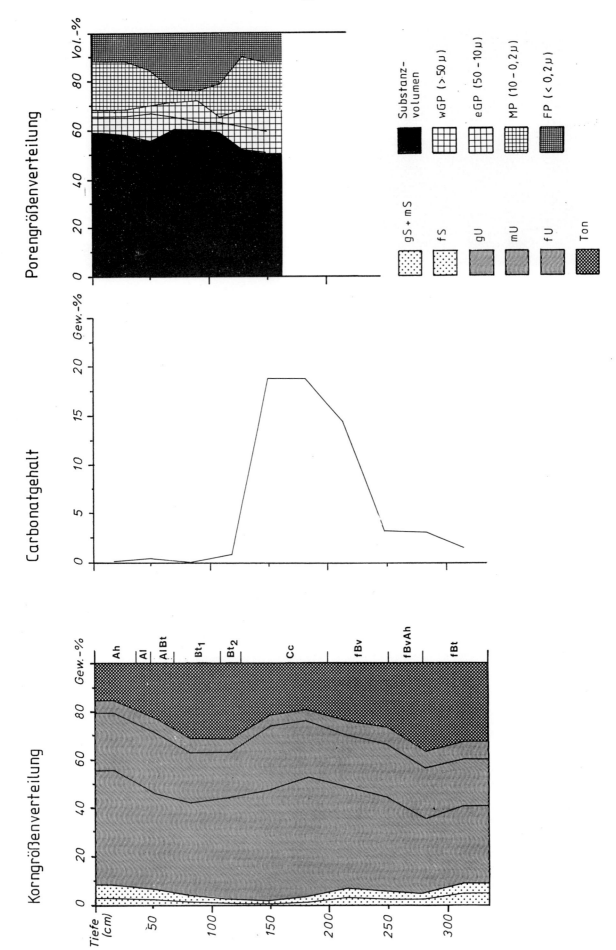

Abb. 6.5: Station 3: Korngrößenverteilung, Carbonatgehalt und Porengrößenverteilung

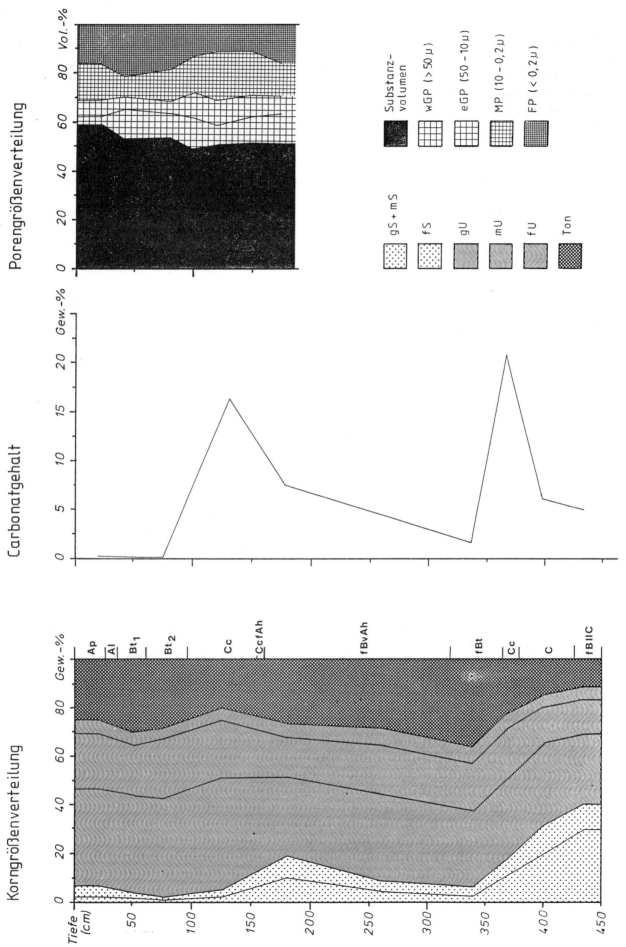

Abb. 6.6: Station 4: Korngrößenverteilung, Carbonatgehalt und Porengrößenverteilung

Station 5

Station 5 besitzt eine normal entwickelte Parabraunerde mit einer Solumsmächtigkeit von etwa einem Meter (Abb. 6.7). Die Unterteilung des Bt-Horizontes in zwei Subhorizonte wurde aufgrund von Farbunterschieden vorgenommen, beide Horizonte enthalten etwa 30 % Ton und sind durch einen Feinporenanteil von 20 % gekennzeichnet. Die mit 1,42 niedrigsten Lagerungsdichten wurden im Löß unter dem Solum angetroffen. Körnung, Farbe und Porengrößenverteilung weisen den Bereich zwischen 1,2 und 1,7 m Tiefe als Rohlöß aus.

Wie bereits an Station 4 sind die fossilen Horizonte das besondere Merkmal der liegenden Lösse. Unter einem 80 cm mächtigen, dunkelbraunen fossilen AhBt-Horizont mit außergewöhnlich hohem Tonanteil (39,8 %) folgt ein Verbraunungshorizont und ein bereits verwitterter Löß, in dem Toneubildung (26 % Ton) stattgefunden hat. Alle fossilen Horizonte sind stark kalkhaltig. Die Gesamtmächtigkeit der Lößauflage beträgt etwa 4 m.

Station 6

Diese Station weist die geringste Lößbedeckung und zugleich eine nur 80 cm tief entwickelte Parabraunerde auf (Abb. 6.8). Unter einem Oberboden mit einer Lagerungsdichte von 1.6 und Tongehalten von 18 - 19 % folgt ein Bt-Horizont mit mäßig hohem Tonanteil (28,8 %). Er reicht bis 81 cm Tiefe, die Porengrößenverteilung zeigt den für Bt-Horizonte typischen Feinporenanteil von etwa 20 %. Unterhalb des Bt-Horizontes folgt bis etwa 100 cm ein Material, dessen Farbe zwischen der des Bt-Horizontes und derjenigen eines Rohlösses liegt. Es zeigt bei hohen Tongehalten (32 %) die für Rohlösse bis verwitterte Lösse typischen Totwasseranteile um 10 %. Die bodengenetische Ansprache dieses Substrates ist problematisch, weil der Körnungsbefund und die Charakteristika der pF-Kurve divergieren. Der bis zur Lößbasis bei 1,7 m reichende fBvc besitzt im Vergleich mit einem typischen Rohlöß eine dunklere Farbe. Das 41 % Gesamtporenvolumen aufweisende Material ist mit schwarzen Konkretionen durchsetzt. Insgesamt ist die Profildifferenzierung dieses Bodens nicht mit simplen pedogenetischen Konzepten zu erklären, sondern sie bedarf eines polygenetischen Erklärungsansatzes, der im Rahmen dieser Arbeit jedoch nicht weiter verfolgt werden kann.

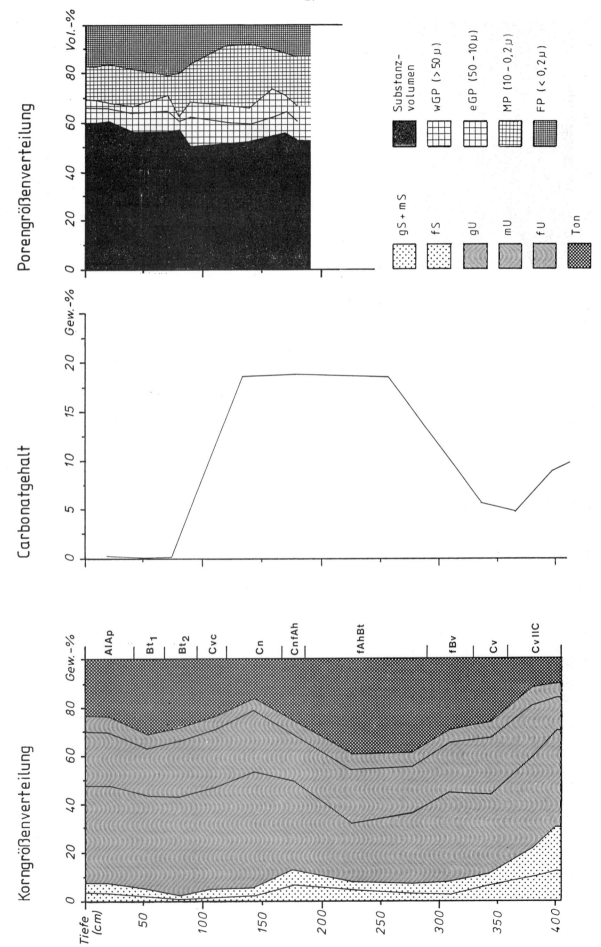

Abb. 6.7: Station 5: Korngrößenverteilung, Carbonatgehalt und Porengrößenverteilung

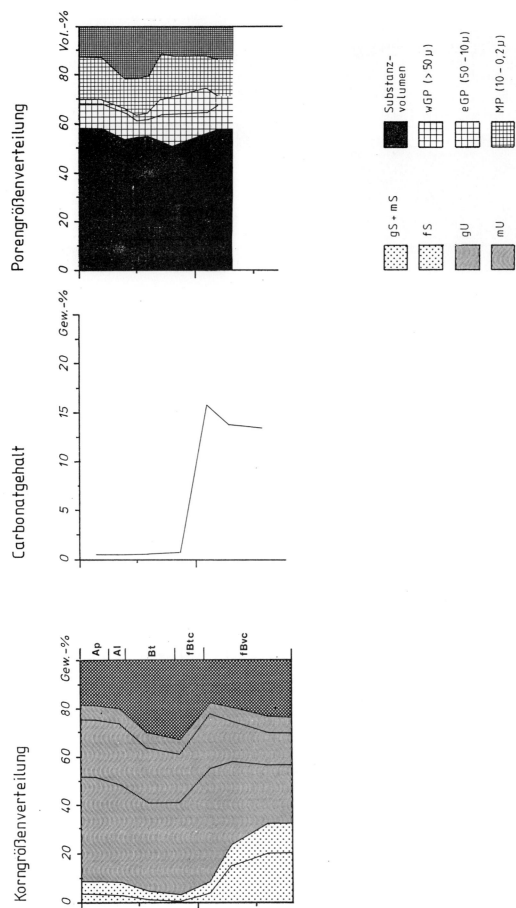

Abb. 6.8: Station 6: Korngrößenverteilung, Carbonatgehalt und Porengrößenverteilung

6.2.2 Beziehungen zwischen Bodenart und Porengrößenverteilung

Eine Synopse der für die einzelnen Bodenhorizonte typischen pF-Kurven muß drei deutlich divergierende Gruppen trennen. Die für diese Gruppen (Ah-, Bt-, und C-Horizonte) charakteristischen Wasserspannungskurven sind exemplarisch in Abb. 6.9 wiedergegeben und in folgender Tabelle zusammengestellt.

Tab. 6.3: Wassergehalte (Vol.-%) bei verschiedenen Entwässerungsstufen für ausgewählte Horizonte

Station	2	3	5
Tiefe	30 cm	110 cm	120 cm
Horizont	Ah	Bt	C-Löß
Gesamtporenvolumen	44,1	43,2	48.9
Wassergehalt (pF 1,8)	34,9	38,3	39,7
Wassergehalt (pF 2,5)	29,7	36,9	32,0
Wassergehalt (pF 2,7)	23,6	-	27,9
Wassergehalt (pF 4,2)	9,6	19,5	8,5

Die $\theta(\psi)$-Funktion des Rohlösses ist durch ein hohes Gesamtporenvoluminen von 48 - 49 %, einen geringen Feinporenanteil sowie einen extrem flachen Kurvenverlauf im mittleren Saugspannungsbereich gekennzeichnet. Hiervon heben sich die Äquivalentwassergehalte des Bt-Horizonts deutlich ab. Er besitzt einen hohen Anteil totwassererfüllter Poren jenseits des permanenten Welkepunktes bei pF 4,2 und einen deutlich steileren Verlauf des Funktionsgraphen im Bereich mittlerer Saugspannungen. Eine vermittelnde Position nimmt der Oberbodenhorizont ein. Hier liegt weder das Gesamtporenvolumen noch der Feinporenanteil so extrem wie bei den übrigen Horizonten. Neben bodeneigenen Einflüssen auf die Porengrößenverteilung spielt, besonders für den Anteil der Grobporen, der Bearbeitungszustand des Bodens eine entscheidende Rolle.

Unter Berücksichtigung der Porenvolumina aller Untersuchungsstandorte ergibt sich eine enge Korrelation zwischen dem Feinporenanteil und dem Tongehalt (Abb. 6.10), die es rechtfertigt, zwischen diesen beiden Parametern eine lineare Regression zu berechnen. Auf diese Weise kann für Tiefen, aus denen keine Stechzylinderproben gewonnen werden können, der Totwasseranteil aus der Körnung näherungsweise bestimmt werden. Es muß jedoch betont werden, daß diese Funktion nur regionale Gültigkeit besitzt und nicht auf andere Lößlandschaften übertragen werden darf, wie der Vergleich mit Literaturangaben zeigt (RENGER 1971).

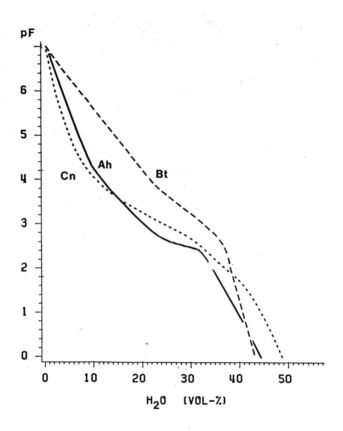

Abb. 6.9: Wasserspannungskurven ausgewählter Horizontgruppen

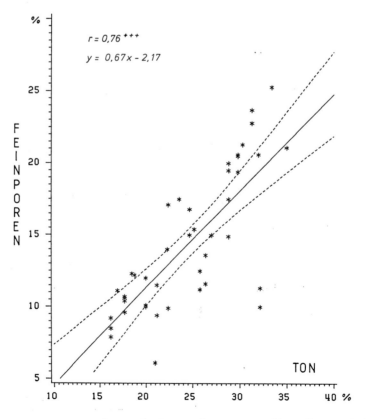

Abb. 6.10: Regression zwischen Feinporenanteil und Tongehalt

7. Bodenhydrologische Meßmethoden

7.1 Neutronensonde

Geräte und Material

Für die Bodenwassergehaltsmessungen wurde die Neutronensonde LB 6600 I der Fa. Labor Prof. Berthold, Wildbad benutzt. Die mit einem 10 m langen Kabel versehene Sonde ist von einem Transport- und Abschirmbehälter (Abb. 7.1) umgeben, dessen unteres Ende als Aufsatzstutzen ausgelegt ist. Da der Außendurchmesser der in den Boden eingelassenen Sondenführungsrohre den Innendurchmesser des Aufsatzstutzens übertrifft, mußte ein Reduktionsstück gefertigt werden, um ein verwackelungsfreies Aufsitzen der Sonde auf dem Rohr zu gewährleisten. Bei den Sondenführungsrohren handelt es sich um nahtlos gezogene, verzinkte Präzisionsstahlrohre (45 x 3 mm) mit angeschweißter Kegelspitze. Die Rohrlängen wurden den Standortverhältnissen individuell angepaßt. Zum Vorbohren diente das mit Bajonettkupplungen meterweise verlängerbare Gestänge der Fa. Eijkelkamp, Giesbeck (NL). Als Bohrkopf standen zwei verschiedene Spezialanfertigungen vom Typ der Edelmann-Bohrer mit Durchmessern um 45 mm zur Verfügung. Für die Zerstörung von Steinlagen und Lößkindlhorizonten wurde ein Steinmeißel an ein verlängerbares 22 mm-Schraubgestänge geschweißt.

Meßprinzip der Sonde

In die Feuchtesonde (Abb. 7.1) ist als radioaktive Quelle 100 mC Americium 241 eingelagert; diese sendet Alpha-Strahlen aus, welche Neutronen aus dem ebenfalls in die Sonde eingebauten Beryllium losschlagen. Da die Neutronen keine elektrische Ladung besitzen, können sie ungehindert elektrische Felder durchlaufen und verfügen somit über ein außerordentliches Durchdringungsvermögen. Im Strahlenschutzbehälter sorgt ein Bleimantel für die Abschirmung der Gamma-Strahlen und Paraffin für eine Bremsung der schnellen Neutronen. Die Bremsung und Thermalisation der Neutronen übernehmen sowohl im Paraffin als auch im Boden die Wasserstoffatome. Das Meßprinzip der Sonde basiert auf der direkten Proportionalität der Abbremsung der Neutronen zum Wassergehalt des Bodens. Mit dem in die Sondenspitze eingebauten Szintillationsmesser kann die Flußdichte der langsamen, thermischen Neutronen bestimmt werden; sie wird durch das Sondenkabel an einen Zählratenmesser weitergeleitet.

Bestimmung des anzeigeempfindlichen Meßpunktes der Sonde

Vor der Eichung der Sonde muß zunächst der anzeigeempfindliche Meßpunkt bestimmt werden, um die exakte Zuordnung von Impulsrate und Meßtiefe zu gewährleisten. Ein praktikables Verfahren hat BUCHMANN (1969) beschrieben. Er bestimmt den anzeigeempfindlichen Meßpunkt als den Punkt mit der höchsten Neutronenzählrate beim Durchgang der Sonde durch eine homogene nasse Schicht in einer trockenen Umgebung. Hierzu installierte er ein Sondenführungsrohr in eine mit Quarzsand und Kaliumalaun gefüllte Tonne. Bei den eigenen Untersuchungen wurde der Meßpunkt an Kunststoffzylindern bestimmt. Diese Kunststoffzylinder können, da sie eine konstante Neutronenflußdichte garantieren, ebenfalls für die Kontrolle der Feuchtekalibrierung bei Langzeituntersuchungen verwendet werden.

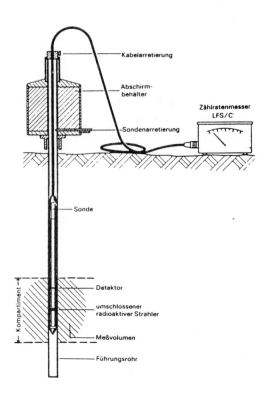

Abb. 7.1: Meßprinzip der Neutronensonde (aus MORGENSCHWEIS 1981a, S. 11)

In Abweichung der von LUFT (1981b) benutzten Polyäthylenzylinder standen bei den eigenen Untersuchungen Polypropylenzylinder zur Verfügung. Wegen der höheren Wasserstoffdichte des Polypropylens im Vergleich zum Polyäthylen und des größeren Durchmessers der von mir benutzten Sondenführungsrohre weichen die Durchmesser der Kontrollzylinder von denjenigen ab, die LUFT (1981b) und VOGELBACHER (1983) angeben. Die eingesetzten Zylinder besitzen Außendurchmesser von 120, 140 und 160 mm und sind jeweils 500 mm hoch; eine zentrierte Bohrung von 45,5 mm Durchmesser ermöglicht die Aufnahme des Sondenführungsrohres.

Zur Bestimmung des Sondenmeßpunktes wurden verschiedene Experimente nach Art der 'wetted front experiments' durchgeführt. Beim Durchgang der Sondenspitze durch die Zylinder verändert sich die Neutronenflußrate (Skalenteile (SKT)) (Abb. 7.2). Mit 33,0 cm bzw. 35,5 cm Meßstrecke war die dem Wasserstoffgehalt der Zylinder entsprechende konstante Neutronenflußrate erreicht. Die ungestörte Anzeige über eine längere Meßstrecke beim Zylinder mit 140 mm Durchmesser ist eine direkte Folge des verkleinerten Meßvolumens bei höherer Wasserstoffdichte. Bei beiden Experimenten bewirkt die Annäherung des anzeigeempfindlichen Meßpunktes der Sonde an die oberen und unteren Enden der Kontrollzylinder eine Abnahme der Zählrate. Demnach entspricht jeweils der Punkt, der die beiden Meßstrecken mit konstanter Anzeige halbiert, den Mittelpunkten der Zylinder. Anders ausgedrückt bezeichnet diese Position der Sondenmeßspitze die Lage des anzeigeempfindlichen Meßpunktes in der Mitte des Kontrollzylinders (25 cm von den beiden Enden entfernt). Hiernach liegt der Meßpunkt der Sonde 15,5 bzw. 15,75 cm oberhalb der Sondenspitze.

In einem weiteren Versuch (Abb. 7.3) wurde die Veränderung der Impulsrate beim Übergang des Meßpunktes vom Zylinder mit 120 mm Durchmesser in den Zylinder mit 140 mm Durchmesser registriert. Hierzu wurden die Zylinder übereinandergestellt. Die halbe Distanz des zwischen den beiden ungestörten, zylinderspezifischen Zählraten vermittelnden Kurvenabschnittes entspricht der Berührungsfläche beider Zylinder. Bei einer Absenktiefe der Sondenspitze auf 66,5 cm wird die 9 cm lange Übergangsstrecke halbiert. In dieser Position befindet sich der anzeigeempfindliche Meßpunkt der Sonde in Höhe der Grenzfläche zwischen den Zylindern. Diesem Experiment zufolge kann die Lage des Meßpunktes mit etwa 16,5 cm oberhalb der Sondenspitze angegeben werden. Dieser Wert ensspricht größenordnungsmäßig dem der vorangegangenen Experimente; er ist geringfügig höher, da die sich zwischen den Zylindern überschneidenden, kugelförmigen Meßvolumina unberücksichtigt bleiben mußten. Unterschiede in den Ergebnissen beruhen darüber hinaus auf mangelnder Ablesegenauigkeit des Zählratenmessers bei schwankenden Impulsraten (vgl. MORGENSCHWEIS 1981a, BRECHTEL & SCHRADER 1983). Die nur um 1 cm differierende Festlegung des anzeigeempfindlichen Meßpunktes reicht für die Zwecke der praktischen Wassergehaltsmessungen ohnehin vollkommen aus. Am Sondenkabel wurde entsprechend der Experimente eine Tiefenmarkierung des anzeigeempfindlichen Meßpunktes vorgenommen, um eine hinreichend exakte und reproduzierbare Einhaltung der Meßtiefen während der Untersuchungen sicherzustellen.

Eichung

Da es sich bei der Bestimmung des Bodenwassergehaltes mit der Neutronensonde im Gegensatz zur direkten gravimetrischen Feuchtebestimmung um ein indirektes Verfahren handelt, ist eine Eichung (Kalibrierung) der Sonde unerläßlich. Die Übernahme der vom Werk gelieferten Eichbeziehung ist nicht möglich. Neben gerätebedingten, elektronischen Instabilitäten und dem Wassergehalt wird die Zählrate auch durch andere bodeneigene Parameter (z.B. Lagerungsdichte, Humusgehalt, chemische Elemente wie B, Cl, Mn, Li, Ca, Fe, K) beeinflußt. In früheren Arbeiten beanspruchten die Bemühungen um eine geeignete Sondenkalibrierung einen erheblichen Aufwand und fanden ihren Niederschlag in zahlreichen methodischen Veröffentlichungen; stellvertretend kann auf folgende Autoren verwiesen werden: BUCHMANN (1969), IAEA (1970), HANUS et al. (1972), BELL (1976), NEUE (1980), MORGENSCHWEIS (1980b u. 1981), LUFT & MORGENSCHWEIS (1981), MORGENSCHWEIS & LUFT (1981), GERMANN (1981), WENDLING (1981), BRECHTEL & SCHRADER (1983), NEUE & SCHARPENSEEL (1983).

Der Sondenkalibrierung in der vorliegenden Untersuchung liegt die von COUCHAT (1974) physikalisch-theoretisch ermittelte und von MORGENSCHWEIS & LUFT (1981) abgewandelte Regressionsbeziehung für die Kalibrierung zugrunde, welche die volumetrische Bodenfeuchte (VOL) als Funktion der Neutronenzählrate (SKT) und der Lagerungsdichte (LADI) modelliert:

$$VOL = (SKT - g * LADI)/(a + b * LADI). \qquad (7.1)$$

Die Parameter a,b und g wurden durch ein optimierendes Parameter-Schätzverfahren nach Gauss-Newton mit dem SAS-Programmpaket (SAS-INSTITUTE 1982) ermittelt. Die Meßwerttripel (VOL, SKT und LADI) als Modelleingangsgrößen wurden im Feld an eigens für die Eichung ausgebrachten Sondenrohren durch Stechzylinder- und Beutelproben bestimmt. Die Kalibrierung am realen Untersuchungsobjekt, also am ungestörten Boden im Freiland garantiert im Gegensatz zur Eichung in präparierten Fässern, daß alle bodenimmanenten, störenden Einflußgrößen auf die Zählrate in der Kalibrierfunktion erfaßt werden. Um eine möglichst große Spannweite der Feuchtegehalte und Bodeneigenschaften zu berücksichtigen, erfolgte die Feldkalibrierung zu unterschiedlichen Zeitpunkten im Jahr und auf mehreren Löß-Parabraunerden. Nahe der für die Langzeitmessungen installierten Sondenführungsrohre wurden bis 2 m lange, zusätzliche Rohre in den Boden eingelassen; an die kompartimentweise

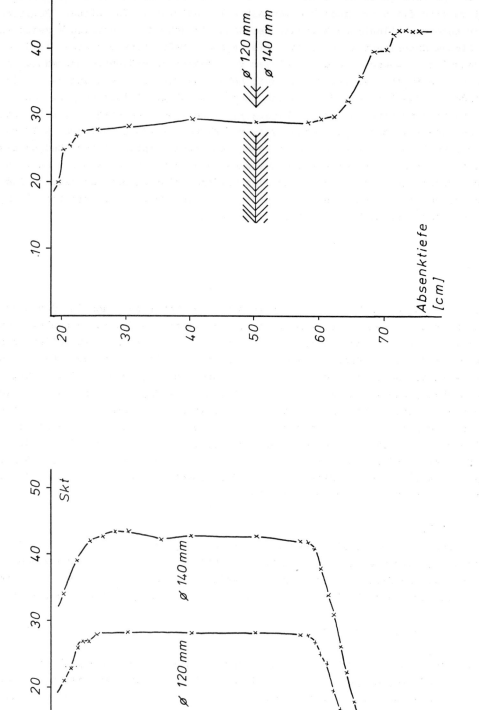

Abb. 7.3: Änderung der Neutronenflußrate beim Übergang zwischen Polypropylen-Zylindern mit unterschiedlichen Durchmessern

Abb. 7.2: Änderung der Neutronenflußrate beim Übergang Polypropylen – Luft

Aufnahme der Zählraten-Tiefenfunktion in diesen Eichrohren schloß sich die Entnahme ungestörter Stechzylinder-Proben direkt neben dem Meßrohr an. Die an diesen 100 cm³ bestimmten Feuchtegehalte und Lagerungsdichten bilden die Grundlage für die Berechnung der Kalibrierfunktion. Die Wassergehalte und Lagerungsdichten in der Ebene des Meßpunktes repräsentieren wegen möglicher vertikaler Wassergehaltsgradienten nur unzureichend den Wassergehalt in dem erfaßten Meßvolumen. Ausgehend von der Annahme eines kugelförmigen, wassergehaltsabhängigen Meßvolumens von 15 - 20 cm wurden die Wassergehalte und Lagerungsdichten den Impulsraten wie folgt zugeordnet:

$$\theta = \frac{\theta_m + \frac{\theta_{m-1}}{2} + \frac{\theta_{m+1}}{2}}{2}$$

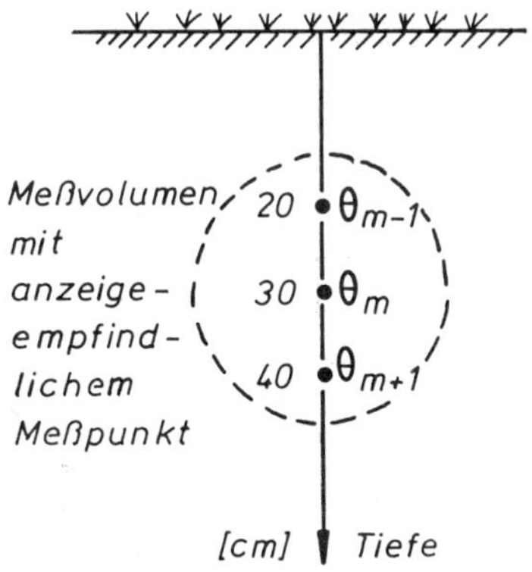

Abb. 7.4 Zuordnung der Impulsraten zu Bodenfeuchte- und Dichte-Meßtiefen

Die für alle Standorte gültige Kalibrierfunktion (Abb. 7.5) basiert unter Berücksichtigung der o.a. Korrekturen auf 112 Wertetripeln, die ihrerseits Mittelwerte aus mehreren Parallelbestimmungen repräsentieren:

$$\text{VOL} = (\text{SKT} - 15.29 * \text{LADI})/(2.01 - 0.71 * \text{LADI}). \quad (7.2)$$

Diese Funktion ist durch Meßwerte für den Feuchtebereich zwischen 16,9 und 38,0 Vol.-% abgesichert, sie deckt damit die gesamte Spannweite der an den Standorten im Jahresablauf möglichen Bodenwassergehalte ab. Sowohl für die Beziehung zwischen gemessenem und geschätztem Wassergehalt als auch für den Zusammenhang zwischen gemessenem Wassergehalt und Neutronenflußrate ergeben sich auf dem 1 %-Niveau signifikante Korrelationskoeffizienten von 0.95. Der Standardfehler des Modells beträgt 1,5 Vol.-%.

Die Kalibrierfunktion gilt insbesondere für humusarme Böden und eine Mindesttiefe, die den wassergehaltsabhängigen Radius des Meßvolumens überschreitet. Daher ist für alle oberflächennahen Meßtiefen oberhalb 20 cm (FARAH et al. 1984) eine Korrektur der Eichbeziehung notwendig, doch wird der Standardfehler der Eichbeziehung wegen der wechselnden Wassergehalte nahe der Oberfläche so groß, daß keine für Bilanzierungen befriedigenden Ergebnisse gesichert sind. Aus diesem Grund bleibt bei der Wassergehaltsbestimmung die Bodenfeuchte oberhalb von 20 cm unter Flur unberücksichtigt.

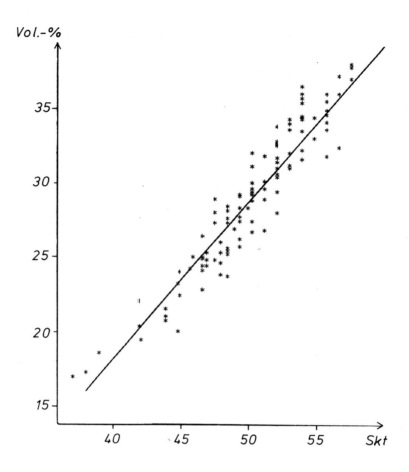

Abb. 7.5: Eichgerade der Neutronensonde für die Lagerungsdichte 1,5 g/cm^3

7.2 Tensiometer

Mit Tensiometern werden Saugspannungen oder Druckpotentiale des Bodenwassers gemessen (vgl. Matrixpotentiale (Kap. 10.1.1)). Sie bilden die unverzichtbare Grundlage für das Studium der Bodenwasserbewegungen, da sie als einzige Meßinstrumente Auskunft über die Wirkung der Bodenmatrix auf das Bodenwasser geben. "The tensiometer-pressure p is the gauge pressure (in Pa or mbar) relative to atmospheric pressure, to which a sample of the soil solution (with identical pressure and temperature) must be subjected to be in equilibrium via a membrane impermeable to the soil matrix with water at the point under consideration" (ISSS, 1976, zitiert in BOUMA 1977, 20).

Für die Fragestellungen dieser Arbeit sind Trägheit und Genauigkeit konventioneller Tensiometer ausreichend. Eine automatische Aufzeichnung kurzfristiger Saugspannungsveränderungen, d.h. die Registrierung und Analyse von Stunden- oder Tagesgängen der Saugspannung war nicht angestrebt. Entsprechend der Periodizität von täglichen Klimamessungen sollten die Veränderungen der Bodenfeuchteverhältnisse gemessen werden, um so zu Aussagen über die Sickerwassermengen und -geschwindigkeiten zu gelangen.

Je feinporiger die Keramik, desto höhere Wasserspannungen können gemessen werden und desto langsamer ist die Angleichungsgeschwindigkeit des Tensiometers an die Saugspannung im umgebenden Substrat, die auch als Geräteträgheit bezeichnet wird (RICHARDS 1949, HARTGE 1971, STREBEL, GIESEL, RENGER & LORCH 1973). Umgekehrt wird die Trägheit mit zunehmender Grobporigkeit der Keramik geringer. Die Geräteträgheit, die ferner abhängig ist vom guten Kontakt der Kerze mit dem Boden sowie von weiteren, untergeordneten meßeinrichtungsspezifischen Faktoren, liegt bei konventionellen Tensiometern in der Größenordnung von Minuten und bei Druckaufnehmertensiometern noch erheblich darunter (GIESEL et al. 1973).

In den eigenen Untersuchungen wurden Quecksilber-Schlauchtensiometer der Fa. Völkner, Krefeld eingesetzt. Die Obergrenze des Meßbereiches der Tensiometer wird durch den Luftdurchtrittspunkt bestimmt, der bei den eingesetzten Tensiometern nach Angaben des Herstellers bei etwa 850 cm WS erreicht ist. Während für die Bestimmung des Matrixpotentials die Unterdruckanzeige (Quecksilberdifferenzstand) um den vertikalen Abstand zwischen Tensiometerzelle und Quecksilberanzeige (= Korrekturhöhe) vermindert werden muß, herrscht am Tensiometerkopf eine um die Korrekturhöhe größeres Druckpotential. Daher fallen die Tensiometer in 10 cm Einbautiefe bereits bei 760 cm WS wahrer Saugspannung und diejenigen in 200 cm unter der Geländeoberfläche bei 570 cm WS aus. Gelegentlich überschreitet die Tensiometeranzeige die für den Gerätetyp errechneten Ausfallgrenzen. Daher mußten für die Beurteilung der Funktionsfähigkeit der Tensiometer zusätzliche Kriterien herangezogen werden.

Bei einem funktionsfähigen Tensiometer bewirkt ein Verschließen des Nachfüllstutzens eine sofortige Verschiebung des Quecksilberfadens. Bleibt diese Reaktion aus, so ist Luft im System, das Tensiometer muß entlüftet werden. Seltener tritt ein Defekt an der Kerze auf, derart, daß das Wasser die Kerze verläßt. Bei starker Austrocknung des Bodens kann es zu einem Übertritt des Quecksilbers in den Nachfüllstutzen kommen. Abgesehen davon, daß in diesem Fall der Meßbereich des Tensiometers überschritten ist, sollte bei Wiederbefeuchtung des Bodens und Wiederinbetriebnahme des Tensiometers fehlendes Quecksilber ersetzt und die Korrekturhöhe neu bestimmt werden. Häufiger zeigt sich bei beginnender Austrocknung des Bodens ein Wassertransport aus der Kerze in den Boden. Dieser Wasserverlust ist durch den im Nachfüllstutzen sinkenden Wasserstand kontrollierbar. Sobald der Meßbereich des Tensiometers überschritten ist, reicht die zwischen zwei Ablesungen nachgefüllte Wassermenge nicht mehr aus, um eine Verbindung zwischen Wassersäule und Quecksilberkapillare im Nachfüllstutzen zu gewährleisten. Unter diesen Bedingungen sind die Meßwerte zu verwerfen. Selbst ein hoher Wasserbedarf der Tensiometer führt bei Befeuchtung des Bodens und Wiederinbetriebnahme des Tensiometers zu nur eingeschränkt verwertbaren Meßergebnissen, da dem Boden ständig Wasser aus der Keramikkerze zugeführt wird.

Tab. 7.1: Theoretische Obergrenzen der Tensiometer-Meßbereiche in Abhängigkeit von der Einbautiefe

Einbautiefe (cm)	10	30	50	70	90	110	130	150	170	200
Korrekturhöhe	90	110	130	150	170	190	210	230	250	280
850 cm WS = cm Hg Obergrenze	58.0	56.5	55.0	53.5	52.0	50.4	48.9	47.3	45.8	44.3
cm WS	760	740	720	700	680	660	640	620	600	570

Um einen guten Kontakt zwischen der Keramikspitze und dem Boden zu erreichen, wurde das Bohrloch für die Tensiometerspitzen (20 mm Durchmesser) mit einer speziellen zylinderförmigen Metallhülse ausgestochen, deren Außendurchmesser geringfügig unter dem der Tensiometer liegt.

Die Inbetriebnahme der Tensiometerstationen in Hattersheim war durch die witterungsbedingte Bodentrockenheit im Sommer 1983 erheblich erschwert. In 10 cm Meßtiefe lag das Matrixpotential bis Mitte September außerhalb des Meßbereiches. Erst von diesem Zeitpunkt an konnte der Wechsel von Wiederbefeuchtung und Austrocknung des Bodens mit Tensiometern registriert werden. Wegen der niederschlagsreichen Frühlingswitterung waren im Unterboden die Saugspannungen noch bis in den August 1983 meßbar, doch führte der Wasserverlust im Laufe des Sommers auch im Unterboden zum Ausfall der Tensiometer.

Während des Winters 1983/84 wurde das Wasser in den Tensiometern bis 20 cm Tiefe durch Dekalin ersetzt, um auch während Frostperioden messen zu können (vgl. auch STREBEL 1970). Nachteilig war jedoch, daß der Austausch der beiden Flüssigkeiten bei teilweise hohen Saugspannungen im Herbst erfolgen mußte. So zeigten sich, nunmehr im Unterboden, ähnliche Anlaufschwierigkeiten wie im sommerlich ausgetrockneten Oberboden. Im zweiten Winter wurde dieser Flüssigkeitsaustausch nicht vorgenommen und ein Tensiometerausfall während der Frostperiode in Kauf genommen.

Von erheblich größerer Bedeutung für die Bilanzierung des Bodenwasserhaushalts als die Verfeinerung der Tensiometer-Meßtechnik ist die räumliche Variation der Saugspannungen im natürlich gelagerten Boden (vgl. GERMANN 1977). Tritt eine tiefenabhängige Veränderung der Saugspannung als Folge der sich gegenseitig beeinflussenden Prozesse der Infiltration, der Versickerung und des kapillaren Aufstieges auf, so erschweren horizontale Saugspannungsvariationen eine detaillierte Erfassung der für die Versickerung bestimmenden Faktoren. Löß gilt zwar als ein weitgehend homogenes Material mit guten Wasserleiteigenschaften, jedoch werden die durch Pflanzenwasserentzug bewirkten horizontalen Wasserspannungsgradienten erst mit einer gewissen zeitlichen Verzögerung ausgeglichen. Darüber hinaus sind auch im Löß Korngrößenheterogenitäten zu beobachten, die als Ursache für Wasserspannungsgradienten angesehen werden müssen. Je stärker der Boden ausgetrocknet, d.h. je höher die Saugspannung ist, desto geringer ist die ungesättigte Wasserleitfähigkeit. Folglich gleichen sich auch Saugspannungsdifferenzen im Boden langsamer aus (BENECKE & VAN DER PLOEG 1976, FLÜHLER & STOLZY 1976b, BIGGAR & NIELSEN & 1976).

Die ebenfalls mit zunehmender Austrocknung des Bodens größer werdenden horizontalen Wasserspannungsdifferenzen gibt HARTGE (1971) größenordnungsmäßig mit etwa ± 10 % des Meßwertes an. Zieht man weiterhin die bei konventionellen Quecksilber-Schlauchtensiometern mögliche Fehlerquelle in Betracht, die durch ein geringfügiges Auseinanderziehen des Quecksilberfadens verursacht werden kann, so gelangt man zu realistischen Vorstellungen über die Gültigkeitsgrenzen der Saugspannungsmessungen. Unabhängig vom Meßbereich schätze ich den o.a. Fehler auf einen Quecksilberdifferenzstand von 5 mm Hg bzw. 7 cm WS. Wird auf Parallelmessungen verzichtet, ergeben sich zusammenfassend folgende Unsicherheiten bei der tiefenspezifischen Angabe der Saugspannung (Beispiele):

Saugspannung	± Fehler
100 cm WS	16 cm WS
200 cm WS	26 cm WS
400 cm WS	46 cm WS.

7.3 Chlorid und Nitrat als Tracer

Eng an die Bodenwasserdynamik sind die Transportvorgänge wasserlöslicher Stoffe gebunden, da deren Hauptanteil durch Konvektion (Massenfluß) verlagert wird. Wegen der funktionalen Beziehung zwischen Sickerwassergeschwindigkeit und der Verlagerungsgeschwindigkeit gelöster Wasserinhaltsstoffe können unter bestimmten Voraussetzungen aus zeitlich aufeinanderfolgenden Bestimmungen von Nitrat- und Chloridkonzentrationen in der Bodenlösung Rückschlüsse auf die Sickerwassergeschwindigkeit gezogen werden. Unter diesem Gesichtspunkt sollen in der vorliegenden Arbeit Nitrat und Chlorid als Tracer angesehen werden. In der Hydrologie wird Chlorid wegen seiner hohen Mobilität seit langem als Tracer verwendet; dagegen ist die Anwendung von Stickstoff (N) als Tracer problematisch, da dieser in der ungesättigten Zone des Bodens mannigfachen Transformationsprozessen wie Nitrifikation, Denitrifikation, Mineralisierung und Immobilisierung unterliegt. Auf landwirtschaftlich genutzten Flächen führen N-Düngung und Mineralisierung von Ernterückständen häufig zu ausgeprägten Stickstoff-Tiefenverteilungen. Einerseits bewirken gasförmige N-Verluste (BENCKISER et al. 1986), N-Aufnahme durch die Pflanzenwurzeln und vorwiegend mikrobielle Denitrifikation eine Abnahme des Stickstoffgehaltes (RENGER & STREBEL 1976, HERA et al. 1981, DRESSEL et al. 1986, SYRING et al. 1986), andererseits wird Nitrat-Stickstoff mit dem Sickerwasser verlagert (KRETZSCHMAR 1964, FRISSEL et al. 1974, DUYNISVELD & STREBEL 1981, TIMMERMANN 1981). Da diese mobile Stickstofffraktion unterhalb der Wurzelzone nicht von den Pflanzenwurzeln aufgenommen wird, bietet sich gerade hier die Beobachtung der Tiefenverlagerung an.

VOSS (1985) konnte in bis zu 16 m mächtigen, homogenen Rohlößdecken quasi modellhaft die Nitratverlagerung über einen Zeitraum von 24 Monaten verfolgen und mit Sickerwassermengen korrelieren (VOSS et al. 1985). Ähnliche Ansätze der wurzelraumübergreifenden Beobachtung der N-Dynamik sind von LINVILLE & SMITH (1971), LIND & PEDERSEN (1976), YOUNG (1981), ANDERSEN & KRISTIANSEN (1984) und DUYNISVELD & STREBEL (1986) vorgestellt worden. Wegen der überragenden Bedeutung des N als Pflanzennährstoff (FINCK 1976) besitzt die Erforschung des Stickstoff-Kreislaufs eine lange wissenschaftliche Tradition (z.B. AMBERGER & SCHWEIGER 1974), doch blieben diese Untersuchungen lange auf den Wurzelraum beschränkt. Erst die Problematik nitratbelasteter Grundwasservorkommen lenkte das wissenschaftliche Interesse auch auf die ungesättigte Zone zwischen Wurzelraum und Grundwasser (OTTO 1978, STREBEL & RENGER 1978, LAMBRECHT et al. 1979, OBERMANN 1982 u. 1983, DUYNISVELD & STREBEL 1986, VAN DER PLOEG & KINZELBACH 1986). Im Rahmen der eigenen Untersuchung steht nicht die Nitratanlieferung an das Grundwasser im Mittelpunkt, sondern der Nitratstickstoff in der ungesättigten Zone soll als Indikator für die Sickerwasserbewegung dienen.

Die N-Transformationsprozesse, die von zahlreichen physiko-chemischen, räumlich und zeitlich variierenden Faktoren gesteuert werden, können hinsichtlich ihres schwerpunktmäßigen Auftretens schematisch einzelnen Tiefenbereichen zugeordnet werden (Abb. 7.6). In den oberen Bodenhorizonten finden bevorzugt Ammonifikation und Nitrifikation statt, Nitratstickstoff kann von hier aus in tiefere Bodenzonen verlagert werden, denen ebenfalls eine Verteilerfunktion in Bezug auf die N-Umsetzungen zukommt. Die biologischen Determinanten der N-Transformation sind in der schematischen Darstellung nicht explizit dargestellt.

Nitrat-Tiefenfunktionen mit einer großen Spannweite besitzen den für die Fragestellung höchsten Indikatorwert, da sie die zeit- und sickerwasserabhängige Abwärtsverdrängung der Minima und Maxima besonders deutlich erkennbar machen. Diesen Überlegungen folgend wurden an zehn für Bodenfeuchtemeßstellen geeigneten Standorten Beprobungen bis in maximal 5,20 m Tiefe vorgenommen. Nur die wenigsten Standorte erwiesen sich für eine Analyse der Nitrat-

Tiefenverlagerung als geeignet. An den meisten der untersuchten Standorte nahmen die Nitratgehalte zur Tiefe hin sehr rasch ab und bewegten sich teilweise nahe der methodisch bedingten Nachweisgrenze.

Ebenfalls ungeeignet sind solche Testflächen, die extrem kleinräumige Variationen des Nitratgehaltes zeigen. Diese Abweichungen können, wie VOSS (1985, 58) bestätigt, bereits bei Bohrungen auftreten, die nur wenige Meter (2 - 5 m) voneinander entfernt niedergebracht wurden. Als Begründungen für diese Diskrepanzen der Nitratverteilung sind u.a. ehemalige Bewirtschaftungsgrenzen von Schlägen unterschiedlicher Fruchtfolge und Bewirtschaftungsintensitäten, lokale Überdüngungen, punktuelle Anreicherung von nitratreichem Ernterückstand oder bei landwirtschaftlichen Feldversuchsflächen unterschiedlich behandelte Testparzellen sowie räumlich differenzierter Nährstoffentzug durch inhomogene Bestandesdichte zu nennen.

Um die engräumige Variation der Nitratgehalte auf Ackerflächen zu erfassen und möglicherweise einen Hinweis auf die Mindestanzahl von Parallelbohrungen zu erhalten, wurden aus 4 unterschiedlichen Tiefen und von je vier Ecken einer Profilgrube mit ca. 1 m^2 Grundfläche in Feldrandnähe Proben entnommen und auf ihren Nitrat-Stickstoffgehalt analysiert. Durch den direkten Zugriff auf das Bodenmaterial in der Grube konnte eine Vermischung mit Fremdmaterial aus anderen Profilabschnitten ausgeschlossen werden. Die vier Nitrat-Tiefenfunktionen (Abb. 7.7) zeigen den gleichen Kurventypus, eine übereinstimmende Nitratzunahme mit der Tiefe. Vor diesem Hintergrund ist für eine Beurteilung der Tiefensickerung der Umstand zweitrangig, daß die Spannweite bis zu 95 % des Mittelwertes (durchschnittlich 72 % des Mittelwertes) betragen kann; aufgrund der stark streuenden Einzelgehalte und der geringen Anzahl von Parallelbohrungen muß unter diesen Umständen von einer N-Bilanzierung abgesehen werden.

Während an den Untersuchungsstandorten die zeitliche Veränderung der Nitrat-Tiefenverteilungen studiert wurde, konnte Chlorid als Begleition einer Kaliumdüngung (50er Kali) auf eigens für diesen Zweck umgrenzten Testflächen unmittelbar neben den Bodenfeuchtemeßstellen ausgebracht werden. Jeweils 10 - 12 m^2 große Flächen wurden am 18. Januar 1984 mit 250 kg K$_2$O/ha (500 - 600 g pro Testfläche) gedüngt. Die Testflächen waren vollständig in den Bewirtschaftungsrhythmus der angrenzenden landwirtschaftlichen Flächen einbezogen. Die Probennahme erfolgte unmittelbar vor der Düngung sowie an weiteren 4 Terminen bis zum Juli 1985. Die Tiefenzonen, die die Chlorid-Maxima erwarten ließen, wurden in 20 cm-Tiefenintervallen beprobt.

Ab Januar 1984 standen dreifache Feldwiederholungen für Nitrat- und Chloridbestimmungen zur Verfügung. Die Proben wurden mit einem Löffelbohrer in 20 bzw. 33 cm-Schichtinkrementen entnommen, zu Mischproben vereinigt und anschließend als Beutelproben bis zur chemischen Analyse eingefroren. Die Nitrat- und Chloridbestimmung erfolgte im Labor an demselben Bohrgut nach Ausschütteln mit einer schwachen Salzlösung mit Nitrat- bzw. Chlorid-Elektroden.

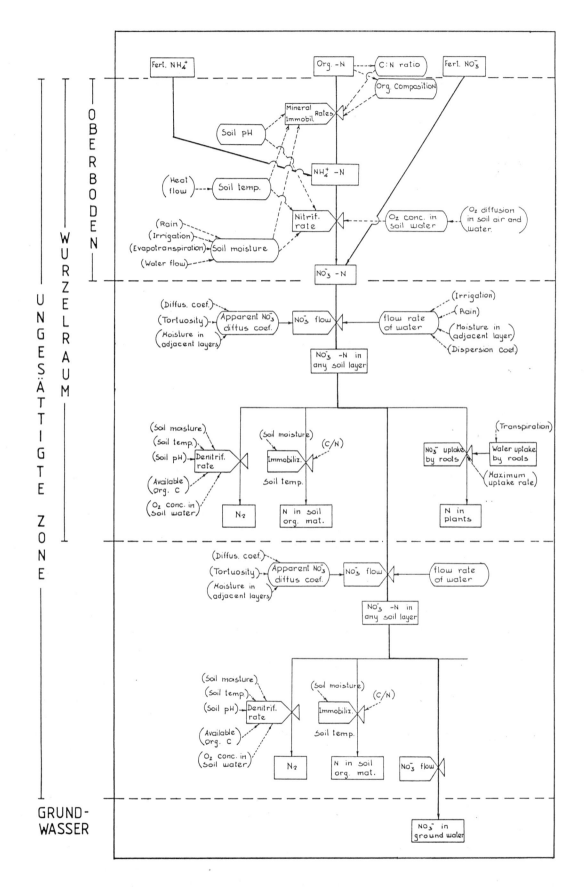

Abb. 7.6: Stickstoff-Dynamik in der ungesättigten Zone (stark verändert unter Verwendung von HAGIN & WELTE 1984, 19 u. 20)

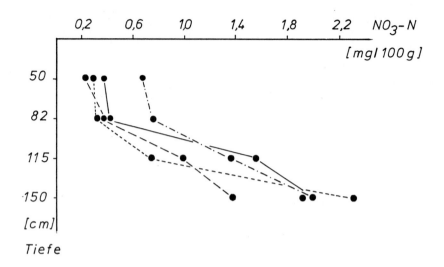

Abb. 7.7: Kleinräumige Variation der NO$_3$N-Tiefenverteilung

8. Witterungsverlauf und Bodenfeuchte im Untersuchungszeitraum

8.1 Witterungsverlauf

Die Klimawerte verschiedener, in der Nähe der Untersuchungsflächen gelegener Meßstandorte sind in der Abb. 8.1 zusammengefaßt dargestellt. Mit den dieser Abbildung zugrundeliegenden Tageswerten wird in den folgenden Ergebniskapiteln gearbeitet. Dies gilt insbesondere für die etwa auf Dekadenbasis dargestellten Niederschlagssummen auf den Bodenwassergehalts- und Saugspannungs-Isoplethen-Diagrammen (Abb. 8.10 - 8.15) und für alle Bilanzrechnungen (Kap. 10).

Zum Vergleich der Niederschlags- und Temperaturverhältnisse des Untersuchungszeitraumes mit den langjährigen Mittelwerten wird auf die Angaben der synoptischen Wetterstation Frankfurt-Flughafen zurückgegriffen (DEUTSCHER WETTERDIENST 1983 - 1985). Daß hierfür nicht die eigenen Beobachtungsreihen benutzt werden, hat seinen Grund in der angestrebten Vergleichbarkeit, denn es sollen nur homogene Reihen von Niederschlag und Temperatur desselben Standortes gemeinsam besprochen werden. Zur Orientierung sind die Monats-Niederschläge, die in unmittelbarer Nähe der Meßflächen ermittelt wurden, zusätzlich in die Tabelle 8.1 mitaufgenommen. Die Charakterisierung des Witterungsverlaufes vor Beginn der bodenhydrologischen Meßreihen dient der Einordnung von Bodenfeuchte- und Saugspannungsanfangswerten im Sommer 1983.

Hygrisch gliedert sich das Jahr 1983 (Abb. 8.1) in eine erste, im Vergleich mit den langjährigen mittleren Niederschlägen deutlich zu nasse Phase, die bis Ende Mai dauert, und in die folgende, zu trockene zweite Jahreshälfte. Auf die Monate Januar bis Mai entfallen bereits 62 % (409 mm) des mittleren Jahresniederschlages (663 mm). Besonders die Frühjahrsmonate April und Mai sind mit über 200 % des Monatsmittels sehr regenreich. Demgegenüber wird mit dem Juni eine dreimonatige niederschlagsarme und gleichzeitig zu warme Spätfrühlings- bzw. Sommerphase eingeleitet, die überwiegend durch antizyklonale

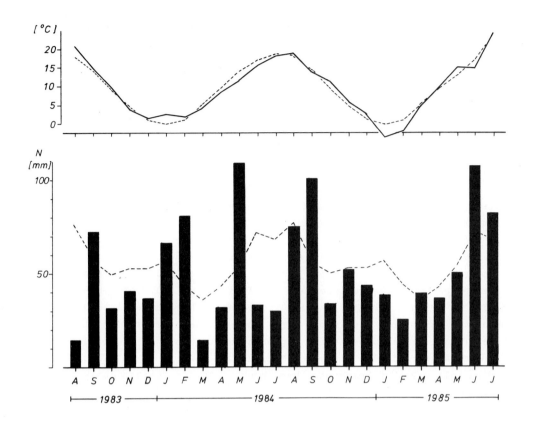

Abb. 8.1: Niederschläge und Lufttemperaturen (Monatswerte August 1983 - Juli 1985)
(---------- langjährige Mittel)

Tab. 8.1: Niederschlag und Lufttemperatur der Stationen Frankfurt-Flughafen (DWD) bzw. Hattersheim (Versuchsfeld) für den Zeitraum Januar 1983 - Juli 1983

		Frankfurt-Flughafen (DWD)				Hattersheim
		Niederschlag		mittlere Luft-temperatur		Niederschlag
Monat	Jahr	mm	%[*]	°C	Abw.[**]	mm
Jan.	1983	65	114	4,7	4,7	
Feb.	1983	55	125	-0,0	-0,1	
März	1983	46	139	6,1	.	
Apr.	1983	105	244	10,2	0,8	
Mai	1983	138	256	11,8	-2,0	
Juni	1983	63	88	18,2	1,1	
Juli	1983	33	49	22,6	3,9	
Aug.	1983	13	17	20,7	2,8	14
Sep.	1983	79	141	15,0	0,5	72
Okt.	1983	30	60	9,9	0,7	31
Nov.	1983	38	72	3,7	-1,1	41
Dez.	1983	37	70	1,7	0,5	37
Jan.	1984	59	104	2,5	2,5	67
Feb.	1984	77	175	1,8	0,8	81
März	1984	21	58	4,0	-1,0	15
Apr.	1984	38	88	8,3	-1,1	32
Mai	1984	123	228	11,5	-2,3	109
Juni	1984	35	49	15,5	-1,6	33
Juli	1984	55	81	18,2	-0,5	30
Aug.	1984	38	49	18,8	0,9	75
Sep.	1984	95	170	13,7	-0,8	101
Okt.	1984	40	80	11,1	1,9	34
Nov.	1984	52	98	5,8	1,0	52
Dez.	1984	46	87	2,5	1,3	44
Jan.	1985	31	54	-3,6	-3,6	39
Feb.	1985	12	27	-2,3	-3,3	25
März	1985	37	103	4,8	-0,2	40
Apr.	1985	33	77	9,6	0,2	36
Mai	1985	64	119	15,0	1,2	51
Juni	1985	90	125	14,9	-2,2	108
Juli	1985	58	85	19,1	0,4	82

[*] des langjährigen Mittels 1931 - 60

[**] Abweichung vom Mittel 1931 - 60

Großwetterlagen geprägt ist. Die zyklonalen Westlagen zu Septemberbeginn und -mitte sowie zwischengeschaltete Troglagen sorgen für überdurchschnittlich hohe Niederschläge in diesem Monat. Bis zur Jahreswende bleiben die Niederschläge um 30 - 40 % unter den langjährigen Monatssummen zurück. Die mit 106 % das Mittel kaum übersteigende Jahresniederschlagssumme gibt den deutlich jahreszeitlich differenzierten Witterungsverlauf mit zu nassem Frühjahr, trocken-warmem Sommer, feuchtem September und niederschlagsarmem letzten Jahresquartal nur unzureichend wieder.

Auch das Jahr 1984 wird durch die Mittelwerte nur scheinbar als Normaljahr ausgewiesen, Jahre 1931 - 1960. War es 1983 durchschnittlich um 1,0° C zu warm, so ist 1984 mit 9,5° C die langjährige Mitteltemperatur nur um 0,1° C verfehlt. Aber auch in diesem Jahr weichen einzelne Temperatur- und Niederschlagsmonatswerte erheblich von den mittleren Verhältnissen ab. Die beiden Wintermonate Januar und Februar sind vergleichsweise zu warm und ebenfalls zu naß; besonders niederschlagswirksam sind die durch Westlagen herangeführten maritimen Polar- und Tropik-Luftmassen, so daß im Februar 175 % des langjährigen Niederschlages erreicht werden. Die Periode März bis Juli ist zu kühl und mit Ausnahme des Mai zu trocken. Im Mai bringen zunächst häufige Troglagen wechselhafte Witterungsverhältnisse, und ab dem letzten Maidrittel bis in die erste Juni- Woche sind Tiefdrucklagen mit erwärmter maritimer Polarluft die Ursache für ergiebige Niederschläge. Daher erscheint der Mai in der Niederschlagsstatistik mit einer Monatssumme von 123 mm als erheblich zu naß (228 %) und zu kalt (-2,3° C Temperaturabweichung). Ab der zweiten Juniwoche setzen sich niederschlagsarme, wenngleich für die Jahreszeit zu kühle Wetterlagen durch, Anfang Juli wird sogar leichter Bodenfrost gemessen. Die Juli-Niederschläge fallen meist in konzentrierter Form als Gewitterniederschläge.

Ab Mitte August liegt Mitteleuropa im Einflußbereich von Hochdruckzonen, die warme Witterungsphasen einleiten, so daß die langjährige Monatsdurchschnittstemperatur übertroffen wird. Trotz der gewittrigen Starkniederschläge in der letzten Augustwoche bleibt der August zu trocken. Nach den ersten Septembertagen ist die sommerliche Witterungsperiode bereits beendet, es wird kühler, und drei niederschlagsreiche Wetterlagen sorgen in diesem Monat für fast 100 mm Regen.

Die letzten drei Monate des Jahres bringen durchschnittliche Niederschlagsmengen bei überdurchschnittlichen Monatsmitteltemperaturen. Die Niederschlagsperioden liegen zu Anfang Oktober und Mitte Okotober, bemerkenswert starke Niederschläge mit hohen Intensitäten sind in der zweiten Novemberhälfte an Tiefausläufer eines Orkantiefs über dem Atlantik gebunden; in nur 4 Tagen fallen 80 % des gesamten Monatsniederschlages. Ebenso wie im November ist auch im Dezember die zweite Monatshälfte regenreicher als die erste. Zusammenfassend muß für das Jahr 1984 hervorgehoben werden, daß in den Monaten Februar, Mai und September die Niederschläge das langjährige Mittel erheblich übertrafen sowie Frühjahr und Sommer zu kühl waren.

Das Jahr 1985 beginnt mit zwei kalten Monaten, die zahlreiche Eistage aufweisen. Die ersten drei Januarwochen sind durch zyklonale Lagen gekennzeichnet, die polare Luftmassen heranführen. Unter ihrem Einfluß kann sich eine geschlossene Schneedecke bilden und bei Tagestemperaturen unter dem Gefrierpunkt bis zum 21. Januar erhalten. In beiden Monaten bleiben die Niederschläge weit unterdurchschnittlich; sie liegen im Februar mit 12 mm nur bei 27 % des Durchschnitts. Auch in diesem Monat kann sich bei antizyklonalen Lagen eine geschlossene Schneedecke etwa zwei Wochen lang erhalten (9. - 23. Februar).

Annähernd mittlere Verhältnisse repräsentieren die Monatsmittelwerte der folgenden Monate
März und April. Das Frühjahr klingt mit überdurchschnittlichen Niederschlägen im Mai und
Juni aus. Im Mai überwiegen die Niederschläge in der zweiten Monatshälfte, während der
durchgehend feuchte und um 2,2° C zu kalte Juni lediglich sieben niederschlagslose Tage
besitzt. Die weitaus größten Anteile am Juliniederschlag fallen im Zusammenhang mit Schauer- bzw. Gewittertätigkeit.

Im Untersuchungszeitraum August 1983 - Juli 1985 hätten nach den langjährigen Werten
1326 mm Niederschlag erwartet werden dürfen; mit 1201 mm ist dieser Erwartungswert um
125 mm (= 10 %) unterschritten worden. Dies ist vor allem eine Folge des zu trockenen
hydrologischen Winterhalbjahres 1984/85 (211 mm statt 286 mm), der relativ trockenen
Monate Juni - August 1984 sowie des Niederschlagsdefizites im August 1983.

Die Witterung vor Beginn der Untersuchungen ließ hohe Feuchtegehalte im Unterboden als
Folge der extremen Frühjahrsniederschläge und trockene Oberböden nach dem niederschlagsarmen und warmen Sommermonat Juli erwarten. Von bodenhydrologischer Bedeutung ist außerdem
die Tatsache, daß gerade im ausgehenden Winter und Frühjahr 1984 Niederschläge hoher
Intensität zu verzeichnen waren, die wegen der bereits erfolgten Durchfeuchtung des Bodens
nicht ohne Auswirkung auf den Sickerwasseranfall bleiben konnten. Die hohen Septemberniederschläge sorgten im gleichen Jahr für das frühzeitige Ende der niederschlagsarmen Sommerperiode und für eine signifikante Auffüllung des Bodenwasserspeichers. Ähnlich wie 1984
bewirkten die verregneten Frühjahrsmonate Mai und Juni 1985 eine verzögerte Austrocknung
des Bodens.

8.2 Bodenwassergehalte

Datenbasis

Die Wassergehaltsmessungen mit der Neutronensonde konnten ohne längere Ausfallzeiten von
August 1983 bis in die zweite April-Hälfte 1985 durchgeführt werden. Die Überprüfung der
Zählrate an den feuchtekonstanten Meßzylindern ergab für den Untersuchungszeitraum keine
zu berücksichtigende Veränderung der Eichbeziehung; somit war eine Korrektur durch die
Anwendung des Relativ-Zählratenprinzips (MORGENSCHWEIS & LUFT 1981) nicht erforderlich.
Die in der Kalibrierfunktion enthaltene Lagerungsdichte des Bodens wurde auf der Grundlage
der bodenphysikalischen Untersuchungen für jede Meßtiefe gesondert bestimmt. Für Tiefen,
für die keine Dichtebestimmungen vorliegen, wurde mit einem mittleren Trockenraumgewicht
von 1,5 g/cm^3 gerechnet.

Ein technischer Defekt an der Sonde führte im April 1985 zu einer Meßlücke von einem
Monat, bis in der zweiten Mai-Hälfte die Messungen wieder aufgenommen werden konnten. Nach
einem erneuten Defekt wurde von Anfang Juni bis zum Ende der Untersuchungszeit auf die
gravimetrische Wassergehaltsbestimmung unter Annahme einer einheitlichen Lagerungsdichte
von 1,5 umgestellt. Dieser Methodenwechsel ging mit einer Reduzierung der maximalen Meßtiefe bis auf 2 m einher, doch ist damit der gesamte Bodenraum für die Wasserhaushaltsbilanzierungen erfaßt. Die Proben, pro Tiefe 100 - 500 g trockener Boden, wurden mit einem
Löffelbohrer in der Nähe der Neutronensondenmeßrohre entnommen. Durch die im Vergleich zu
üblichen Feuchtebestimmungen mit Proben aus Schlitzstangenbohrern großen Bodenmengen sollte der störende Einfluß der räumlichen Variationen der Wassergehalte auf die Bilanzrechnungen gering gehalten werden.

8.2.1 Variationsbreite der Wassergehalte

Eine Übersicht über die mittleren Wassergehalte, Minima, Maxima sowie über die Wassergehaltsamplituden geben die Abb. 8.2 - 8.8. Die Kennwerte der Bodenfeuchte zeigen bei allen Stationen ein ähnliches Bild. Das hohe Wasserspeichervermögen des Lösses wird durch mittlere Feuchtegehalte von mindestens 25 Vol.-% dokumentiert, die zudem eine an allen Standorten nachvollziehbare charakteristische Tiefenverteilung mit dem Minimum im Oberboden, einem Maximum in 50 - 100 cm Tiefe und einem schwach ausgeprägten sekundären Maximum im zweiten Profilmeter aufweisen. Die höchsten mittleren Wassergehalte, die bis rund 35 % betragen können, liegen im Bt-Horizont oder an der Lößbasis. Im wesentlichen begründen die Faktoren Tongehalt und Abstand zur Lößbasis die hohen Feuchtewerte; tonreichere Horizonte besitzen gegenüber den angrenzenden tonärmeren Horizonten einen höheren Totwasseranteil und eine geringere Wasserleitfähigkeit. Daher verhalten sich die Bt-Horizonte ausgesprochen feuchtepersistent, sie puffern die liegenden Lößzonen gegenüber den Feuchteschwankungen des Oberbodens ab. Dagegen bewirken die geringeren Tongehalte und die höheren Leitfähigkeiten unmittelbar unter dem Solum mittlere Feuchtegehalte von unter 30 %. An der Lößbasis bedeutet der Schichtwechsel vom Löß zum Terrassenmaterial einen Leitfähigkeitssprung, der für die kontinuierlich ansteigenden Wassergehalte an der Lößbasis mitverantwortlich ist.

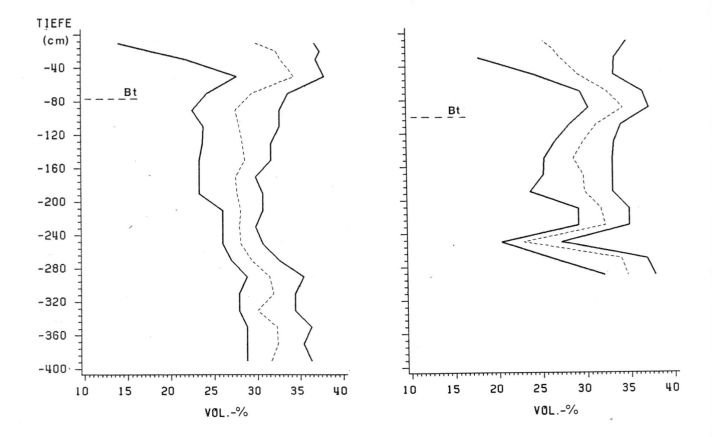

Abb. 8.2 - 8.3: Mittelwert, Minimum und Maximum der Wassergehalte an den Stationen 1 - 2

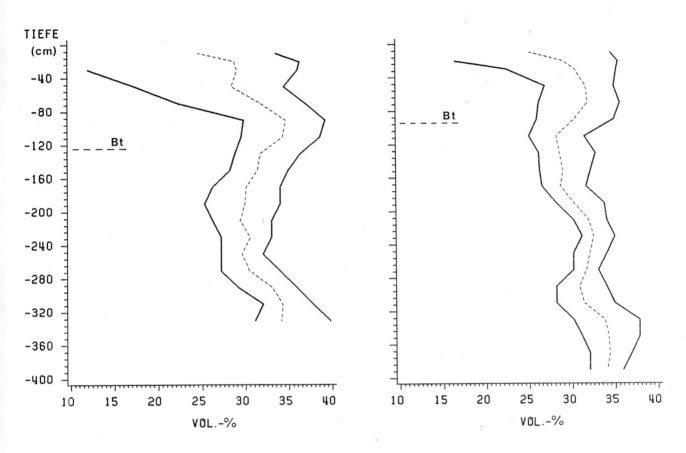

Abb. 8.4 - 8.5: Mittelwert, Minimum und Maximum der Wassergehalte an den Stationen 3 - 4

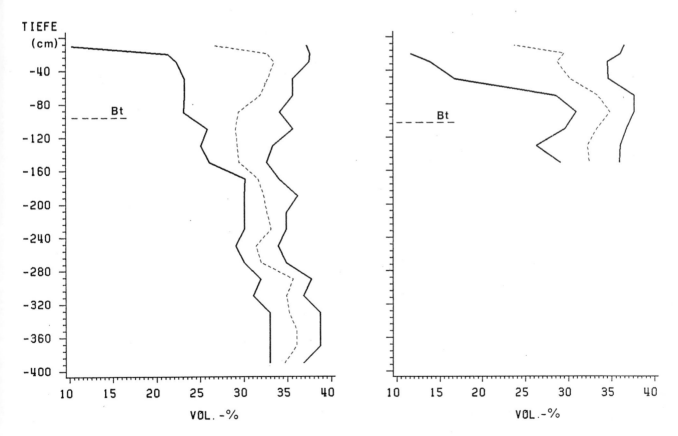

Abb. 8.6 - 8.7: Mittelwert, Minimum und Maximum der Wassergehalte an den Stationen 5 und 6

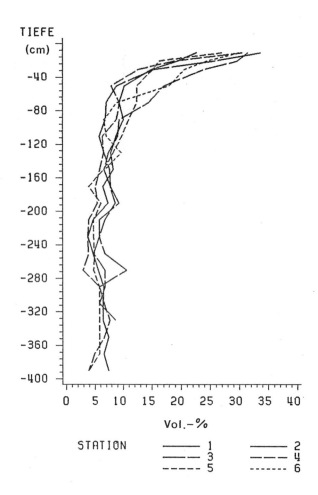

Abb. 8.8: Variationsbreite der Wassergehalte an 6 Standorten

Als Folge der starken sommerlichen Austrocknung der oberflächennahen Kompartimente nimmt die Amplitude der Wassergehalte (Abb. 8.8) erwartungsgemäß mit zunehmender Tiefe ab. Sie kann in der Krume in 20 cm Tiefe - wegen der methodischen Einschränkungen bei den oberflächennahen Feuchtemessungen dürfen die Meßwerte aus 10 cm Tiefe nicht in die Interpretation einbezogen werden - bis weit über 20 Vol.-% betragen, bis in 1 m Tiefe nimmt sie auf Werte um 10 % ab und geht in den liegenden Lößzonen bis auf 5 % zurück. Die an Station 2 in 270 cm (Abb. 8.3) scheinbar zu große Amplitude ist als Folge einer unexakten Tiefeneinstellung am Sondenkabel zu bewerten; in 250 cm Tiefe besitzt eine kiesig-sandige Zwischenlage eine gegenüber den angrenzenden Meßtiefen um 10 % niedrigere mittlere Feuchte; eine Bodenfeuchtemessung in einer nur um wenige cm von der exakten Meßtiefe abweichenden Position führt bei derartig starken Gradienten zwangsläufig zu einer vorgetäuscht großen Amplitude.

Bei einem Vergleich der mittleren Feuchtegehalte der Zone unterhalb des Bt-Horizontes fällt deutlich das geringere Niveau an Station 1 auf. Dies ist als eine Folge der besonderen Lößhomogenität ohne fossile tonreiche Untergrundhorizonte zu sehen.

8.2.2 Der zeitliche Gang der Bodenfeuchte

Station 1

Die Bodenfeuchteentwicklung (Abb. 8.9) ist geprägt vom Gegensatz zwischen den sommerlichen Austrocknungszeiten und den Wiederbefeuchtungsphasen in den nachfolgenden Herbst- und Frühjahrsabschnitten. Während der Austrocknungsphase 1983 werden in der Krume Wassergehalte um 20 Vol.-% erreicht. Neben diesem trockenen Bereich ist zwischen 70 und 100 cm Tiefe eine feuchtigkeitsarme Zone ausgebildet, die sich bis in den November halten kann, während ab Mitte September in den oberen Horizonten bereits die Wiederbefeuchtung eingesetzt hat. Bei ab Mitte Dezember kaum veränderten Wassergehalten in den A-Horizonten werden ab der Jahreswende sukzessive tiefere Profilabschnitte wieder feuchter. Die obere Zone des C-Lösses ist wegen der im Sommer ausbleibenden Feuchtigkeitszufuhr im Herbst und im beginnenden Winter bis etwa 26 % entwässert. Erst ab Anfang Februar setzt die Auffüllung des zweiten Profilmeters ein, nachdem die Feuchtegehalte des Oberbodens teilweise bis über 35 % gestiegen sind. Die Auswirkungen der infiltrierenden Niederschläge auf die tieferen Profilabschnitte bei gleichzeitiger Sättigung des Oberbodens werden durch die Tiefenwanderung der 28 %-Isolinie zwischen Januar und März von 90 cm auf 150 cm anschaulich. Die Zone zwischen 120 und 230 cm zeigt zwar die geringsten Feuchteschwankungen, doch fallen die in der Zeitspanne zwischen Ende November und Mitte Dezember bis 25,5 % ausgetrockneten Lößbereiche unmittelbar unterhalb des Bt-Horizontes auf.

Ende April bis Mitte Mai werden schwache, auf die Krume beschränkte Austrocknungserscheinungen sichtbar. Die Bodenfeuchte steigt infolge der Niederschläge in der zweiten Mai-Hälfte wieder um etwa 5 % bis auf 36 - 40 % an, während die eigentliche sommerliche Trockenperiode erst ab dem 25. Juli einsetzt. Der wie bereits im Sommer 1983 in 50 cm Tiefe noch auffallend hohe Wassergehalt (32 %) trennt zwei Bereiche stärkerer Austrocknung voneinander. Die sommerliche Entleerung tieferer Profilabschnitte wird durch das geringfügige Abwärtswandern der 28 %-Isolinie von 2,4 bis auf 2,8 m dokumentiert.

Das Ende der klimatischen Sommertrockenheit ist bereits im September erreicht. Schon Mitte September ist die Krume so naß wie im Dezember des Vorjahres. Die maximalen Wassergehalte in der Krume sind Anfang Oktober erreicht, danach sinkt die Bodenfeuchte trotz fortgesetzter Niederschlagstätigkeit bereits wieder. Diese Feuchtigkeitsabnahme verläuft parallel zum Abbau der stärksten Gradienten zwischen 50 und 70 cm Tiefe im Zuge der Weitergabe des Bodenwassers in die Zone unterhalb des Solums, im Isoplethendiagramm sichtbar an den zapfenartigen Ausbuchtungen der 28 %-Isolinie während der Winter- und Frühjahrsmonate. Im Gegensatz zum Vorjahr erreichen die Wassergehalte im zweiten Bodenmeter nicht mehr 30 Vol.-%. Die Bodenfeuchte unterhalb von 2 m zeichnet sich in der Periode von November 84 bis Juni 85 durch weitgehende Konstanz aus, auch hier bleibt das Wassergehaltsniveau unter dem der vergleichbaren Vorjahresperiode zurück. Scharf setzt sich die Trockenphase Mai/Juni durch abnehmende Bodenfeuchte vom vorausgegangenen Frühjahr ab. In der Krume werden 25 % deutlich unterschritten, auch unterhalb des Solums beginnt eine Entleerung, der Bt-Horizont ist wiederum durch relativ höhere Wassergehalte charakterisiert.

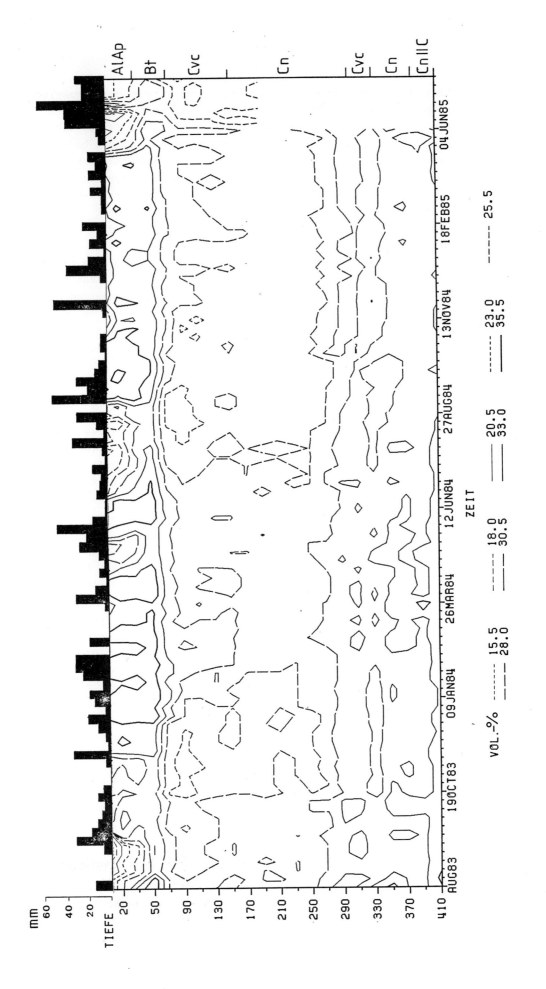

Abb. 8.9: Bodenfeuchte-Isoplethen an Station 1

Station 2

Die sommerliche Austrocknung des Oberbodens (Abb. 8.10) auf Werte unter 20 Vol.-% ist stark. Der gesamte Herbst wird bis Ende November von einem kräftigen Wassergehaltsgradienten bis in 90 cm geprägt, im Bt-Horizont in 70 - 100 cm sinkt die Bodenfeuchte selten unter 33 %. Bis Ende Januar bleibt die Zone zwischen 130 und 190 cm relativ trocken (28 - 30 %). Eine nennenswerte Wiederbefeuchtung dieses Bereiches erfolgt Mitte Januar bis Mitte Februar mit Maxima um 32 %. Bis zu diesem Zeitraum ist der Oberboden ebenfalls bis auf 32 % befeuchtet, während im oberen Bereich des Bt-Horizonts die Wassergehaltsmaxima 36 % übertreffen.

Eine auffallend persistente Erscheinung ist das Band mit konstanten Wassergehalten um 20 % in 240 - 260 cm Tiefe, zurückzuführen auf eine sandig-kiesige Zwischenschicht. Hieran schließt sich zum Liegenden eine sehr feuchte Lößzone mit Wassergehalten um 35 % an; Maxima erreichen 38 %. Während des weiteren Untersuchungszeitraumes stabilisiert sich die Bodenfeuchte auf einem niedrigeren Niveau ($\hat{=}$ 33 %).

Die Zeit zwischen Mitte April und Mitte Mai ist durch eine auf die A-Horizonte beschränkte Austrocknungsphase gekennzeichnet, die hier die Bodenfeuchte bis auf 26 % sinken läßt. Nach einer kurzen nassen Phase beginnt die sommerliche Wasserabgabe etwa einen Monat später. Auf ihrem Höhepunkt Ende Juli gehen die Wassergehalte bis nahe 20 % zurück. Mit minimalen Bodenfeuchten von 32 % bleibt der Bt-Horizont wie im vorausgegangenen Sommer erstaunlich feucht, wohingegen der 2. Profilmeter bis auf 28 Vol.-% Wasser verliert. Eine weitere Parallele zum Vorjahr liegt in der zeitlichen Überlagerung der Wassergehaltsminima des zweiten Profilmeters mit der intensiven Wiederbefeuchtung der Oberbodenhorizonte. Die Wasseraufnahme im September hat lediglich kurzfristige Erhöhungen der Bodenfeuchte zur Folge, bereits zur Oktober-Novemberwende nehmen die Wassergehalte im Oberboden wieder bis 25 % ab. Im Vergleich zum Frühjahr des Vorjahres erreichen die Bt-Horizonte nicht mehr die 35,5 Vol.-%-Marke, nun schwanken die Wassergehalte zwischen 30 und 35 %. Auch in den tieferen Lößabschnitten bleiben bis zum Ende der Untersuchungszeit die Wassergehalte unter den beobachteten Maxima im ersten Untersuchungsjahr. Hiervon sind sowohl die Zonen des sekundären Wassergehaltsminimums in 150 cm Tiefe als auch die die Kiesschicht umgebenden Lößschichten betroffen.

Im Oberboden führen die beiden Schneeschmelzen am Januar- und Februarende zu kurzzeitigen Feuchtigkeitserhöhungen. Wie schon im Vorjahr erfassen die im Diagramm dokumentierten trockeneren Witterungsperioden im Spätfrühjahr bzw. Frühsommer nur die A-Horizonte.

Station 3

Das Profil zeigt im Sommer 1983 (Abb. 8.11) eine Austrocknung des Oberbodens bis unter 16 %. Bis Anfang Dezember bewirken die Niederschläge im wesentlichen eine Feuchtigkeitszunahme nur der oberen 30 cm des Standorts; eine Wiederauffüllung der tieferen Horizonte können sie nicht einleiten. Deshalb ist in 190 cm das Wassergehaltsminimum (28 %) erst im Dezember und Januar erreicht. Ab Januar erfaßt die Wiederbefeuchtung tiefere Profilabschnitte. Bis 70 cm Tiefe liegen die Wassergehalte um 36 %, in den Bt-Horizonten steigen sie bis 38 %. Ende April sind auch die tieferen Lößschichten bis 230 cm wieder über 31 % aufgefüllt. Die Profilbasis zeigt kaum eine jahreszeitliche Variation der Feuchtegehalte, diese Zone ist mit mehr als 35 % permanent feucht. Lediglich für den Spätsommer 1984 kann eine leicht abnehmende Tendenz registriert werden.

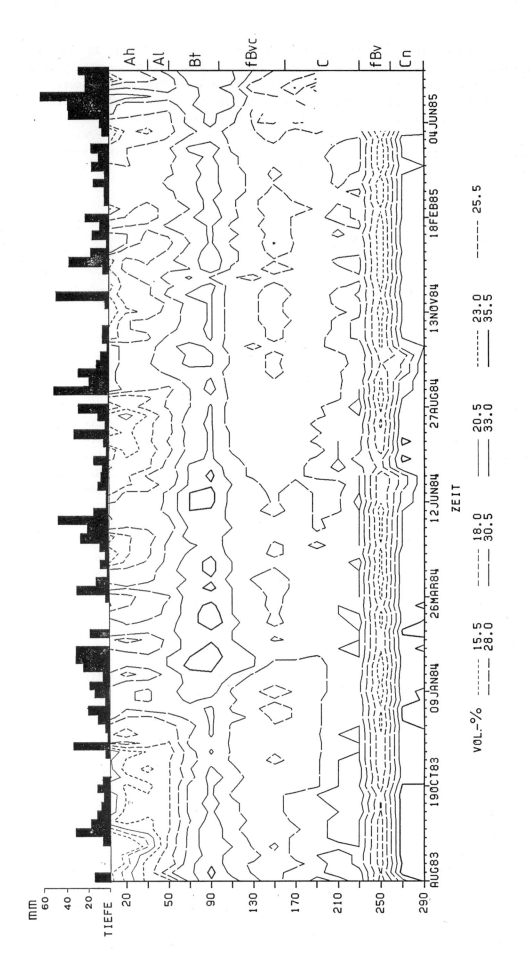

Abb. 8.10: Bodenfeuchte-Isoplethen an Station 2

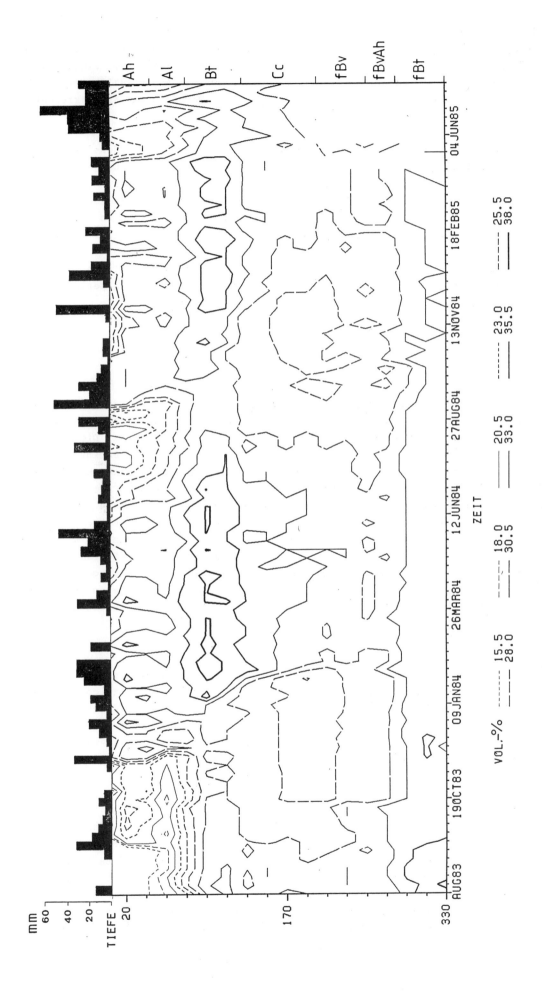

Abb. 8.11: Bodenfeuchte-Isoplethen an Station 3

Die geringfügige Absenkung der Wassergehalte des Oberbodens zur April/Mai-Wende bleibt ohne Auswirkungen auf die Bt-Horizonte. Erst im Laufe der ab Mitte Juni einsetzenden trockeneren Phase, in der die Wassergehalte im Oberboden auf 20 % fallen, sinken auch diejenigen im Bt-Horizont bis unter 33 %. Bereits in der zweiten August-Hälfte sind die Minima der Wassergehalte in Tiefen zwischen 1,3 und 2,9 m mit Werten unter 33 % erreicht.

Zur Oktober/November-Wende tritt eine flachgründige Abtrocknung des Oberbodens ein. Die Wiederauffüllung des Bodenspeichers während des Winters ist im gesamten Solum geringer als im vorausgegangenen Jahr. Bereich bevorzugter Wasseranreicherung bleibt der Bt_2-Horizont in 90 bis 110 cm. Für den Zeitraum November 84 bis Februar 85 belegt die von 130 bis unter 200 cm Tiefe absteigende 30,5 Vol.-%-Isolinie die Feuchtigkeitsanreicherung in den liegenden Lößschichten. Die sommerliche Austrocknung macht sich neben der Feuchtigkeitsabnahme im Oberboden auch durch die geringfügige Wasserabgabe aus dem Bt-Horizont bemerkbar. Ebenfalls zur Mai/Juni-Wende deutet sich die Entleerung der Lösse um 2 m Tiefe an. Sie konnte jedoch wegen des Sondendefektes nicht bis zum Ende der Untersuchungsperiode weiterbeobachtet werden.

Station 4

An keinem anderen der untersuchten Standorte sind die Wassergehaltsunterschiede zwischen A- und B-Horizonten so gering wie an Station 4 (Abb. 8.12). Hier lassen sich die Austrocknungs- und Wiederbefeuchtungsphasen bis in eine Bodentiefe > 1 m verfolgen. Die sommerliche Austrocknung, in den A-Horizonten bis unter 20 %, erfaßt die obere Bodenzone unter Einschluß des Bt-Horizontes; die liegenden Profilabschnitte sind durch eine kontinuierliche vertikale Feuchtigkeitszunahme bis über 33 % gekennzeichnet. Während der Oberboden und die oberen Abschnitte des Bt-Horizontes schon Ende November 30 % Feuchte erreichen, tritt in 110 - 150 cm Tiefe das Feuchte-Minimum (28 %) des Beobachtungszeitraumes erst zwischen Oktober und Januar auf; ebenfalls in den Januar fällt das Minimum des Wassergehaltes des zweiten und dritten Profilmeters. Mit dem Monatswechsel Januar/Februar beginnt der Ausgleich der vertikalen Feuchteunterschiede; im gesamten Profil beträgt nun der Wassergehalt mehr als 30 %. Maximale Werte bis über 33 % erreichen die oberen 70 cm und der vierte Profilmeter. Im Vergleich mit den anderen Stationen sind die Wassergehaltsgradienten im Lößpaket gering.

Im Frühjahr 84 schwanken die Wassergehalte im gesamten Solum nur geringfügig, in 20 cm Tiefe beträgt die Amplitude der Wassergehalte höchstens 3 %. Eine grundsätzliche Änderung der Feuchteverhältnisse wird erst wieder Mitte Juni eingeleitet. Während die Feuchtegehalte, wie bereits im Vorjahr, im Oberboden bis unter 20 % sinken, ziehen die ausbleibenden Niederschläge eine Dränage des zweiten Profilmeters nach sich. Augenfällig wird dieser Vorgang in der Isoplethendarstellung durch das parallele Absteigen der beiden 28 %-Isolinien.

Die Feuchtegehalte bleiben im Winter 84/85 auch an Station 4 hinter denen des Vorjahrs zurück. Die Bodenfeuchtigkeit zwischen 2 und 4 m reagiert auf die den Oberboden stark beeinflussenden Witterungsphasen sehr schwach und träge. Hier läßt der dritte Profilmeter eine Wassergehaltsabnahme erst erkennen, als im September die Wiederbefeuchtung des Oberbodens bereits eingesetzt hat, im 4. Profilmeter nehmen die Wassergehalte erst dann ab, als die maximalen Feuchtegehalte im Oberboden längst überschritten sind. Hier ist also eine deutliche Phasenverschiebung der Wassergehaltsänderungen zwischen Solum und den

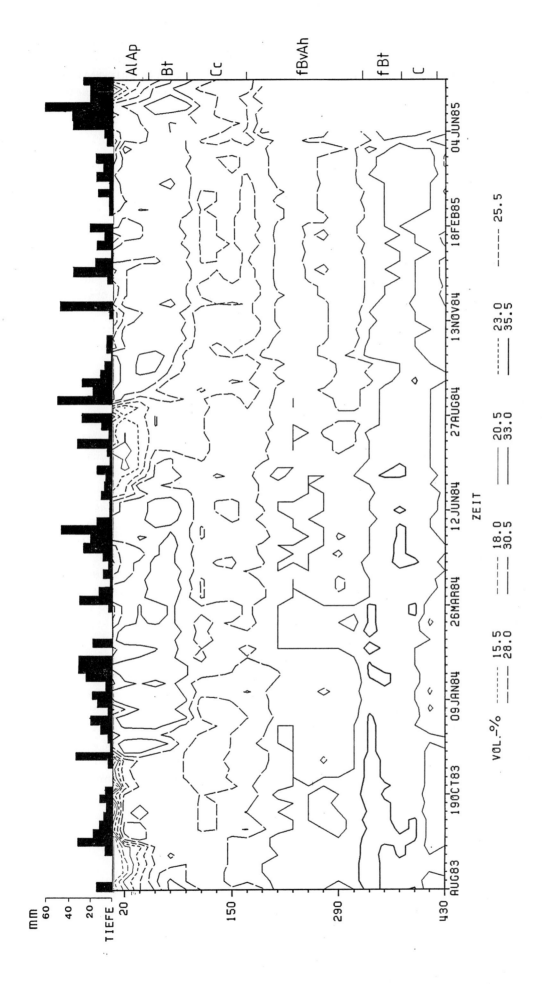

Abb. 8.12: Bodenfeuchte-Isoplethen an Station 4

liegenden Lössen zu beobachten. Die Bodenfeuchteentwicklung setzt sich im ersten Halbjahr des Jahres 1985 ohne bemerkenswerte Besonderheiten fort. Zunächst sind es einzig die Schneeschmelzen, die sich durch geringfügige Feuchtigkeitszunahme des Oberbodens im Diagramm widerspiegeln. Die sommerliche Austrocknung setzt mit der ersten Juli-Hälfte erst spät ein, vorher bleiben die Wassergehaltsschwankungen auf die oberen Zentimeter des Bodens beschränkt.

Station 5

Die sommerliche Austrocknung führt bis Anfang September im Oberboden zu einem Absinken der Wassergehalte auf unter 20 % (Abb. 8.13), im Cc-Horizont bis nahe 26 %. Zwischen September und November 1983 erfaßt die herbstliche Wiederbefeuchtung das Solum bis zum Bt_1-Horizont, während eine Auffüllung des Bt_2-Horizontes erst gegen Mitte März abgeschlossen ist. Die Bodenfeuchte-Minima zwischen 110 und 150 cm bleiben zwischen Mitte Oktober und Anfang Dezember erhalten. Mit Februarbeginn ist der Anschluß der Feuchtegehalte des Oberbodens an die Bodenhorizonte mit nur geringen Feuchteschwankungen vollzogen; maximale Wassergehalte des Solums erreichen in dieser Zeit 36 %. Das Minimum des dritten Profilmeters liegt im Januar, zu einem Zeitpunkt, als im Oberboden bereits wieder maximale Werte bis über 30 % erreicht sind.

Die kurze niederschlagsarme Periode ab Mitte April bleibt ohne nennenswerte Auswirkungen auf die Bodenwassergehalte der Bodenhorizonte unterhalb der Krume - die Mitte März gemessene, geringfügig unter das Wintermaximum Ende Februar abgesunkene Bodenfeuchte bleibt erhalten. Die Mitte Juli einsetzende trockenere Phase erfaßt rasch das gesamte Solum, bis in eine Tiefe von 150 cm sinkt der Wassergehalt auf 28 %. Wie im Vorjahr bildet der Bt_2-Horizont zunächst eine Eindringgrenze für die Septemberniederschläge. Dies begründet die in dieser Zeit maximalen Wassergehalte im ersten Profilmeter. Erst gegen Ende November wird der persistente, relative Trockenbereich (110 - 150 cm) aufgelöst, die Wassergehalte der vergleichbaren Periode des Vorjahres werden jedoch um ca. 3 % übertroffen. Abgesehen von den oberen Zentimetern des Bodens verharren im Solum die Wassergehalte ab November auf einem relativ gleichbleibenden Niveau mit einer geringfügigen Tendenz zur Wasserabgabe.

Die Basis des fAhBt-Horizontes trennt einen trockeneren von einem liegenden, feuchteren Bereich der ungesättigten Zone. Unterhalb dieser Tiefe von 2,9 m bleiben die Wassergehalte immer um 35 Vol.-%. Doch wirken sich auch hier phasenverschoben die langfristigen Feuchteschwankungen der hangenden Schichten in einer Feuchtigkeitsabnahme des Bodenbereichs um ca. 2 % zwischen August 83 und Winter 84/85 aus. Auffällig ist, daß ab November 1984 in diesem Bodenbereich kaum noch 35 % Feuchte erreicht werden. Die Zone um 2 m zeigt ab Ende Januar, nach der ersten Schneeschmelze, höhere Wassergehalte. Im Solum, vor allem im Al- und im Bt_1-Horizont, setzt mit Märzbeginn eine Phase höherer Feuchtegehalte zwischen 33 und 35 Vol.-% ein, bevor Anfang Juni eine Wasserabgabe aus dem ersten Bodenmeter stattfindet.

Station 6

Eine extrem starke Austrocknung des Oberbodens (Abb. 8.14) bis unter 16 % kontrastiert im Sommer 1983 mit permanent hohen Wassergehalten über 33 % in 90 cm Tiefe. Analog zu den anderen Stationen tritt im zweiten Profilmeter ein Bereich minimaler Wassergehalte

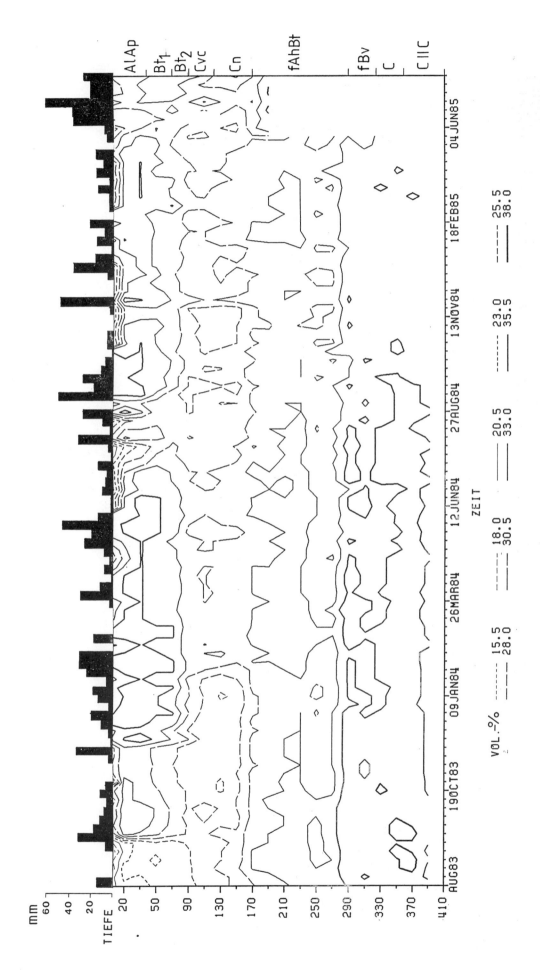

Abb. 8.13: Bodenfeuchte-Isoplethen an Station 5

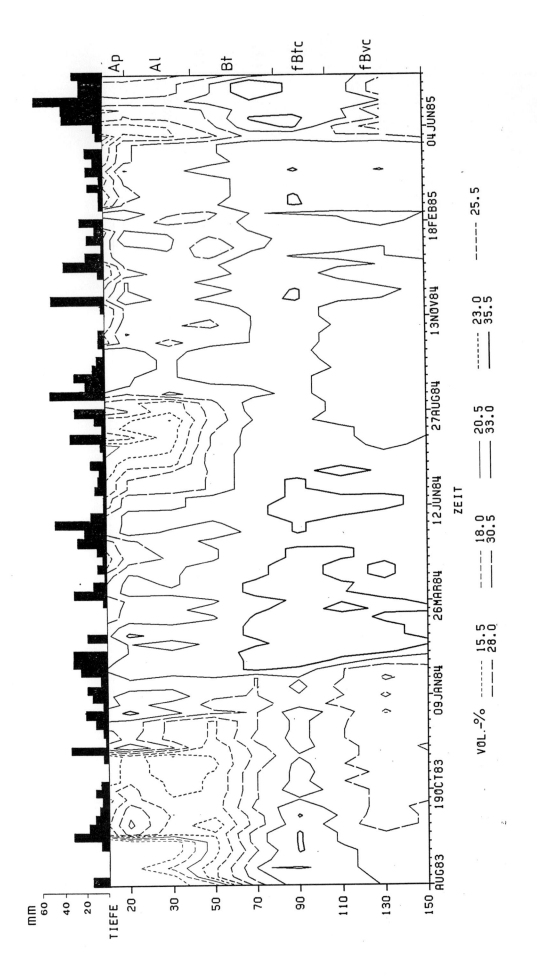

Abb. 8.14: Bodenfeuchte-Isoplethen an Station 6

(< 30 %) auf, der gegenüber dem Oberboden zeitlich verschoben von Oktober 83 bis weit in den Januar hinein beobachtet werden kann. Die Wiederbefeuchtung des Oberbodens erfolgt in mehreren Wellen zwischen September und Anfang Januar. Anfang Januar ist der Oberboden bis auf 30 % aufgefüllt, und etwa einen Monat später ist das gesamte Profil durch Feuchtegehalte von mindestens 33 % gekennzeichnet. Die Auflösung des Trockenbereiches Anfang Februar geht einher mit einer im Vergleich zu den anderen Stationen drastischen Feuchtigkeitszunahme (> 35 %) im Bt-Horizont (Meßtiefe um 90 cm). Dieser bildet hinsichtlich der Bodenfeuchtevariationen den markantesten Bodenabschnitt mit vergleichsweise stabiler Bodenfeuchte während der gesamten Meßperiode. In der Folgezeit sinken hier die Wassergehalte nur vereinzelt unter 33 %. Die minimalen Wassergehalte des unterlagernden Lösses zwischen September 1983 und Januar 1984 werden im Sommer 1984 nicht wieder erreicht. Die Entleerungsphasen im Jahr 1984 in den oberen Horizonten (bis 70 cm) bis einschließlich der oberen Abschnitte des Bt-Horizontes zeichnen sich dagegen durch Wassergehaltsabnahmen bis unter 23 % in der Krume deutlich ab. Für die A-Horizonte bleiben Wassergehalte zwischen 28 und 30 % während des Winters und des Frühjahrs 1985 charakteristisch. Der Bt-Horizont bleibt feucht, Ende November 1984 und Anfang März 1985 werden hier erneut 35 Vol.-% kurzzeitig überschritten. Die Anfang Juni einsetzende Trockenphase ist nur durch die Wassergehaltsmessungen in den A-Horizonten nachvollziehbar. In den Bt-Horizonten sind die nochmals 35,5 Vol.-% übersteigenden Bodenfeuchten in den Monaten Juni und Juli bemerkenswert.

8.2.3 Vergleich und Diskussion der Bodenfeuchteverläufe

Gemeinsam ist allen Stationen der starke Gegensatz zwischen der sommerlichen Austrocknung der oberen Kompartimente und der tiefgreifenden Wiederbefeuchtung im ausgehenden Winter und im beginnenden Frühjahr beider Meßjahre. Starke Austrocknung bis auf etwa 20 % bleibt auf die A-Horizonte beschränkt. Ein zweiter Bereich mit deutlichen jahreszeitlichen Feuchtevariationen schließt sich dem Bt-Horizont an und erstreckt sich bis 1,5 m, an den Standorten mit Obstbäumen bis 2 m Tiefe. Zwischen den Austrocknungsphasen im Solum und im zweiten Profilmeter tritt eine Phasenverschiebung auf; die Wasserabgabe des unteren Bereiches tritt etwa 1 - 1,5 Monate später als im Oberboden auf; erst zur Jahreswende werden diese Profilabschnitte wiederbefeuchtet. In der Intensität der Austrocknung und im zeitlichen Ablauf dieses Grundmusters der jahreszeitlichen und tiefendifferenzierten Feuchtevariationen unterscheiden sich die Beobachtungsjahre voneinander.

Der Feuchtedurchbruch, mit dem hier die Angleichung der Feuchteverhältnisse der oberen Bodenhorizonte an die der liegenden Horizonte bezeichnet werden soll, erfolgt 1983/84 etwa gegen Ende Januar. Bis zu diesem Zeitpunkt haben die Dezember- und Januarniederschläge die Aufsättigung der oberen Horizonte bis auf ihre maximal beobachteten Wassergehalte bewirkt. Die Regenfälle zur Januar-Februar-Wende 1984 haben an allen Stationen tiefgreifende und rasche Wiederbefeuchtung zur Folge.

Der Sommer 1984, im hygrischen Sinne früher beendet als im Vorjahr und mit abgeschwächten Austrocknungserscheinungen im zweiten Profilmeter verbunden, bringt bereits im September eine Wiederauffüllung der oberen Horizonte. Der Feuchtedurchbruch findet dementsprechend früher, im Zeitraum November/Dezember statt, ohne daß ein für alle Profile gültiger Zeitpunkt wie im Vorjahr angegeben werden kann.

Entscheidend für den Jahresgang und die räumliche Differenzierung der Bodenfeuchte ist an allen Stationen der Bt-Horizont. Kräftige Bt-Horizonte (über 40 cm mächtig, Tongehalte über 30 %) besitzen ganzjährig hohe Wassergehalte (vgl. Abb. 8.10, 8.11 u. 8.14). Dagegen werden schwächere Bt-Horizonte (unter 40 cm mächtig, Tongehalte unter 30 %) in vollem Umfang von den jahreszeitlichen Feuchteschwankungen erfaßt. Standort 4 (Abb. 8.12) bietet hier das typische Beispiel, Übergangstypen stellen die Böden an den Standorten 1 (Abb. 8.9) und 5 (Abb. 8.13) dar; an der Meßstation 1 zeigt das Isoplethendiagramm einen nur geringmächtigen Bereich mit relativ geringen Feuchteschwankungen in 50 cm Tiefe, obwohl die Tongehalte des Bt-Horizontes deutlich 30 % übertreffen. Der relativ geringe Flurabstand des Bt-Horizontes bewirkt, daß sich in diesem Horizont die Witterungsphasen noch deutlich widerspiegeln. Bei Station 4 ist neben dem geringen Flurabstand der geringe Tonanteil (unter 30 %) die Ursache für die zurücktretenden Feuchtedifferenzierungen zwischen den Bt- und A-Horizonten. Sehr plastisch wird die Zweiteilung des Bt-Horizontes am Standort 5, da sich die beiden herbstlichen Wiederbefeuchtungsphasen zunächst nur auf den Bt_1-Horizont übertragen und sich erst Monate später im Bt_2-Horizont auswirken.

Die im Durchschnitt hohen Wassergehalte der Bt-Horizonte gehen einher mit höheren Ton- und Feinporenanteilen. Die mittleren Wassergehalte in den liegenden Lössen können als gekoppelt mit dem Tongehalt und dem Abstand zur Terrassenoberfläche angesehen werden. So sind die hohen Wassergehalte oberhalb der Lößbasis bei Station 6 auf aufsitzendes Kapillarwasser zurückzuführen. Aufsitzendes Kapillarwasser bildet sich dort, wo ein Substratwechsel einen Sprung der Wasserleitfähigkeiten bewirkt. Diese Erscheinung tritt häufig oberhalb der Schichtgrenze zwischen Löß und unterlagernden Kiesen auf (siehe Stationen 1 und 2). An Station 3 tritt zur die Dränage verzögernden Wirkung der Terrassenkiese ein höherer Tongehalt des fBt hinzu, hohe Wassergehalte besitzt ebenfalls der fBt in 330 cm Tiefe an Standort 4. Daß dort die Wassergehalte erneut in Richtung auf die Lößbasis sinken, findet seine Erklärung in den sandigen Beimengungen im Löß.

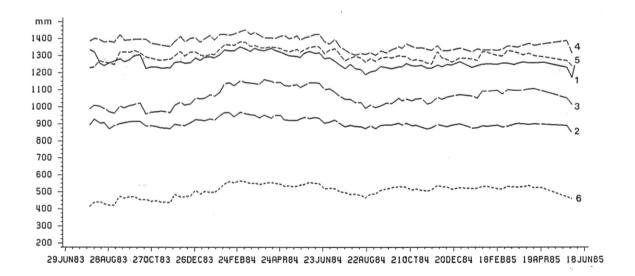

Abb. 8.15: Wasserspeicherung in der gesamten Lößdecke an 6 Standorten

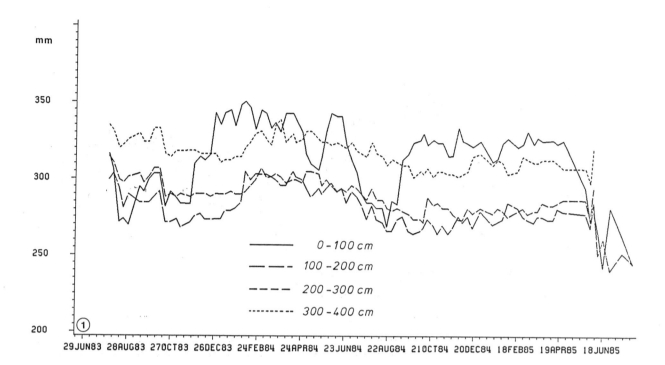

Abb. 8.16: Zeitlicher Gang der Bodenfeuchtespeicherung einzelner 100 cm-mächtiger Lößzonen an Station 1

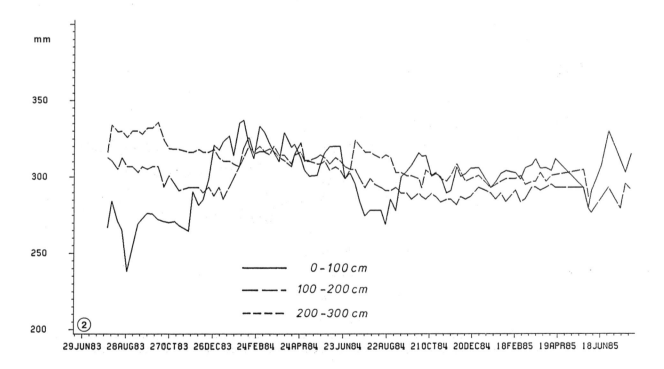

Abb. 8.17: Zeitlicher Gang der Bodenfeuchtespeicherung einzelner 100 cm-mächtiger Lößzonen an Station 2

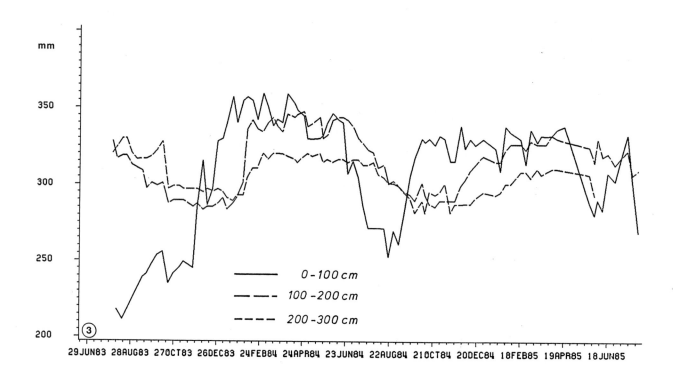

Abb. 8.18: Zeitlicher Gang der Bodenfeuchtespeicherung einzelner 100 cm-mächtiger Lößzonen an Station 3

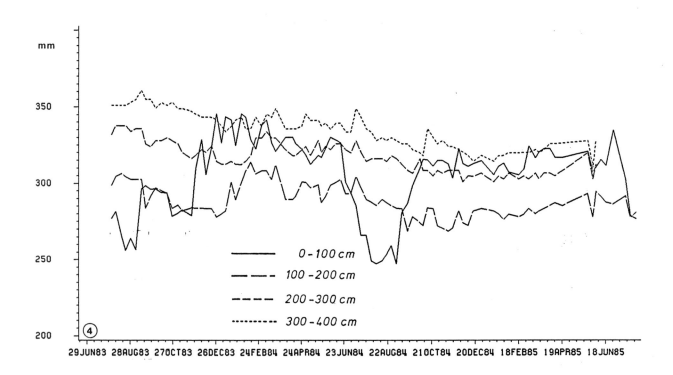

Abb. 8.19: Zeitlicher Gang der Bodenfeuchtespeicherung einzelner 100 cm-mächtiger Lößzonen an Station 4

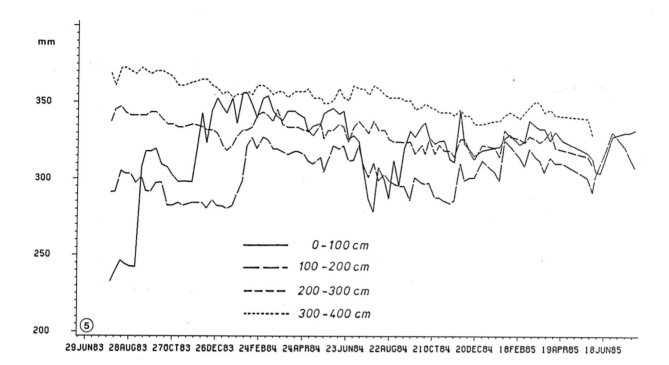

Abb. 8.20: Zeitlicher Gang der Bodenfeuchtespeicherung einzelner 100 cm-mächtiger Lößzonen an Station 5

Abb. 8.21: Zeitlicher Gang der Bodenfeuchtespeicherung einzelner 100 cm-mächtiger Lößzonen an Station 6

Im Hinblick auf die Wasserspeicherung der gesamten Lößdecke (Abb. 8.15), also sowohl der auf kurzfristige Witterungseinflüsse reagierenden oberen zwei Meter als auch der nur langfristige Feuchtedifferenzierungen zeigenden Lösse unterhalb von 2 m, spiegelt sich trotz aller Phasenverschiebungen im Feuchteverhalten der einzelnen Bodenzonen das Grundmuster hydrologischer Halbjahre wider. Die maximale Wasserspeicherung liegt bei allen Standorten im Februar 1984, die minimale im Sommer 1983. Freilich erlaubt die nähere Betrachtung der Wasserspeicherung einzelner 100 cm mächtiger Abschnitte der Lößdecke ein differenzierteres Bild (Abb. 8.16 - 8.21). Für Standort 2 zeigt Abb. 8.17 das zeitversetzte Erreichen der Sommerminima und der Wintermaxima beider Beobachtungsjahre in den Lößabschnitten. In der Intensität, mit der sich die hydrologischen Sommer- und Winterzyklen in die Tiefe fortpflanzen, unterscheiden sich die Standorte untereinander. Bei den Stationen 4 und 5 im vierten Bodenmeter (Abb. 8.19 u. 8.20) treten Halbjahreswechsel gegenüber der langfristigen Tendenz zur Wasserabgabe zwischen Untersuchungsbeginn und Untersuchungsende deutlich zurück. Während des gesamten Untersuchungszeitraumes vom Sommer 1983 bis zum Sommer 85 ist durchgängig an allen Standorten eine Tendenz zu Wasserverlusten der liegenden Lösse festzustellen. Diese Veränderungen sind m.E. als Spätfolge der beiden extremen Halbjahre 1983 anzusehen. Auf eine nasse Phase bis in den Frühsommer 1983 folgen eine sehr trockene Sommerperiode sowie ein Herbst und ein Frühwinter mit ebenfalls unterdurchschnittlichen Regenfällen. Daß der Kurvenverlauf des vierten Bodenmeters von Standort 1 demgegenüber primär die klimatischen Halbjahreszyklen wiedergibt, bestätigt zum einen das gute Wasserleitvermögen des weitgehend homogenen Rohlösses und belegt zum anderen die den Feuchteausgleich verzögernde Wirkung der bei den Stationen 4 und 5 besonders deutlich ausgeprägten, tonreichen, fossilen Horizonte. Diese Verzögerung ist allerdings nicht so stark, daß Wasserstau auftritt. Die angesprochenen Horizonte wirken nicht als Wasserstauer im engeren Sinne, über denen sich freies Wasser sammelt, sondern Feuchterückhalt und Wasserweitergabe vollziehen sich ausschließlich im ungesättigten Milieu.

8.3 Saugspannungen

Datenbasis

Meßlücken als Folge von extremen Witterungserscheinungen konnten nicht immer vermieden werden. Neben der Trockenheit des Bodens in kurzen sommerlichen Perioden muß die extrem kalte Januar-Februarperiode zu Beginn des Jahres 1985 genannt werden. Sie führte an allen Tensiometerstationen zu einem vollständigen Ausfall der Geräte. Daher bleibt diese Zeitspanne bei der Interpretation und Darstellung der Saugspannungen unberücksichtigt.

Bei kurzzeitigeren Tensiometerdefekten ist folgendermaßen verfahren worden: Ein einzelner fehlender Meßwert ist durch den vorhergehenden ersetzt, damit bei Bilanzierungen der Wasserumsatz zwischen diesen beiden Terminen den Wert 0 annimmt. Bei mehreren aufeinanderfolgenden fehlenden Meßwerten wurden zu jedem Termin die Mittelwerte aus den angrenzenden Meßtiefen gebildet, die Saugspannungstiefenfunktion wurde als linear angenommen. Bei fehlenden Meßwerten im Oberboden war diese Mittelwertbildung nicht möglich, hier wurden entweder parallele Meßwerte einer vergleichbaren Station herangezogen oder der jeweils gültige Meßwert des vorhergegangenen Meßtermins als Konstante eingesetzt. Letztere Art des statistischen Lückenschließens war v.a. in den Sommermonaten im Oberboden notwendig, um einerseits für Bilanzierungen vollständige Datensätze zu erhalten und um andererseits die Isoplethendarstellungen konstruieren zu können. Durch diese Art des Meßwertersatzes entstehen keine gravierenden Fehler bei der Bilanzierung der Sickerwassermengen, da während der Sommermonate kein Niederschlagswasser unregistriert den Boden passieren kann. Zur Bilanzierung wurden bei den Meßlücken an Station 6 die Daten von Station 1 eingesetzt, da die Vegetation dort am ehesten der an Station 6 entsprach. An der Lage der Wasserscheide (vgl. Kap. 10.1.3.1) ändert dies nichts.

8.3.1 Variationsbreite der Saugspannungen

Das Grundmuster der Saugspannungsvariationen ähnelt dem der Wassergehalte und kann als eine rechtsseitige asymmetrische Kelchform (Abb. 8.22 - 8.28) beschrieben werden. Die ausgeprägte Asymmetrie ist die Folge der sommerlichen Wasserentzüge aus dem Oberboden. Die Abnahme der Amplitude unterhalb der Bt-Horizonte (Abb. 8.28) weist Ähnlichkeiten mit den entsprechenden Wassergehaltsdiagrammen auf; sie liegt mit Ausnahme der Standorte 3 und 6 bei 200 - 300 cm WS. Bei nicht erheblich von den übrigen Stationen abweichenden Mittelwerten sinkt an den Standorten 3 und 6 auch im zweiten Profilmeter die Saugspannung auf sehr niedrige Werte. Für die Tiefenverteilungen der mittleren Saugspannungen kann für die Bodenzone unterhalb des Bt-Horizontes eine sehr schwache Abnahme festgestellt werden. Im Solum zeigen sich im Vergleich zu den Wassergehalts-Mittelwerten keine ausgeprägten Kurvenverläufe. Allenfalls ist oberhalb der Bt-Horizonte ein schwach angedeutetes Minimum erkennbar, das mit verzögerter Dränage am unterlagernden Bt-Horizont interpretiert werden kann. Bei dem Vergleich der mittleren Saugspannungsniveaus aller Standorte fallen wiederum, wie schon bei den Wassergehalten, die trockeneren Verhältnisse am Standort 1 auf; hier übertreffen die Saugspannungen diejenigen der anderen Standorte um ca. 80 cm WS. Bei Standort 6 führt im zweiten Profilmeter die Nähe der dränagehemmenden Lößbasis zu erheblich höheren Bodenfeuchten als in den entsprechenden Meßtiefen der übrigen Stationen. Auch hier werden, wie an Station 1 und 3, höhere Maxima im zweiten Profilmeter erreicht. Die Saugspannungsamplitude im Oberboden kann wegen des Ausfalles der Tensiometer bei Bodentrockenheit nicht exakt quantifiziert werden, sie übertrifft mit Sicherheit die nachgewiesenen 800 cm WS.

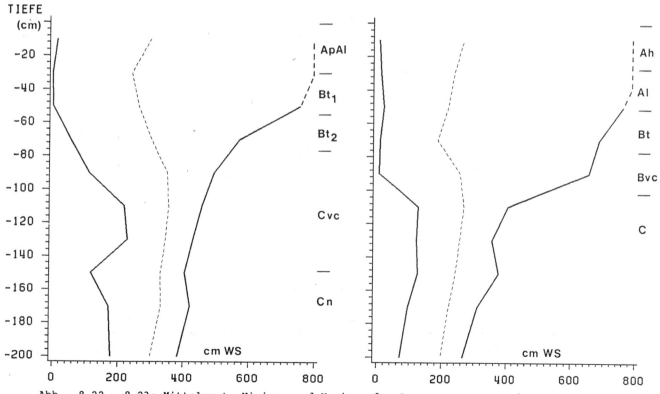

Abb. 8.22 - 8.23: Mittelwert, Minimum und Maximum der Saugspannungen an den Stationen 1 - 2

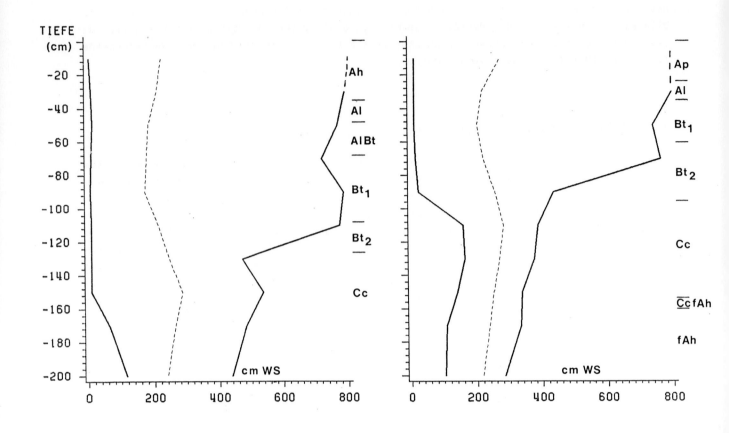
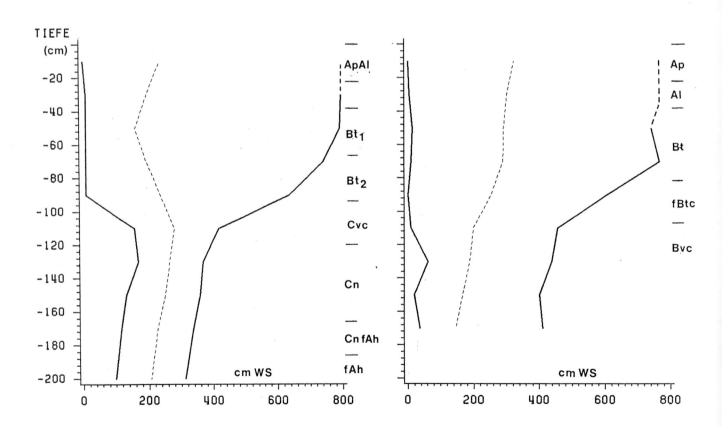

Abb. 8.24 - 8.27: Mittelwert, Minimum und Maximum der Saugspannungen an den Stationen 3 - 6

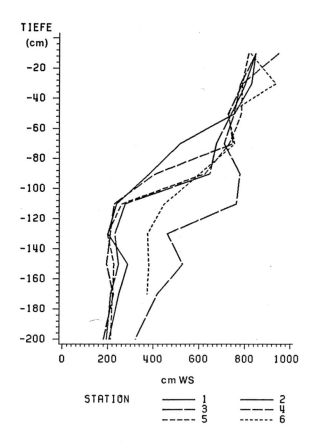

Abb. 8.28: Variationsbreite der Saugspannungen an 6 Standorten

8.3.2 Der zeitliche Gang der Saugspannungen

Station 1

Bezeichnend für den Sommer 1983 sind die hohen Saugspannungen (Abb. 8.29), die bis in 50 cm Tiefe nicht immer gesicherte Meßergebnisse erlauben, da die Obergrenze des Tensiometermeßbereiches erreicht ist. Im zweiten Bodenmeter variieren die Saugspannungen bis zur Jahreswende um 400 cm WS. Die Saugspannungserniedrigung durch infiltrierende Niederschläge kann an Hand der 300 cm WS-Isolinie zwischen Ende November und Anfang Januar verfolgt werden. Bis zum Juli 1984 bleiben Saugspannungen um 300 cm WS typisch für diese Bodenzone. Im Oberboden beherrschen Wasserbindungen das Winterhalbjahr, die das zeitweise Auftreten von Wasser in den weiten Grobporen anzeigen. Starke Saugspannungsgradienten markieren die Untergrenze des Bt-Horizontes. Die Trockenphase im April/Mai geht im gesamten Profil mit Saugspannungserhöhungen und Wasserabgaben einher. Im Oberboden bleiben die Matrixpotentiale noch gerade im Meßbereich der Tensiometer, im Bt-Horizont steigen sie bis 300 cm WS an. Konstant über 300 cm WS liegen sie ab jetzt im C-Löß. Die feuchte Phase ab der zweiten Maihälfte führt zu derartigen Saugspannungsabsenkungen, daß das Saugspannungsbild Anfang Juni wieder mit den Verhältnissen in der ersten April-Hälfte gleichgesetzt werden kann. Das gesamte Solum wird bis auf Feldkapazität aufgefüllt.

Die eigentliche sommerliche Austrocknungsperiode greift nur zögernd von den A-Horizonten auf den B-Horizont über. Die Tensiometer-Werte bewegen sich im Juli nur im Oberboden nahe der Ausfallgrenze der Meßinstrumente. Die Minima im Bt-Horizont übersteigen zwischen Ende Juli und Anfang September 500 cm WS. Ab Ende August führen die Niederschläge zu einer

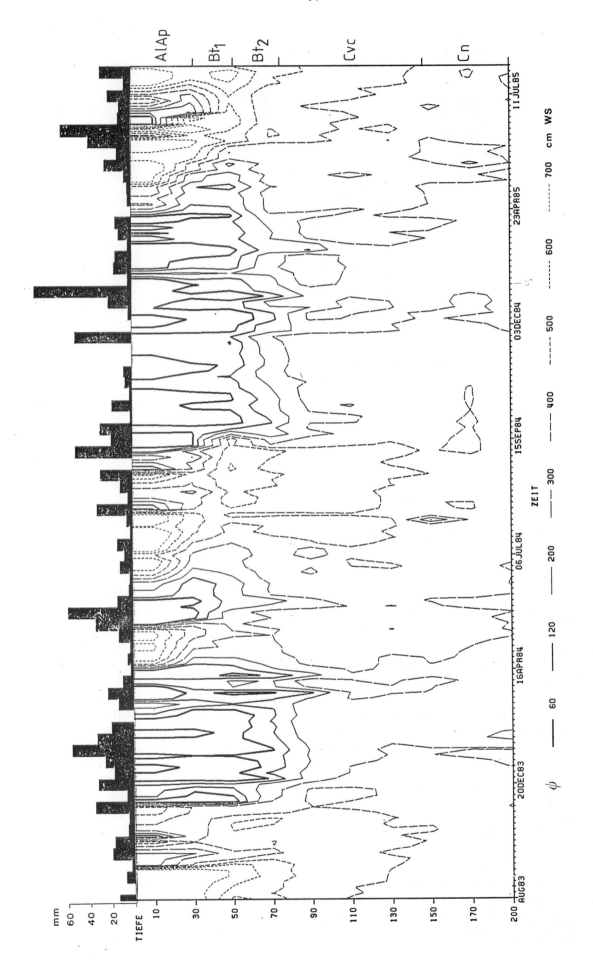

Abb. 8.29: Saugspannungs-Isoplethen an Station 1

schrittweisen Befeuchtung der Horizonte des Solums, so daß im Herbst, bereits zwei Monate früher als im Vorjahr, die Feldkapazität erreicht ist. Die Saugspannungsgradienten zwischen dem Bt-Horizont und dem Rohlöß sind stark ausgeprägt. Für den Rohlöß repräsentative Matrixpotentiale liegen zwischen 300 und 400 cm WS, mit Dezemberbeginn sinken sie unter 300 cm WS. Die 300 cm WS-Grenze wird erst wieder ab April, beginnend in 130 cm Tiefe überschritten. Während der gerätebedingten, zweimonatigen Meßpause verändern sich die Wasserbindungsintensitäten nicht wesentlich, so daß sich die Meßergebnisse vom März gut an die Werte der Vorfrostperiode anschließen. Feuchte bis nasse Verhältnisse bleiben im Oberboden bis in den April hinein erhalten. Ende dieses Monats wird eine tieferschreitende Austrocknung eingeleitet. Diese erreicht in der zweiten Maihälfte den Bt-Horizont, während die Tensiometer in der Krume bereits nahe ihrer Ausfallgrenze trockenen Boden anzeigen.

Die Niederschläge im Juni und Juli können den sommerlichen Wasserverlust im Bt-Horizont, der hier die Saugspannungen bis über 700 cm WS ansteigen läßt, nicht rückgängig machen. Ihre potentialerhöhende Wirkung reicht nur bis 30 cm. Bis zum Ende der Meßzeit steigen die Saugspannungen im Rohlöß wieder bis etwa 400 cm WS an.

Station 2

Abb. 8.30 zeigt deutlich die pedogenetische Profildifferenzierung im Jahresgang der Saugspannungen. Die markanteste Grenze mit den stärksten Saugspannungsgradienten bildet der Übergang zwischen dem Bt- und dem C-Horizont. Unterhalb des Tonanreicherungshorizontes übersteigen die Saugspannungen nie 400 cm WS, sondern bewegen sich meist um die 300 cm-Marke. Mitte Januar wirken sich die Niederschläge auch im zweiten Profilmeter durch drastische Saugspannungsabfälle bis unter 200 cm WS aus, während im Solum schon ab Dezember die Feldkapazität erreicht ist. Die trockene Zwischenphase im Mai bleibt im wesentlichen auf die A-Horizonte beschränkt, so daß die Regenfälle Anfang Juni erneut eine gravierende Absenkung der Saugspannungen bis unter 200 cm WS in allen Meßtiefen nach sich ziehen. Ab Mitte Juni vergrößert sich der Bereich ansteigender Saugspannungen zur Tiefe hin. Im Bt-Horizont in 90 cm erreichen die Saugspanungen Anfang September mit 600 cm WS ihr Maximum, während gleichzeitig im Oberboden die Tensiometer wieder deutlich unter die Obergrenze ihrer Meßbereiche sinken. Zur September/Oktober-Wende kann an Station 2 pedohydrologisch das Sommerhalbjahr als beendet angesehen werden, nun ist bis ins Frühjahr 1985 das gesamte Solum wieder auf Feldkapazität aufgesättigt. Es besitzt somit gute Wasserleiteigenschaften, um infiltrierende Niederschläge weiterzugeben.

Die Entwässerung des zweiten Profilmeters, erkennbar an der Überschreitung der 200 cm WS-Linie, setzt noch vor der ersten Abtrocknungsphase des Oberbodens in der zweiten April-Hälfte ein. Durch einige Niederschlagsereignisse gegen Ende April kurzfristig unterbrochen rückt ab Anfang Mai die 300 cm WS-Linie bis Ende Mai in 90 cm Tiefe vor. Das Saugspannungsmaximum mit 655 cm WS ist hier am 28. Juni zu verzeichnen, zu einem Zeitpunkt also, an dem die überlagernden Horizonte wieder nachhaltig befeuchtet sind. In der zweiten Juli-Hälfte erfaßt die zweite große Entwässerungsphase des Jahres 1985 sehr rasch wieder das gesamte Solum.

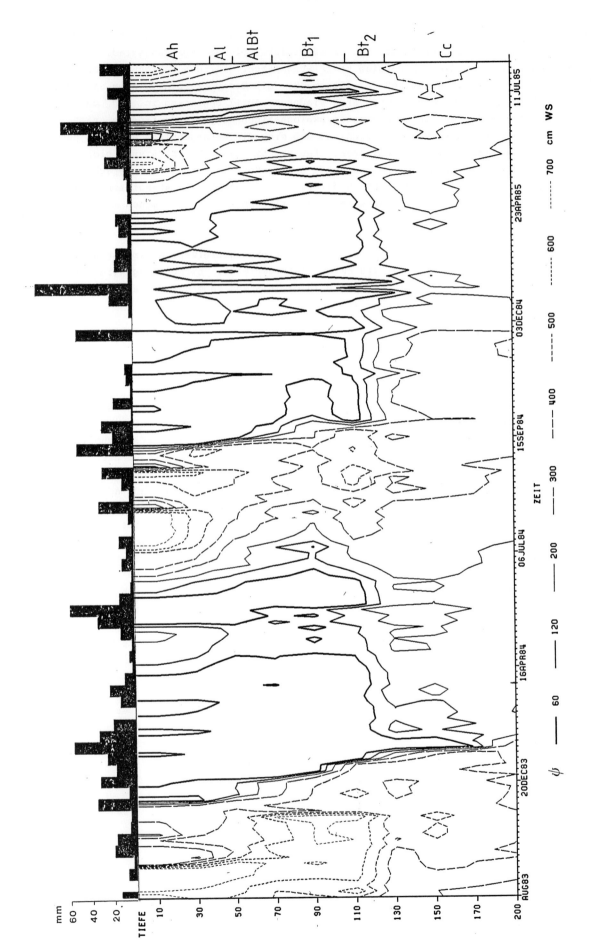

Abb. 8.30: Saugspannungs-Isoplethen an Station 2

Station 3

Die Saugspannungsentwicklung an Standort 3 (Abb. 8.31) ähnelt im wesentlichen der an Standort 2, doch hält der Boden ab dem Winter 1983/84 über die gesamte Beobachtungstiefe mehr leicht verfügbares Bodenwasser als der Boden des Vergleichsstandortes 2. Im Sommer 1983 liegt bis in eine Tiefe von 130 cm Wasser nur mehr stärker als mit 500 - 600 cm WS gebunden vor. Die absoluten Maxima treten in den verschiedenen Profilabschnitten zu verschiedenen Zeiten auf, im Oberboden: > 700 cm WS (August - September), im Bt-Horizont: > 700 cm WS (Anfang November), und im Rohlöß in 150 cm Tiefe: > 450 cm WS (Mitte Oktober und Ende Dezember). Entsprechend dieser Phasenverzögerung verschieben sich ebenfalls die Zeiträume, in denen die Winterniederschläge zu den stärksten Saugspannungserniedrigungen führen. Bis zum 13. Februar 1984 unterschreiten die Saugspannungen in allen Meßtiefen die Grenze der Feldkapazität. Die Durchfeuchtung ist derart intensiv, daß im zweiten Profilmeter Saugspannungen weit unter 200 cm WS erreicht werden. Auffallend sind die Meßergebnisse für die Tiefen 70 - 110 cm, denen zufolge in der Zeit zwischen Januar und März nahezu alle Poren wassererfüllt gewesen sein müssen. In abgeschwächter Form wiederholt sich diese Erscheinung zu Beginn des Jahres 1984 und im April 1985. Der Vergleich zu den Wassergehaltsmessungen mit der Neutronensonde - ebenfalls hohe Feuchtegehalte - schließt Meßfehler größeren Ausmasses aus. Die gemessenen Saugspannungen sind daher als realistisch anzusehen.

Im Gegensatz zu den Standorten 1, 2 und 5 sind die Wasserabgaben im April und Mai sehr gering, der Oberboden mit Saugspannungen unter 300 cm WS bleibt feucht. Nach der erneuten Aufsättigung des gesamten Bodens bis Mitte Mai setzt sich einen Monat später, ab Mitte Juni, die Tendenz zur Wasserabgabe in allen Meßtiefen durch. Nur in der Krume steigen die Saugspannungen bis an die Obergrenze des Tensiometer-Meßbereiches, verzögert steigen ebenfalls die Saugspannungen in den Bt-Horizonten bis zu einem Maximum von etwa 500 cm WS in 110 cm Bodentiefe in der zweiten August-Hälfte. Die trennende Wirkung des Bt-Horizontes zeigt sich deutlich während der ab Mitte September einsetzenden Befeuchtungsphase; klar erkennbare Saugspannungserniedrigungen beschränken sich auf das Solum. In 2 m Tiefe ist das Maximum erst Anfang Oktober erreicht und deutliche Saugspannungserniedrigungen sind erst Anfang Dezember zu verzeichnen. Das gesamte Solum ist wieder bis auf Feldkapazität aufgesättigt, Mitte Dezember liegen die Saugspannungen unter 200 cm WS. Im zweiten Bodenmeter, ausgehend von 150 cm Tiefe, breitet sich ein dreiecksförmiger Bereich mit Wasserabgaben aus, der Saugspannungsanstiege bis über 300 cm WS ab Mitte Juni nach sich zieht. Verglichen mit dem Vorjahr ist in dieser Tiefe die Feldkapazitätsgrenze um ca. 2,5 Monate früher erreicht. Die erste trockenere Phase des Jahres 1985 im Mai und Juni wirkt sich nur schwach auf den Bt-Horizont aus, in 110 cm wird die 300 cm WS-Marke nur geringfügig überschritten. Umso tiefgreifender ist die Saugspannungserniedrigung nach den Niederschlägen in der Juli-Mitte, die bis in 130 cm Tiefe für eine weitgehende Wiederauffüllung des Bodenspeichers sorgen. Das Ende des Untersuchungszeitraumes wird geprägt von starken Saugspannungszunahmen im gesamten Solum.

Station 4

Die Saugspannnungsvariationen konzentrieren sich auf die Bodenzone bis 80 cm (Abb. 8.32), tiefere Profilabschnitte unterhalb des Bt-Horizontes weisen nur geringe Saugspannungsamplituden auf. Starke Saugspannungsgradienten prägen daher im Sommer und im Herbst 1983 das Solum mit Differenzen von bis zu 400 cm WS zwischen 30 und 90 cm Tiefe. Während der trockenen Jahreszeiten besitzt der fAh-Horizont meist etwas niedrigere Saugspannungen als der überlagernde Löß; hier bewegen sich die Matrixpotentiale zwischen 200 und 300 cm WS, dort zwischen 300 und 400 cm WS. Anfang Februar hat die Wiederbefeuchtung die gesamte

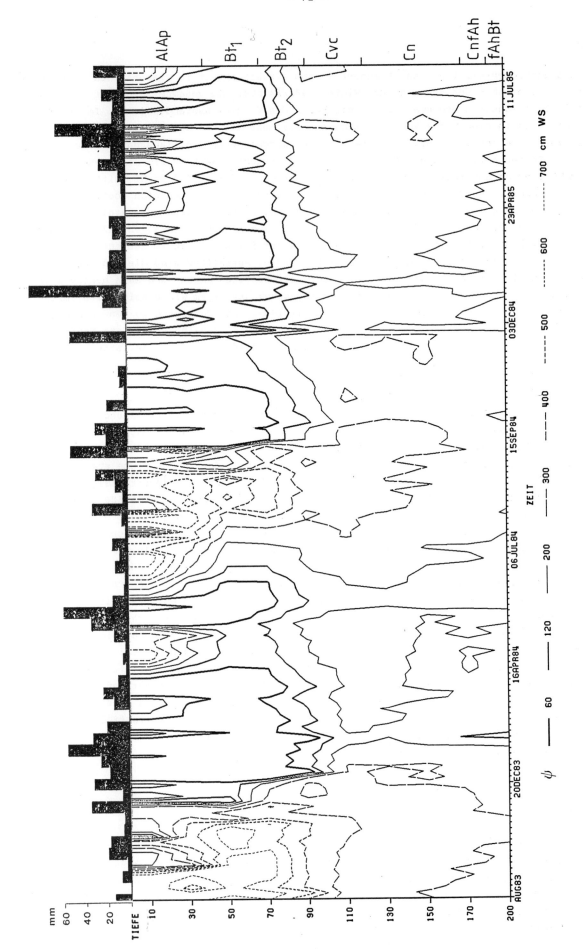

Abb. 8.31: Saugspannungs-Isoplethen an Station 3

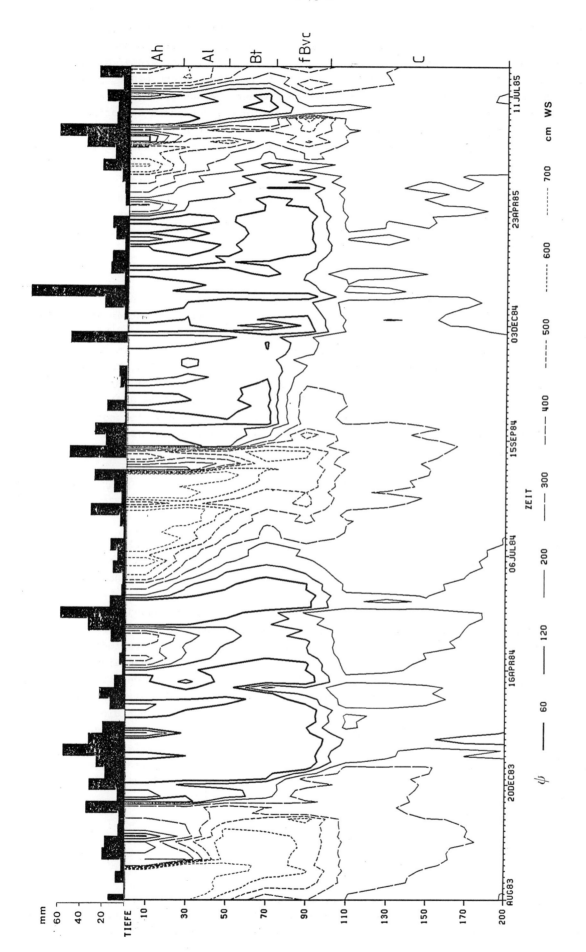

Abb. 8.32: Saugspannungs-Isoplethen an Station 4

Meßtiefe erfaßt, so daß bis April die Feldkapazität erhalten bleibt. Anfang April steigen, ausgehend von 110 cm Tiefe, die Saugspannungen im C-Löß und im unteren Abschnitt des Bt-Horizontes. Kurzfristige Erhöhungen der Saugspannungen setzen in der Krume Mitte April ein; die zweite Mai-Hälfte ist wie bei allen anderen Profilen durch einen plötzlichen Abfall der Saugspannungen in allen Meßtiefen gekennzeichnet. Rasch greift die sommerliche Austrocknung ab Mitte Juni auf den in relativ geringer Tiefe ansetzenden Bt-Horizont über, die stärksten Saugspannungsgradienten treten in dieser Zeit jedoch im Unterschied zu den anderen Profilen nicht zwischen dem Bt-Horizont und dem C-Löß auf, sondern liegen im unteren Bereich des Bt-Horizontes. Dies kann als Ausdruck des Übergangscharakters des Bt_2-Horizontes gewertet werden, dessen Körnungs- und Porungskenndaten eine vermittelnde Stellung zwischen dem Bt_1- und dem C-Horizont einnehmen. Der breite Übergangssaum zwischen Bt_1- und Bt_2-Horizont bleibt auch in den Herbst- und Winterquartalen bestehen. Anfang Dezember werden im gesamten Profil 300 cm WS unterschritten. Dieser Zeitpunkt liegt ca. 6 Wochen vor dem vergleichbaren Datum im Winter 1983/84.

Die Wasserbindungsverhältnisse nach Wiederaufnahme der Messungen im März entsprechen der Dezembersituation. Der Untergrund unterhalb des Bt-Horizontes zeigt zwischen Anfang Mai und Mitte Juni einen kontinuierlichen, langsamen Saugspannungsanstieg, der abgesehen vom fAh-Horizont Werte bis 300 cm WS erreicht. Phasenverschoben betrifft die im Mai zu beobachtende Austrocknung des Oberbodens mit dem Maximum (> 500 cm WS) am 17. Mai auch den Bt_1-Horizont, der in 50 cm unter Flur das Saugspannungsmaximum (> 300 cm WS) zwei Wochen später und deutlich gedämpft aufweist. Die Wiederbefeuchtung gegen Ende Juni erfaßt den gesamten Bt_1-Horizont, der Bt_2-Horizont bleibt wie in vorangegangenen Witterungsphasen die Übergangszone starker Saugspannungsgradienten. Nach den kräftigen Regenfällen zur Juli-Mitte sinken die Matrixpotentiale sowohl in der Krume als auch im Bt_1-Horizont.

Station 5

Der Jahresgang der Saugspannung (Abb. 8.33) verläuft auffallend parallel zu dem an Station 4. Ursache sind ähnliche bodenphysikalische Standorteigenschaften wie Korngrößenverteilung, Porengrößenverteilung und Horizontmächtigkeiten. So bildet im Sommer- wie im Winterhalbjahr der Bt_2-Horizont den Übergang zwischen den Bodenabschnitten mit starken Saugspannungskontrasten und denjenigen mit vorwiegend Halbjahresschwankungen. Die an den Isoplethen-Diagrammen ablesbaren Unterschiede betreffen insbesondere die stärkeren Austrocknungserscheinungen an Standort 5 während der trockenen Witterungsperioden in den Jahren 1983 und 1984. Dies bedeutet einerseits höhere Saugspannungen in gleichen Tiefen und andererseits im Sommer 1983 eine größere Tiefenerstreckung des durch deutliche Trocknungserscheinungen gekennzeichneten Bodenbereichs. Im Sommer 1985 kehren sich die Verhältnisse um; als Folge des Fruchtwechsels von Getreide zu Salat bleiben nun die Saugspannungen in der Krume an Standort 5 geringfügig hinter denen des Erdbeeren tragenden Standortes zurück. Auf eine eingehendere Beschreibung der Saugspannungsverläufe kann wegen der großen Ähnlichkeiten zwischen den Stationen verzichtet werden. Die Unterschiede zwischen den beiden Stationen werden bei den detaillierten Betrachtungen der hydraulischen Gradienten und der Sickerwassermengen deutlich (s. Kap. 10.1.3.1 u. 10.1.3.2).

Station 6

Zu Beginn der Meßzeit im Sommer 1983 trocknet der Boden (Abb. 8.34) in den ersten 70 cm so stark aus, daß die Obergrenze des Meßbereiches der Tensiometer erreicht ist. Im zweiten Bodenmeter werden Saugspannungen zwischen 260 und 400 cm WS gemessen, sie zeigen im

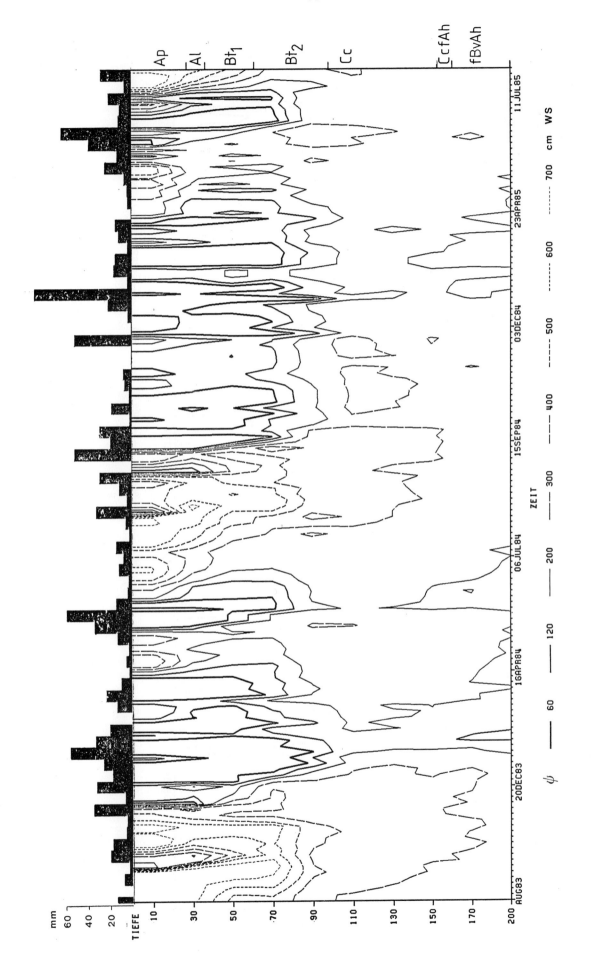

Abb. 8.33: Saugspannungs-Isoplethen an Station 5

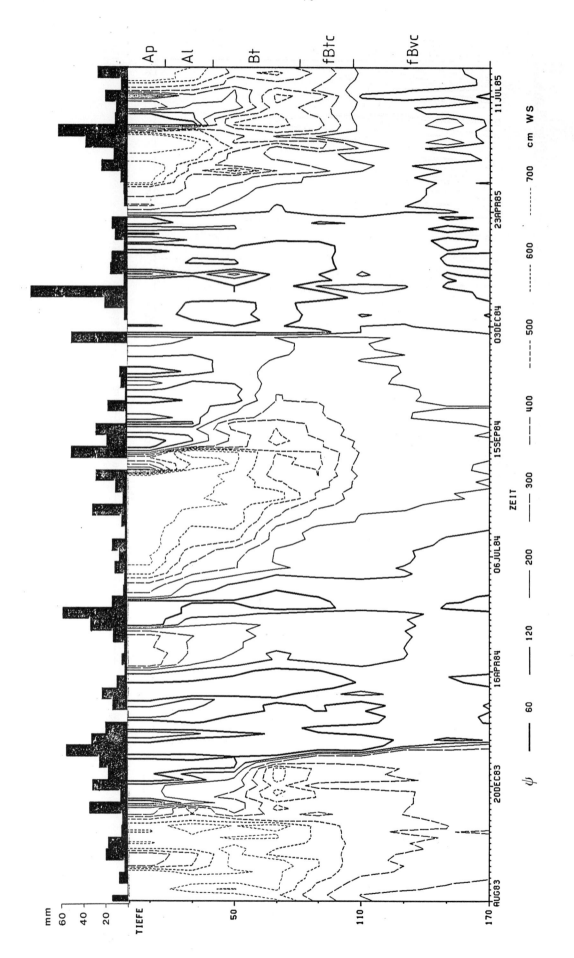

Abb. 8.34: Saugspannungs-Isoplethen an Station 6

Verlauf des Herbstes eine steigende Tendenz. Der Bereich mit den stärksten Saugspannungsgradienten liegt während dieser Jahreszeit im Bt-Horizont. Nach den Septemberniederschlägen, die nur durch die Saugspannungserniedrigung in den oberen 30 cm nachgezeichnet werden, bleibt bis Mitte November im Unterboden das hohe Niveau der Saugspannungen erhalten. Bis Mitte Januar 1984 bleibt der deutliche Saugspannungsgegensatz zwischen 50 und 70 cm Tiefe bestimmend. Während der Oberboden Wasserbindungen unter pF 2,5 besitzt, betragen in 70 cm Tiefe die Saugspannungswerte 500 bis 600 cm WS. Die Januar-Niederschläge sorgen für eine tiefgreifende Erhöhung des Matrixpotentials im gesamten Profil, am 13. Februar 1984 werden in keiner Tiefe 100 cm WS überschritten. Kurzfristige leichte Saugspannungserhöhungen treten im Oberboden im März 1984 auf, die im Unterboden durch die nur geringen Amplituden nicht deutlich nachzuvollziehen sind. Die Wasserbindungsintensitäten sind in 170 cm Meßtiefe am schwächsten; hier, unmittelbar oberhalb der Schichtgrenze zu den Terrassenkiesen, deuten die Tensiometer auf feuchtere Bedingungen als in den überlagernden Profilabschnitten. Ab Mitte April kann in allen Meßtiefen eine Saugspannungserhöhung festgestellt werden, die erwartungsgemäß im Oberboden mit Saugspannungen bis 500 cm WS am stärksten ist und bis Mitte Mai durch Saugspannungen belegt wird, die bis in 130 cm Tiefe deutlich 100 cm WS übertreffen. Wie bei den anderen Stationen bewirken auch an dieser Meßstation die ergiebigen Niederschläge in der zweiten Mai-Hälfte eine erneute tiefgreifende Durchfeuchtung der Lößdecke. Die Sommermonate Juni bis August sind durch kontinuierliche Austrocknung des Solums gekennzeichnet, die auf den Isoplethen-Diagrammen ihren Niederschlag durch das parallele Abwärtswandern der 300 bis 500 cm WS-Isolinien findet. Unterhalb von 90 cm werden 300 cm WS nicht überschritten, die Austrocknung erfaßt im Gegensatz zum Sommer 1983 einen deutlich geringmächtigeren Bodenbereich. Zwar sind zur August/September-Wende erste Wiederbefeuchtungen des Oberbodens zu beobachten, doch leiten erst die Oktoberniederschläge eine allmähliche Durchfeuchtung des ersten Bodenmeters ein, erkennbar an der Tiefenwanderung der 200 cm WS-Isolinie. Am 7. Dezember 1984 unterschreiten erstmalig im Winterhalbjahr 1984/85 alle Saugspannungen die 120 cm WS-Marke. Auch nach Wiederaufnahme des Tensiometerbetriebes im März bleiben feuchte Bodenverhältnisse kennzeichnend. Mit dem 23. März wird die Tendenz zur Wasserabgabe aus dem gesamten Profil sichtbar. Ungeachtet wechselnder Witterungseinflüsse, die nur den Oberboden betreffen, bleiben im Juni und Juli in 70 cm Saugspannungen um 500 cm WS erhalten. Mit Ablauf der Meßzeit führt die sommerliche Witterung zum Überschreiten des Meßbereiches der Oberboden-Tensiometer. Der Bereich mit den längerfristig stärksten Saugspannungsgradienten bleibt der untere Abschnitt des Bt-Horizontes zwischen 90 und 110 cm Tiefe.

8.3.3 Vergleich der Saugspannungsverläufe

Die Standorte können hinsichtlich ihrer Saugspannungsverläufe zu Gruppen zusammengefaßt werden. Zunächst hebt sich Station 1 klar von allen übrigen Standorten durch die relativ hohen Saugspannungen im zweiten Profilmeter ab. Der unterlagernde, von fossilen Bodenbildungen weitgehend freie Rohlöß bis über 4 m besitzt offenbar so gute Wasserleiteigenschaften, daß Saugspannungsunterschiede rasch ausgeglichen werden und sich keine Phasen intensiver Durchfeuchtung mit niedrigen Saugspannungen ausbilden können.

Die Stationen 2 und 3, beide mit tiefreichendem Bt-Horizont, zeichnen sich durch tiefe Austrocknung aus. Abb. 8.41 zeigt die maximale Tiefenlage der 500 cm WS-Isolinie während der Untersuchungsperiode im Vergleich zur Untergrenze des Bt-Horizontes. Hier bestätigt sich die enge Relation zwischen Austrocknungstiefe und Ausprägung des Bt-Horizontes. Der Bt-Horizont zeigt die markantesten Saugspannungsgradienten sowohl während der nassen als auch während der trockenen Witterungsphasen. Charakteristisch für Station 3 sind die niedrigen Saugspannungen unterhalb des Bt-Horizontes im Spätwinter 84 bzw. im frühen Frühjahr 1985.

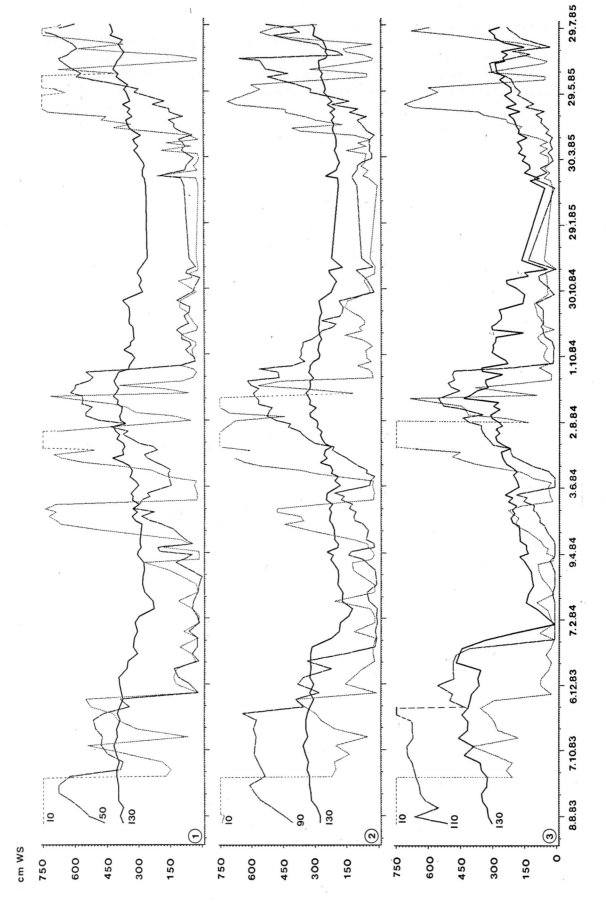

Abb. 8.35 - 8.37: Saugspannungsverläufe im Oberboden, im Bt-Horizont und im Rohlöß an den Stationen 1 - 3

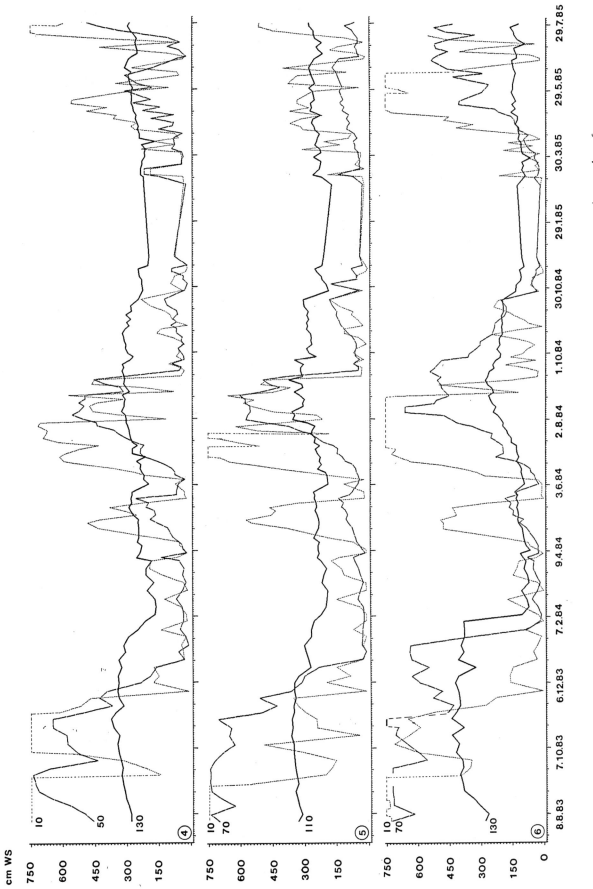

Abb. 8.38 - 8.40: Saugspannungsverläufe im Oberboden, im Bt-Horizont und im Rohlöß an den Stationen 4 - 6

Tab. 8.2: Beginn der bodenhydrologisch feuchten Phase in den Hydrologischen Winterhalbjahren 1983/84 und 1984/85 an 6 Standorten

Station	Hydrologisches Winterhalbjahr	Beginn der bodenhydrologisch feuchteren Phase	Saugspannung erstmalig	relative Zeitdifferenz
1	1983/84	6.02.84	< 300 cm WS in 130 cm Tiefe	2,5 Monate
	1984/85	27.11.84		
2	1983/84	23.01.84	< 200 cm WS in 130 cm Tiefe	1,5 Monate
	1984/85	7.12.84		
3	1983/84	31.01.84	< 200 cm WS in 150 cm Tiefe	2,5 Monate
	1984/85	19.11.84		
4	1983/84	6.02.84	< 200 cm WS in 130 cm Tiefe	1,5 Monate
	1984/85	17.12.84		
5	1983/84	13.02.84	< 200 cm WS in 130 cm Tiefe	2,5 Monate
	1984/85	27.11.84		
6	1983/84	6.02.84	< 200 cm WS in 130 cm Tiefe	3,5 Monate
	1984/85	15.10.84		

Tab. 8.3: Beginn der bodenhydrologisch trockenen Phase in den Hydrologischen Sommerhalbjahren 1983/84 und 1984/85 an 6 Standorten

Station	Hydrologisches Sommerhalbjahr	Beginn der bodenhydrologisch trockeneren Phase	Saugspannung erstmalig	relative Zeitdifferenz
1	1984	2.07.84	> 400 cm WS in 110 cm Tiefe	0,1 Monate
	1985	28.06.85		
2	1984	6.08.84	> 300 cm WS in 130 cm Tiefe	0,5 Monate
	1985	19.07.85		
3	1984	9.08.84	> 300 cm WS in 150 cm Tiefe	2 Monate
	1985	11.06.85		
4	1984	30.07.84	> 300 cm WS in 130 cm Tiefe	1,5 Monate
	1985	18.06.85		
5	1984	16.07.84	> 300 cm WS in 110 cm Tiefe	1 Monat
	1985	11.06.85		
6	1984	2.08.84	> 200 cm WS in 110 cm Tiefe	2,5 Monate
	1985	17.05.85		

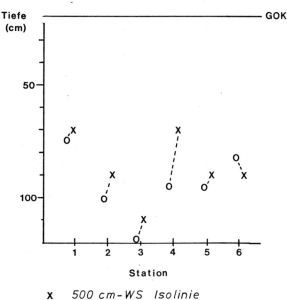

Abb. 8.41: Maximale Tiefenlage der 500 cm WS-Isolinie zwischen August 1983 und Juli 1985

Der Vergleich der Saugspannungsjahresgänge aus Oberboden, Bt-Horizont und unterlagerndem Löß (Abb. 8.35 - 8.40) führt zusammenfassend zu folgenden Aussagen: Die Amplituden der Saugspannungen sind im Oberboden am größten, ebenfalls bemerkenswerte Amplituden werden in den Bt-Horizonten gemessen. Maxima und Minima als Ausdruck langfristiger Witterungsphasen werden am deutlichsten durch die Saugspannungsgänge der Tonanreicherungshorizonte erfaßt, während das kurzfristige Wettergeschehen nur im Oberboden belegt werden kann. Unterhalb des Solums treten, mit Ausnahme der Standorte 3 und 6, lediglich schwach ausgeprägte Halbjahreszyklen auf. Austrocknungs- und Wiederbefeuchtungsphasen erscheinen gleichermaßen zeitverzögert und gedämpft gegenüber dem Oberboden.

Unterschiede zwischen den Beobachtungsjahren werden sowohl aus den Abb. 8.35 - 8.40 als auch aus den Tab. 8.2 und 8.3 deutlich. Sieht man das erstmalige Über- oder Unterschreiten einer bestimmten Saugspannung in einer Beobachtungstiefe als einen Indikator für gegensätzliche hydrologische Halbjahre an, so tritt der Beginn der bodenhydrologisch feuchten Jahreszeit nach dem Sommer 1984 1,5 bis 3 Monate früher ein als nach dem Sommer 1983. In ähnlicher Weise beginnt die bodenhydrologisch trockenere Jahreszeit im Jahr 1984 bis zu 2,5 Monate später als 1985.

8.4 Vergleich zwischen Bodenfeuchte- und Saugspannungszeitreihen

Sowohl die Jahresgänge der Bodenfeuchte als auch die der Saugspannungen spiegeln deutlich die bodengenetischen Profildifferenzierungen an den Standorten wider. Insbesondere prägen die Bt-Horizonte die Isoplethen-Diagramme beider Meßgrößen, wobei sich jedoch prinzipielle Unterschiede ergeben. Während die Bodenfeuchtemessungen die Bt-Horizonte durchweg als Bereiche mit gegenüber den umgebenden Horizonten konstant höheren Wassergehalten ausweisen, also der gesamte Horizont eine Sonderstellung besitzt, hebt sich bei den Messungen des Matrixpotentials die Untergrenze der Bt-Horizonte ab. Hier sind die Tonanreicherungshorizonte in die jahreszeitliche Variation der Saugspannung mit einbezogen; im Sommer markiert die Bt-Untergrenze die Trennlinie zwischen dem Solum mit stärkeren Wasserbindungskräften und dem Rohlöß mit niedrigeren Wasserbindungsintensitäten, dagegen behalten im Winter die Lößschichten höhere Saugspannungen als das Solum.

Dieser Gegensatz bedeutet keine widersprüchlichen Ergebnisse zweier voneinander unabhängiger Meßreihen; vielmehr sind sie Ausdruck der unterschiedlichen Charakteristika der Saugspannungs-Wassergehalts-Beziehungen in den A- und B-Horizonten. Bei gleichen Saugspannungen besitzen die B-Horizonte höhere Wassergehalte als die A-Horizonte (vgl. Kap. 6.2.2 u. Kap. 9.2). Daher werden die Wassergehaltsunterschiede der beiden Horizontgruppen (A- und B-Horizonte) allein von den Saugspannungsmessungen nicht dokumentiert. Daß die anhand der Sondenmessungen ermittelten sekundären Trockenbereiche des zweiten Profilmeters (Sommer und Herbst) in den Diagrammen des Matrixpotentiales weniger deutlich nachgezeichnet sind, findet seine Begründung ebenfalls in der besonderen Eigenart der pF-Charakteristik. Gerade für die im Felde gemessenen Saugspannungen verläuft die pF-Kurve sehr flach, ist ihre Steigung sehr gering. Einer geringfügigen Änderung des Matrixpotentials im Ah-Horizont entspricht daher eine stärkere Änderung des Wassergehaltes im Bt-Horizont, dessen pF-Kurve steiler verläuft.

Beide Meßreihen zeigen deutlich die Phasenverschiebung der Wassergehaltsminima und -maxima zwischen Ober- und Unterboden. Beide lassen ebenfalls die Feststellung zu, daß die Austrocknungstiefe und die Austrocknungsintensität Funktionen der Tiefenlage und der Mächtigkeit der Bt-Horizonte sind. Gegenüber allen nutzungsspezifischen Unterschieden besitzt die Horizontierung den größten Einfluß auf das Grundmuster der jahreszeitliche Differenzierung der Bodenfeuchte und der Saugspannungen.

Unterschiede der mittleren Wassergehalte und Saugspannungen in den Lößschichten unterhalb des Solums können mit den Tongehalten der fossilen Horizonte, dem Abstand zur Lößbasis und mit der unterschiedlichen Pufferwirkung des Lösses auf langfristige Witterungswechsel erklärt werden.

9. Wasserspannungs-Wassergehalts-Beziehungen

9.1 Datenbasis und mathematische Formulierung

Wasserspannung und Wassergehalt stehen miteinander über die Wasserspannungskurve in Beziehung (vgl. Abb. 6.9). Für eine Umrechnung der Bodenwasserspannungen in Bodenwassergehalte und umgekehrt ist eine mathematische Formulierung dieses horizontspezifischen Zusammenhangs sinnvoll. Sowohl die Neutronensonden-Wassergehalte und Tensiometer-Saugspannungen zwischen August 83 und Dezember 84 aus dem Bodenraum 0 - 200 cm als auch die Saugspannungs-Wassergehaltspaare aus den Laborbestimmungen wurden miteinander in Beziehung gesetzt.

Die pF-Kurven für Schluffböden in einschlägigen Standardwerken der Bodenkunde (SCHROEDER 1972, MÜCKENHAUSEN 1975, SCHEFFER & SCHACHTSCHABEL 1979, KUNTZE et al. 1980) zeigen einen Wendepunkt beim Wechsel vom konvexen zum konkaven Kurvensegment. Für die Mathematisierung gibt es grundsätzlich mehrere Möglichkeiten (vgl. VISSER 1968, MORGENSCHWEIS 1981b, ROHDENBURG & DIEKKRÜGER, 1984). In dieser Untersuchung wurde als Modellansatz für die Regression zwischen   und   ein Polynom 4. Grades verwandt. Er gewährleistet, unter Verzicht auf die Modellierung von Hysterese-Schleifen, eine optimale Anpassung der Funktionen an die Meßpunkte:

$$\psi = a\Theta^4 + b\Theta^3 + c\Theta^2 + d\Theta + e \qquad (9.1)$$

Die Parameter a, b, c, d, e werden in einem iterativen Verfahren (multivariate secant or false position (DUD), RALSTON & JENNRICH 1978) durch ein SAS-Programm (SAS-INSTITUTE 1982) bestimmt. Während bei den pF-Kurven die Saugspannung die abhängige Variable und der Wassergehalt die unabhängige Variable darstellt, ist es, um die Saugspannungsmessungen optimal für Wasserhaushaltsbilanzierungen nutzen zu können, unerläßlich, Regressionen mit der Saugspannung als unabhängiger Variable zu rechnen. Erst sie erlauben die Umrechnung von Saugspannungen in Äquivalentwassergehalte. Die ermittelten Funktionen können aus der Tabelle im Anhang entnommen werden. Aus dieser Aufstellung geht ebenfalls der Gültigkeitsbereich der Funktionsgleichungen hervor. Durch die Berücksichtigung der Gültigkeitsbereiche werden physikalisch unsinnige Wassergehalts-Saugspannungsbeziehungen im extrem nassen Bereich eliminiert. Die Obergrenze, für die die Beziehungen eingesetzt werden sollten, ist durch die Obergrenze des Tensiometer-Meßbereiches (d.h. maximal 850 cm WS) festgelegt.

9.2 Vergleich zwischen Labor- und Freilandergebnissen

Die modellierten Funktionen zeigen die für die drei Horizontgruppen (A-, Bt- und C-Horizonte typischen, in Kap. 6.2.2 dargelegten Charakteristika (Abb. 9.1 - 9.3). Mit Ausnahme des C-Lösses verlaufen die Funktionsgraphen weitgehend parallel. Systematisch bleiben die Äquivalentwassergehalte der Feldmethode hinter denen der Labormethode zurück. Dies ist vor allem die Folge der Überschätzung der Wassergehalte bei geringen Saugspannungen durch die Labormethode. Da die Neutronensonden-Wassergehalte im gesamten Feuchtebereich durch die Kalibrierfunktion abgesichert sind, und die Sonde über ein größeres Bodenvolumen integriert, erscheinen diese Wassergehalts-Saugspannungsbeziehungen realistischer als die an 100 ccm-Stechzylindern ermittelten. Darüber hinaus wird von der Labormethode ausschließlich die Desorptionsschleife der Wasserspannungskurve erfaßt. Wegen der Hysteresis liegt die Desorptionsschleife im Bereich unterhalb 1000 cm WS deutlich unterhalb der Entwässerungskurve.

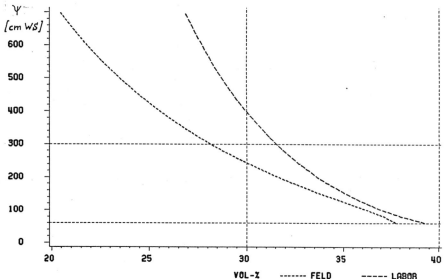

Abb. 9.1: Vergleich der Freiland- und Labor-pF-Kurve: Ap-Horizont (Station 2)

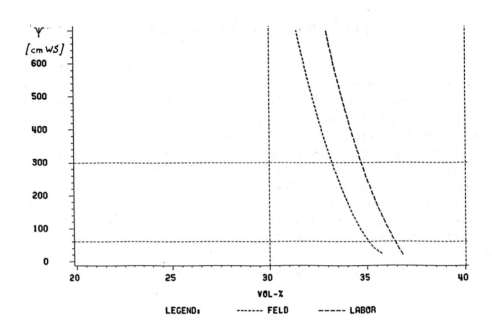

Abb. 9.2: Vergleich der Freiland- und Labor-pF-Kurve: Bt-Horizont (Station 3)

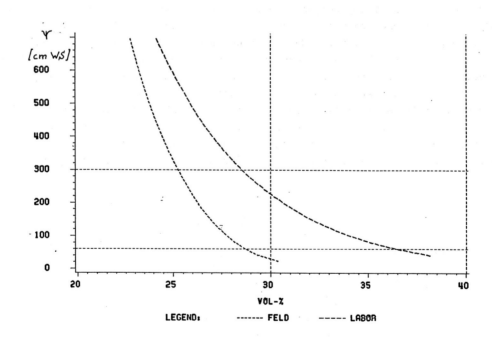

Abb. 9.3: Vergleich der Freiland- und Labor-pF-Kurve: C-Horizont (Station 5)

10. Bodenwasserdynamik

10.1 Bestimmung der Wasserumsätze in der ungesättigten Zone

10.1.1 Theoretische Grundlagen der Bodenwasserbewegung

10.1.1.1 Potentialkonzept und hydraulische Wasserscheide

Als 3-Phasensystem besitzt der Boden neben der mineralischen und organischen Matrix wechselnde Anteile der flüssigen und gasförmigen Phase in den Bodenporen. Das Adsorptionswasser, dessen Anteil im wesentlichen von der Größe der Mineraloberfläche und vom Hydratationswasser austauschbarer Ionen bestimmt wird, ist durch elektrostatische, van-der-Waals-Kräfte und Wasserstoffbrücken am stärksten an die feste Phase gebunden (SCHEFFER/ SCHACHTSCHABEL 1976, 162). Mit wachsendem Abstand von der festen Grenzfläche sinkt die Bindungsintensität des Wassers. Intermolekulare Kräfte bewirken sowohl die Adhäsion von Wasser an die feste Bodensubstanz als auch die Kohäsion der einzelnen Wassermoleküle untereinander. Als Folge der Oberflächenspannung des Wassers werden die festen Mineraloberflächen von Wasserfilmen umhüllt (HARTGE 1978, 124).

Die Erkenntnis, daß Wasser mit unterschiedlich hohen Kräften an der Matrix gebunden ist, bildet die elementare Grundlage für das Verständnis der Bodenwasserbewegung. Die Unterschiede zwischen Böden hängen letztlich von der spezifischen Porenstruktur des Bodens ab und finden ihren Ausdruck in der Form der Bodenwassercharakteristik (vgl. Kap. 6.2.2 und 9). Der hydrostatische Druck des Bodenwassers, auch Wasserspannung oder Saugspannung genannt, als die wesentlichste Größe bei der Betrachtung von Bodenwasserbewegungen steht im Mittelpunkt des Potentialkonzeptes des Bodenwassers. Der Energiegehalt des Wassers im Kraftfeld "Boden" ist eine Funktion seiner relativen Lage (Ortshöhe) zu einem Bezugsniveau und eine Funktion der Bindungsintensität an die feste Bodenmatrix. Präziser formuliert summieren sich alle auf das Wasser wirkenden Kräfte, alle Teilpotentiale zum Gesamtpotential des Bodenwassers:

$$\psi = \psi_m + \psi_z + \psi_o + \psi_\Omega + \psi_p \qquad (10.1)$$

mit ψ = Gesamtpotential
ψ_m = Matrixpotential
ψ_z = Gravitationspotential
ψ_o = osmotisches Potential
ψ_Ω = Auflastpotential
ψ_p = Druckpotential.

Für das Studium der Wasserdynamik in Freilandböden humider Klimate sind das Matrix- und das Gravitationspotential von überragender Bedeutung. Das alle Wirkungen der Matrix auf das Wasser einschließende Matrixpotential entspricht der zu verrichtenden Arbeit, um dem Boden eine Einheitsmenge Wasser zu entziehen. Wird als Bezugsgröße statt des Volumens das Gewicht gewählt, so läßt sich das Matrixpotential in cm WS quantifizieren. Es ist dem Betrag nach gleich der mit Tensiometern gemessenen Saugspannung und erhält vereinbarungsgemäß ein negatives Vorzeichen. Häufig wird das Matrixpotential in cm Hg-Säule oder in mbar angegeben, die Umstellung auf hPa hat sich in der wissenschaftlichen Literatur bisher nicht durchgesetzt.

Das Gravitationspotential entspricht - als ein Lagepotential - der Arbeit, die aufgewendet werden muß, um eine Einheitsmenge Wasser zwischen verschiedenen Höhenniveaus zu transportieren. Oberhalb der Grundwasseroberfläche erhält es definitionsgemäß ein positives Vorzeichen. Matrix- und Gravitationspotential werden bei der Betrachtung vertikaler Bodenwasserbewegungen (in der Richtung der z-Achse eines dreidimensionalen Koordinatensystems) zum Hydraulischen Potential (ψ_H) zusammengefaßt:

$$\psi_H = \psi_m + \psi_z \quad (10.2)$$

Der hydraulische Gradient läßt sich für zwei Beobachtungstiefen im Boden aus der Höhendifferenz der Meßpunkte und den Matrixpotentialen nach den Gleichungen 10.3a - 10.3c bestimmen:

$$\frac{\delta}{\delta z} = \frac{\delta (\psi + z)}{\delta z} \qquad \text{nach RENGER, GIESEL et al. (1970)} \quad (10.3a)$$

$$\text{grad } \psi_H = \frac{\Delta \psi_m + \Delta \psi_z}{\Delta z} \qquad \text{nach HARTGE (1978)} \quad (10.3b)$$

$$\text{grad } \psi_H = \frac{\Delta \psi_m}{\Delta z} + 1 \qquad \text{nach HARTGE (1978)} \quad (10.3c)$$

mit ψ_m, ψ = Matrixpotential
ψ_z, z = Gravitationspotential.

Weil sich Wasser immer in Richtung der Potentialgradienten bewegt, erlaubt die Analyse der hydraulischen Gradienten Aussagen über die Bewegungsrichtung des Bodenwassers. Positive Gradienten zeigen aufsteigende Wasserbewegung, negative Gradienten absteigende Wasserbewegungen an. Die Tiefe, in der der hydraulische Gradient den Wert 0 annimmt, trennt den aszendenten vom deszendenten Wasserstrom, ihr kommt die Bedeutung einer Wasserscheide zu. Sie wird daher Hydraulische oder Horizontale Wasserscheide genannt.

10.1.1.2 Grundgleichungen der Wasserbewegung in der ungesättigten Zone

Der Wasserfluß im Boden (Richtung und Größe) ist eine Funktion des antreibenden Potentialgefälles, also des hydraulischen Gradienten und der hydraulischen Leitfähigkeit des Bodens (k). Dies drückt die von bereits von DARCY in der ersten Hälfte des 19. Jahrhunderts formulierte Gleichung aus:

$$q = k \cdot \frac{\Delta \psi_m + \Delta \psi_z}{\Delta z} \quad (10.4)$$

Sie besitzt sowohl für die Wasserbewegung im gesättigten als auch im ungesättigten Boden Gültigkeit. Sind bei Wassersättigung Ungleichgewichte des Druck- und Gravitationspotentials (ψ_p, ψ_z) Ursache für Ausgleichsbewegungen, so sind es beim ungesättigten Fließen die gegensätzlichen Wirkungen von Matrix- und Gravitationspotential (ψ_m, ψ_z). Strömungsvorgänge sind im allgemeinen instationär, d.h. die Gradienten verändern sich stetig; sie nehmen in Annäherung an ein Gleichgewicht immer langsamer ab, verändern sich also zeitabhängig. Im Gegensatz zum gesättigten Fließen dauert der Ausgleich von Wassergehaltsunterschieden in der ungesättigten Bodenzone wochen- bis monatelang.

Die Summe der Wasserflüsse in alle Richtungen in einem betrachteten Zeitraum entspricht der zugehörigen Wassergehaltsänderung in dem betrachteten Bodenvolumen. Dies drückt die Kontinuitätsgleichung (vgl. Symbolverzeichnis S. VI) aus:

$$\frac{\delta v_x}{\delta x} + \frac{\delta v_y}{\delta y} + \frac{\delta v_z}{\delta z} = \frac{\delta \Theta}{\delta t} \tag{10.5}$$

Zusammen mit der Darcy-Gleichung ergibt sich die allgemeine partielle Differentialgleichung für die nichtstationäre, isotherme Strömung in einem nichtquellenden Boden wie folgt:

$$\frac{\delta \Theta}{\delta t} = \frac{\delta \left(k \frac{\delta (\psi_m + \psi_z)}{\delta x} \right)}{\delta x} + \frac{\delta \left(k \frac{\delta (\psi_m + \psi_z)}{\delta y} \right)}{\delta y} + \frac{\delta \left(k \frac{\delta (\psi_m + \psi_z)}{\delta z} \right)}{\delta z} \tag{10.6}$$

Das Gravitationspotential bleibt bei Richtungen in der Horizontalen (x-, y-Ebene) unverändert ($\delta \psi_z / \delta x = 0$ und ebenfalls $\delta \psi_z / \delta y = 0$); bei Bewegungen in der vertikalen z-Richtung wird $\delta \psi_z / \delta z = 1$. Dadurch verkürzt sich die Gleichung in die Form, die als Fokker-Planck-Gleichung bekannt ist (BENECKE 1974, HARTGE 1978):

$$\frac{\delta \Theta}{\delta t} = \frac{\delta \left(k \frac{\delta \psi_m}{\delta x} \right)}{\delta x} + \frac{\delta \left(k \frac{\delta \psi_m}{\delta y} \right)}{\delta y} + \frac{\delta \left(k \frac{\delta \psi_m}{\delta z} \right)}{\delta z} + \frac{\delta k}{\delta z} \tag{10.7}$$

Für die eindimensionale vertikale Wasserbewegung, bei der keine Wasserbewegungen in der Horizontalen auftreten, also $\delta \psi_m / \delta x$ und $\delta \psi_m / \delta y = 0$, vereinfacht sich der Ausdruck zu:

$$\frac{\delta \Theta}{\delta t} = \frac{\delta \left(k \frac{\delta \psi_m}{\delta z} \right)}{\delta z} + \frac{\delta k}{\delta z} \tag{10.8}$$

Diese physikalischen Gesetzmäßigkeiten besitzen erhebliche praktische Bedeutung für die Modellierung und Simulation von Bodenwasserbewegungen. Wie in Kap 10.1.2 gezeigt wird, basieren zahlreiche physikalisch begründete Fließmodelle auf den o.a. Differentialgleichungen. Andere Simulationsmodelle benutzen den sog. Diffusionsansatz, der sich aus weiterführenden theoretischen Überlegungen ableiten läßt, die unstationäre Wasserbewegung als

Diffusionsvorgang aufzufassen. Im Mittelpunkt des aus der Thermodynamik übernommenen Diffusionsansatzes stehen raum-zeitliche Veränderungen der Wasserkonzentration. Als neue theoretische Größe wird die Diffusivität eingeführt, die als Produkt der Leitfähigkeit mit der Steigung der Wasserspannungskurve definiert ist:

$$D = k \frac{\delta \psi_m}{\delta \Theta} \qquad (10.9)$$

Die Diffusivität läßt sich zwanglos ableiten, indem man die Differentialgleichung für die eindimensionale Strömung (Gleichung 10.8) erweitert zu:

$$\frac{\delta \Theta}{\delta t} = \frac{\delta \left(k \frac{\delta \psi_m}{\delta \Theta} \cdot \frac{\delta \Theta}{\delta z} \right)}{\delta z} + \frac{\delta k}{\delta z} \qquad (10.10)$$

In Gleichung 10.10 erscheint der rechte Term von Gleichung 10.9, womit Gleichung 10.10 in Gleichung 10.11 überführt werden kann:

$$\frac{\delta \Theta}{\delta t} = \frac{\delta D}{\delta z} \cdot \frac{\delta \Theta}{\delta z} + D \frac{\delta^2 \Theta}{\delta z^2} + \frac{\delta k}{\delta z} \qquad (10.11)$$

10.1.1.3 Die Bedeutung der ungesättigten Leitfähigkeit

Die ungesättigte Wasserleitfähigkeit (k_u) ist eine Funktion des Bodenwassergehaltes und steht als Materialeigenschaft in enger Beziehung zur Porenstruktur. Da die Porenform und -kontinuität an Bodenproben ohne Einzelkorngefüge kaum quantifizierbar ist, kann verläßlich die Wasserleitfähigkeitsfunktion nur experimentell bestimmt werden (BECHER 1971, KIRKHAM & POWERS 1972, FLÜHLER, GERMANN et al. 1976, BOUMA 1977, PLAGGE 1985).

Abb. 10.1 zeigt für verschiedene Bodenarten die Beziehung zwischen Matrixpotential und ungesättigter Leitfähigkeit. Wegen seiner leichten Meßbarkeit wird als unabhängige Variable häufig das Matrixpotential anstelle des Wassergehaltes gewählt, obwohl die Leitfähigkeitsfunktion ebenso der Hysterese unterliegt wie die Wasserspannungskurve (FLÜHLER et al. 1976a). Die hohen Leitfähigkeiten bei hohen Potentialen (kleine Saugspannungen) werden bei tonhaltigen Körnungen stark durch die Sekundärporen determiniert, zwischen 0 und -60 cm WS zeigen alle diese Substrate eine deutliche Abnahme der Steigung. Der leitende Querschnitt nimmt bei kleineren Potentialen wegen des hohen Anteils an engen Grobporen und Mittelporen relativ weniger stark ab als beispielsweise bei Sanden.

Dank ihres steuernden Einflusses auf den Bodenwasserhaushalt ist die ungesättigte Leitfähigkeit für das Verständnis der Wasserbewegung in Böden von größter Bedeutung. Als variable Regelgröße bedingt sie bei entwässerndem Boden die Verzögerung des Austrocknungsprozesses durch die Verlangsamung der Wassernachlieferung; umgekehrt ist sie die Voraussetzung für die kontinuierliche Erhöhung der Perkolationsrate bei ansteigender Bodenfeuchte. Die Darcy-Gleichung zeigt das antagonistische Spannungsverhältnis zwischen Leitfähigkeit und hydraulischem Gradienten; je höher das antreibende Potentialgefälle ist, desto geringer ist das Vermögen des Bodens, durch eine Wasserbewegung das Gefälle auszugleichen.

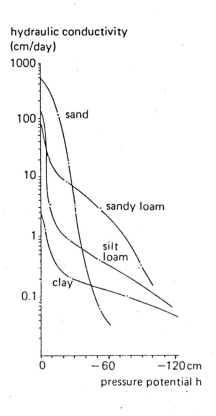

Abb. 10.1: Hydraulische Leitfähigkeitsfunktion (aus BOUMA 1977, 39)

Hierin liegt der entscheidende Grund für die beobachtete Feuchte- und Trockenheitspersistenz der Unterböden sowie die Phasenverschiebung der Wassergehaltsminima und -maxima zwischen Oberboden und Unterboden (vgl. Kap. 8.4), die an einigen Untersuchungsstandorten bis in 4 m Tiefe erkennbar ist. Der ungesättigten Leitfähigkeit verdankt der Boden seine Rolle als Feuchtigkeitspuffer im landschaftlichen Ökosystem, nur durch sie kann der Boden seine Verteilerfunktion für Wasser im standörtlichen Regelkreis erfüllen (vgl. EWALD 1977, EHLERS 1983).

10.1.1.4 Einfluß der Pflanzenwurzeln auf die Bodenwasserbewegung

Potentialunterschiede als Ursache für Bodenwasserbewegungen sind bei unbewachsenen, grundwasserfernen Standorten eine Folge der wechselnden meteorologischen Einflüsse. Evaporation von der Bodenoberfläche und die während Niederschlagsperioden zu beobachtende Infiltration induzieren Potentialdifferenzen zwischen den oberen Abschnitten der Bodenkrume und dem Unterboden. Der Übergang von Wasser zwischen Atmosphäre und Boden vollzieht sich immer an der Bodenoberfläche, die gleichzeitig Hauptenergieumsatzfläche ist. Der Wassertransport findet überwiegend als ungesättigte Wasserbewegung im Porenraum des Bodens statt.

Beim Standortwasserumsatz eines bewachsenen Ausschnitts des landschaftlichen Ökosystems treten pflanzenphysiologisch begründete Modifikationen auf. Zusätzlich zum bodenoberflächennahen Krumenabschnitt, der bei Evaporation niedrige Wasserpotentiale besitzt, wirken im Boden die Pflanzenwurzeln als Potentialsenken.

Die Wasseraufnahme durch die Pflanzenwurzeln verursacht im Boden komplizierte Strömungsverhältnisse mit gegensätzlichen Wasserbewegungsrichtungen. Wegen der Dreidimensionalität der Strömungsfelder in unmittelbarer Umgebung der Pflanzenwurzeln genügt bei mikroskopischer Sicht die eindimensionale Betrachtung der Wasserbewegung nicht (ARYA et al. 1975). Für die in dieser Arbeit angestrebte makroskopische Sicht kommt sie den realen Verhältnissen umso näher, je gleichmäßiger und räumlich homogener die Durchwurzelung ist. Unter dieser Prämisse ist auch der in Abb. 10.2 schematisch gezeigte Interpretationsansatz für die hydraulischen Gradienten zu verstehen.

Die Grundgleichungen für die ungesättigte nichtstationäre Wasserbewegung werden zur vollständigen Beschreibung des Bodenwasserumsatzes eines bewachsenen Standortes in transpirationsaktiven Jahreszeiten durch den Senkenterm S erweitert (Gleichung 10.12). Bei Anwendung des Diffusionsansatzes (Gleichung 10.11) wird analog verfahren. Der Senkenterm beschreibt die Wasseraufnahme durch die Pflanzenwurzeln, die ihrerseits funktionale Abhängigkeiten von meteorologischen Größen (Strahlungsbilanz, Sättigungsdefizit der Luft, Windgeschwindigkeit etc.), pflanzenphysiologischen Größen (Widerstand für den Wassertransport in der Pflanze, phänologische Phase etc.) und bodenspezifischen Faktoren (pflanzenverfügbares Bodenwasser etc.) zeigt.

$$\frac{\delta \Theta}{\delta t} = \frac{\delta \left(k \frac{\delta \psi_m}{\delta z} \right)}{\delta z} + \frac{\delta k}{\delta z} - S \qquad (10.12)$$

10.1.2 Bodenphysikalische Bilanzierungsmöglichkeiten

Indirekte Ansätze über die Wasserhaushaltsgleichung (Gleichung 2.1) unter Vernachlässigung des Bodenwasserspeichers bleiben bei dieser Betrachtung ausgeklammert. Sie führen - meist auf Abflußgebietsbasis - zur Ermittlung der Grundwasserneubildung für lange Zeiträume. An dieser Stelle soll auch nicht die Problematik der klimatischen Wasserbilanz erörtert und keine hydrogeologischen Methoden (ARBEITSKREIS GRUNDWASSERNEUBILDUNG 1977, MATTHESS & UBELL 1983, DVWK 1983) diskutiert werden, zumal deren zeitliche und räumliche Auflösung sehr beschränkt ist. Vielmehr konzentrieren sich die folgenden Ausführungen auf jene Verfahren, die - messend oder simulierend - Bodenwassergehaltsänderungen berücksichtigen.

10.1.2.1 Lysimetermethode

Mit Ausnahme der Lysimetermethode ist eine direkte Sickerwasserbestimmung nicht möglich. Nachdem die Lysimeter-Euphorie (BASF 1984) der 60er und 70er Jahre gewichen ist, steht man derzeit dem alleinigen Einsatz von Lysimetern zur Klärung von Bodenwasserhaushaltsproblemen kritisch gegenüber (GENID et al. 1982). Einerseits bleiben die Bodenwasserumsätze innerhalb des Lysimeters unzugänglich, andererseits treten bei grundwasserfreien Lysimetern unerwünschte Übergangs-Leitwiderstände an der Basis auf. Bei Lysimetern mit "gewachsenem" Boden können unerwünschte Randeffekte auftreten, und ab einer gewissen Größe können keine ungestörten Bodenkörper mehr eingesetzt werden. Wägbare Lysimeter erlauben neben der Messung der Sickerwassermengen zwar die Quantifizierung von Evapotranspirationsraten in hoher zeitlicher Auflösung, doch gelten die o.a. Vorbehalte auch für sie.

10.1.2.2 Wasserscheidenmethode

Diese Methode bleibt auf Zeiten beschränkt, in denen im Boden eine Hydraulische Wasserscheide (vgl. 10.1.1) ausgebildet ist. Die Summe aller Wassergehaltsänderungen oberhalb derjenigen Wasserscheide, die unmittelbar unterhalb des Wurzelraumes vorliegt, entspricht dem Niederschlagsüberschuß (N − E > 0) bzw. dem Niederschlagsdefizit (N − E < 0) des Beobachtungszeitraumes (vgl. Abb 10.2). Unterhalb dieser Wasserscheide entspricht die Summe aller Wassergehaltsänderungen der Sickerwassermenge (siehe Kap. 10.1.2.6).

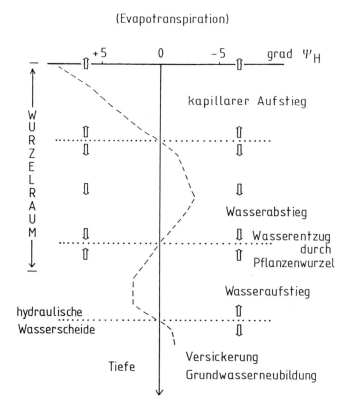

Abb. 10.2: Interpretation hydraulischer Gradienten

10.1.2.3 Flüssemethode

Die Grundgleichung dieser auch außerhalb der Vegetationsperiode einsetzbaren Bilanzierungsmethode ist die Darcy-Gleichung (Gleichung 10.4). Sie setzt die Kenntnis der Leitfähigkeitsfunktion $K(\theta)$ oder $K(\psi)$ und der hydraulischen Gradienten voraus. Da mit der Darcy-Gleichung nur der kapillare Wasserfluß erfaßt wird, Pflanzenwasserströme jedoch unberücksichtigt bleiben, muß für die Erstellung komplexer Standortbilanzen die Wasserhaushaltsgleichung mit GENID et al. (1982b, 81) folgendermaßen umgeschrieben werden:

$$\int_{t_1}^{t_2} (N - ETa)\delta t = \int_{t_1}^{t_2} \int_{z=0}^{l} \frac{\delta \Theta}{\delta t} \delta z\, \delta t + \int_{t_1}^{t_2} -k \frac{\delta \Phi}{\delta z} \delta t \qquad (10.13)$$

mit Z = Grenzflächen
Φ = hydraulisches Potential
ETa = aktuelle Evapotranspiration

Die Darcy-Gleichung bietet sich insbesondere zur Bestimmung der Sickerwasserspende unterhalb des Wurzelraumes an, da hier keine Komplikationen durch Wasserentzug der Pflanzen auftreten können.

10.1.2.4 Modelle auf der Grundlage der klimatischen Bodenwasserbilanz

Als Grundbeziehung für die Berechnung der Übergänge zwischen dem System Boden - Pflanze und der Atmosphäre wird die klimatische Wasserbilanz berechnet, wobei die Verdunstung mit korrigierter empirischer Formel geschätzt wird. Ausgehend von einem gemessenen Bodenwassergehalt zu Beginn des Untersuchungszeitraumes erfolgt die Berechnung der Bodenwassergehalte des folgenden Zeitraumes durch Addition bzw. Subtraktion der errechneten Größen für die klimatische Wasserbilanz. Verdunstungsüberschuß führt zu einer Abnahme des Bodenwasservorrats, Niederschlagsüberschuß dient der Auffüllung des Bodenspeichers. Ferner gehen als Randbedingungen die maximale Speicherkapazität der Hauptwurzelzone und der Wassergehalt beim Welkepunkt ein. Je nach Modellvariante steht die Evapotranspiration in linearer oder exponentialer Abhängigkeit zum Bodenwassergehalt. Ein Niederschlagsüberschuß bei maximaler Bodenwassersättigung wird als äquivalente Versickerungsspende gewertet. Modellrechnungen dieser Art wurden u.a. von UHLIG (1959), PFAU (1966), STREBEL, RENGER & GIESEL (1973b), MATHER (1978), SCHMIEDECKEN & STIEHL (1983), ERNSTBERGER et al. (1986) durchgeführt.

10.1.2.5 Numerische Simulationsmodelle

Seit Mitte der 60er Jahre wird von zahlreichen Forschergruppen an der Verfeinerung und Anpassung numerischer Simulationsmodelle gearbeitet. Eine grundlegende Einführung in diese Thematik gibt z.B. BENECKE (1974). Überblicksdarstellungen geben FREEZE (1969), und HAVERKAMP et al. (1977) (vgl. auch REMSON et al. 1971, DUYNISVELD, RENGER et al. 1983). Trotz aller Unterschiede im Detail sind zwei verschiedene Ansätze zu trennen; ein Konzept (HANSEN 1975, FEDDES et al. 1978, BELMANS et al. 1983) basiert auf der partiellen Differentialgleichung für die nichtstationäre Strömung (vgl. Gleichung 10.8 in Kap. 10.1), die andere Gruppe (PHILIP 1955, NIELSEN, BIGGAR & DAVIDSON 1962, MORGENSCHWEIS 1981b, BOOCHS 1974,) geht vom Diffusionskonzept aus (Gleichung 10.11).

Wegen der zunehmenden Bedeutung von Simulationsmodellen für die Lösung praxisbezogener bodenhydrologischer Probleme sei an dieser Stelle das Prinzip der auf Gleichung 10.8 basierenden Methode erläutert.

Die Differentialgleichungen werden aufgrund mangelnder Verfügbarkeit analytischer Lösungen zunächst in Differenzengleichungen aufgelöst. Dies bedeutet, daß die in der Realität räumlich und zeitlich kontinuierlich ablaufenden Veränderungen von Wassergehalt, Matrixpotential und Leitfähigkeit in einzelne, diskrete (Rechen-) Schritte zerlegt werden ('räumliche und zeitliche Diskretisierung').

Der Ausdruck $\frac{\delta \Theta}{\delta t}$ wird zum Differenzenquotienten $\frac{\Delta \Theta}{\Delta t}$ und die Kontinuitätsgleichung

$$\frac{\delta \Theta}{\delta t} = \frac{\delta q}{\delta z} \tag{10.14}$$

wird zu

$$\frac{\Delta \Theta}{\Delta t} = \frac{\Delta q}{\Delta z} \quad . \tag{10.15}$$

Unter Verwendung der Darcy-Gleichung in der Form

$$q = k(\Theta) \left(\frac{\delta \psi}{\delta z} - 1 \right) \tag{10.16}$$

wird die Differentialgleichung für die vertikale Wasserbewegung

$$\frac{\delta \Theta}{\delta t} = \frac{\delta}{\delta z} \left(k(\Theta) \left(\frac{\delta \psi}{\delta z} - 1 \right) \right) \tag{10.17}$$

zu der Differenzengleichung

$$\frac{\Delta \Theta}{\Delta t} = \frac{\Theta_i^2 - \Theta_i^1}{\Delta t} = -\frac{1}{\Delta z} \left(q_{i,i+1} - q_{i,i-1} \right) \tag{10.18}$$

mit Θ_i Wassergehalte im Kompartiment i zu zwei Zeitpunkten

$q_{i,i+1}$ Wasserfluß vom Kompartiment i in das Kompartiment i + 1

$q_{i,i-1}$ analog zu $q_{i,i+1}$

Δz Mächtigkeit des Kompartiments i.

Im einzelnen gilt:

$$q_{i,i-1} = k_{i,-1/2} \cdot \left(\frac{(\psi_i - \psi_{i-1} + \Delta z)}{\Delta z} \right) \qquad (10.19a)$$

und

$$q_{i,i+1} = k_{i+1/2} \cdot \left(\frac{(\psi_{i+1} - \psi_i + \Delta z)}{\Delta z} \right) \qquad (10.19b)$$

Wenn zum Zeitpunkt t = 1 (bzw. t=j - 1 in Abb. 10.3) in allen Kompartimenten i - 1 bis i + 1 das Matrixpotential bekannt ist und ferner die K(θ)-Beziehung aller Kompartimentsgrenzen vorliegt, läßt sich die Wassergehaltsänderung bis zum Zeitpunkt j im mittleren Kompartiment bestimmen.

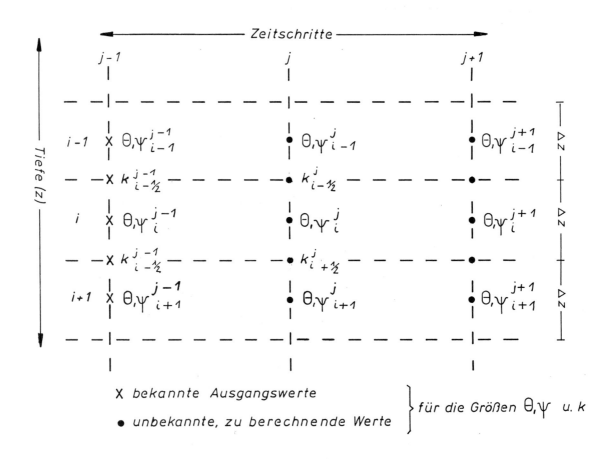

Abb. 10.3: Zeit-Tiefen-Region zur Simulation des Bodenwasserhaushalts

Wird Wasserentzug durch die Pflanzenwurzel berücksichtigt, so ist die Differenzengleichung um den Senkenterm (Pflanzenwasserentzug im Kompartiment i) erweitert:

$$\frac{\Delta \Theta}{\Delta t} = -\frac{1}{\Delta z}\left(q_{i,i+1} - q_{i,i-1}\right) - S_i \qquad (10.20)$$

Summiert man über alle Senkenterme $\sum_{i-n}^{i+n} S(t)$, so ist dieser Ausdruck gleichbedeutend mit der realen Evapotranspiration.

Schrittweise (iterativ) werden aus bekannten Anfangswerten die Matrixpotentiale, die Wassergehalte und die veränderten Leitfähigkeiten vorhergesagt. Als Randbedingungen gehen die Wasserflüsse durch die Bodenoberfläche in die Rechnung ein, die sich für jeden Zeitabschnitt aus Niederschlagsmessungen und z.B. aus Schätzungen der Interzeptionsverdunstung ergeben. Die reale Evapotranspiration muß ebenfalls durch Schätzung (z.B. nach RIJTEMA 1965) ermittelt werden.

10.1.2.6 Schlußfolgerungen

Im Rahmen der eigenen Untersuchungen kommt ein kombiniertes Wasserscheiden - Wasserhaushaltsverfahren zur Anwendung, um die ermittelten Meßdaten optimal auszunutzen. Die Ergebnisse der Lysimeterbeobachtungen im Rahmen des hessischen Lysimeterprogramms werden in der Diskussion der Ergebnisse (Kap. 11.1) berücksichtigt. Die Modelle auf der Grundlage der klimatischen Bodenwasserbilanz behandeln die Bodenzone als "black box", ihr räumliches Auflösungsvermögen bleibt daher unter den Möglichkeiten, die durch die in dieser Arbeit zur Verfügung stehende zeit- und tiefenspezifische Registrierung von Bodenfeuchte und Saugspannung gegeben sind. Ihr Wert liegt jedoch darin begründet, daß sie nach erfolgreicher Kalibrierung während des Beobachtungszeitraumes von 2 Jahren den Vergleich des Untersuchungszeitraumes mit langjährigen - z.B. 30-jährigen - Klima-Meßreihen erlauben. Entsprechende Kalibirierungsansätze auf der Grundlage der in Hattersheim gemessenen Bodenfeuchteentwicklung sind zwar mit Aussicht auf Erfolg bereits durchgeführt worden, können aber im Rahmen dieser Arbeit nicht vorgestellt werden (vgl. VOSS et al. 1985).

Die Flüssemethode und die Anwendung numerischer Simulationsmodelle setzen die Kenntnis der Leitfähigkeitsfunktionen voraus. FLÜHLER et al. (1976a u.1976b) setzen sich kritisch mit der Flüssemethode auseinander und kommen zu dem Schluß, daß der größte Fehler durch Unsicherheiten bei der Bestimmung der k-Werte entsteht. Außerdem ist die Güte des Verfahrens in starkem Maße von der zeitlichen Auflösung der Matrixpotentialmessungen (nach Möglichkeit Stundenwerte) abhängig. Schon aus diesem Grund empfiehlt es sich, bei der vorliegenden Datenbasis die Flüssemethode nicht anzuwenden.

Da die Freilandbestimmung der $k(\psi)$-Funktion ebenfalls eine hohe zeitliche Auflösung der Saugspannungsmessungen voraussetzt (zur Methode vgl. ROSE et al. 1965, OPARA-NADI 1979) und Laborbestimmungen mit der Heißluftmethode nach ARYA et al. (1975) und EHLERS (1976, 1977) noch ausstehen (PLAGGE 1985), muß auf ein kombiniertes Verfahren aus Wasserscheiden- und Wasserhaushaltsmethode zurückgegriffen werden.

Die Berechnungsprozeduren, für die eigene Programme in SAS (SAS-INSTITUTE 1982, 1985a u. 1985b) entwickelt wurden, sind in Abb. 10.4 dargestellt. Zunächst wurden aus Neutronensonden-Impulsraten und Tensiometerfelddaten volumetrische Wassergehalte und Matrixpotentiale (vgl. Kap. 7.1 und 7.2) errechnet; an die Bestimmung der hydraulischen Gradienten (Gleichung 10.3c) zwischen allen benachbarten Meßtiefen schloß sich die Ermittlung der Tiefenlage horizontaler Wasserscheiden an, um Wassergehaltsveränderungen eindeutig Infiltrations-, Sickerwasser- oder Verdunstungsprozessen zuweisen zu können.

Während der Vegetationsperiode bildet die Wasserscheide die entscheidende zeitlich variable Integrationstiefe der Bodenwasserbilanzierung. Wasserverluste unterhalb der Wasserscheide werden als Versickerung gewertet und mit einem negativen Vorzeichen versehen. In diesem Bereich können nur Wasserverluste auftreten, da die hydraulischen Gradienten eine abwärtsgerichtete Bodenwasserbewegung anzeigen. Nach RENGER et al. (1970) (vgl. auch GIESEL et al. 1970, RENGER et al. 1974) kann dieses Vorgehen folgendermaßen ausgedrückt werden:

$$S = \int_{z_{max}}^{\zeta} \frac{\delta \Theta}{\delta t} dz \qquad (10.21)$$

S = Versickerung

z_{max} = maximale Meßtiefe

ζ = Tiefenlage der hydraulischen Wasserscheide

Θ = Wassergehalt.

Da die Wassergehaltsbestimmungen den gesamten Bodenwasserumsatz zwischen den Meßterminen wiedergeben und die täglichen Niederschlagssummen verfügbar sind, kann die Wasserhaushaltsgleichung für den Fall einer ausgebildeten Wasserscheide im Boden umgeschrieben werden zu:

$$E = N - \Delta BF + S \qquad (10.22a)$$

oder in Integralschreibweise:

$$\int_{t=1}^{n} E\, dt = \int_{t=1}^{n} N\, dt - \int_{t=1}^{n}(\int_{z=0}^{z_{max}} \frac{\delta \Theta}{\delta t} dz) dt + \int_{t=1}^{n}(\int_{z_{max}}^{\zeta} \frac{\delta \Theta}{\delta t} dz) dt \qquad (10.22b)$$

Während der Zeiten ohne Wasserscheide findet im Boden kein kapillarer Aufstieg statt. Der Wasserumsatz am Standort vollzieht sich nun als Versickerung, Infiltration durch die Bodenoberfläche durch Niederschläge oder, für den Meßaufbau nicht mehr erfaßbar, in den oberen 10 cm des Bodens bzw. in der Atmosphäre selbst. Eine Wasseraufnahme durch Pflanzenwurzeln ist denkbar, indem die Pflanze dem absteigenden Wasserstrom Feuchtigkeit entzieht, ohne daß das umgebende Bodenmaterial so stark austrocknet, daß Matrixpotentialsenken eine

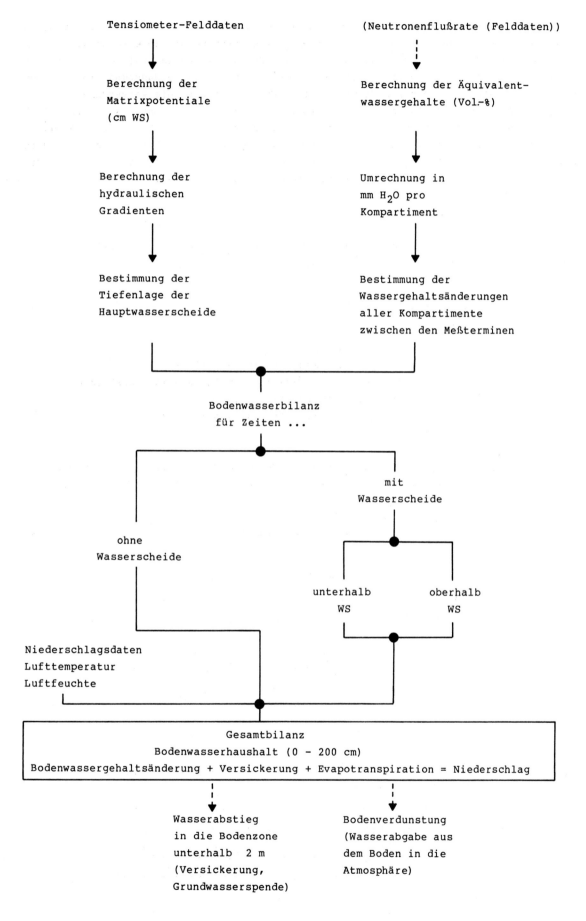

Abb. 10.4: Rechenschritte zur Bodenwasserbilanzierung

steigende Wasserbewegung induzieren würden. Aus diesen Gründen kann Wasserverlust im Boden sowohl Versickerung als auch Verdunstung bedeuten. Eine Trennung der Bodenwasserumsätze in Versickerung und Verdunstung unter Berücksichtigung der Wasserhaushaltsgleichung ist ohne Bestimmung der ungesättigten Leitfähigkeit nur möglich, wenn die Verdunstung rechnerisch mit Hilfe einer Näherungsformel bestimmt wird. Hier bietet sich die Verwendung der potentiellen Evaporation deshalb an, da in den geschilderten Fällen (ohne Wasserscheide) ausreichend Bodenwasser für die produktive und unproduktive Verdunstung zur Verfügung steht. Etwaige Fehler durch die Verwendung einer Näherungsformel dürften gering sein, denn es handelt sich überwiegend um Zeiten im hydrologischen Winterhalbjahr außerhalb der Vegetationsperiode, also um verdunstungsarme Zeiten. Andernfalls wäre im Boden eine Wasserscheide ausgebildet.

Die Verdunstung wird unter Verwendung der Lufttemperatur und des Sättigungsdefizits um 14.00 Uhr nach der HAUDE-Formel (HAUDE 1954) berechnet:

$$E_{Haude} = f * (E - e) * a, \qquad (10.23)$$

mit E_{Haude} = Verdunstung (mm)
 f = empirischer Faktor (vgl. Tab. 10.1)
 E = maximale Dampfspannung (Sättigungsdampfdruck) (mbar)
 e = aktueller Dampfdruck (mbar)
 a = Umrechnungsfaktor (=0,75) von mbar auf mm Hg

Die maximale Dampfspannung E kann mit hinreichender Genauigkeit durch die empirische Formel von MAGNUS (MÖLLER 1973, 129) errechnet werden:

$$E = 6{,}107 * 10 ** \frac{7{,}5 * t}{237 + t} \text{ mbar} \qquad (10.24)$$

mit t = Lufttemperatur in °C.

Für den aktuellen Dampfdruck gilt:

$$e = \frac{U * E}{100} \qquad (10.25)$$

mit U = relative Feuchte (%).

Tab. 10.1: Monatliche Korrekturfaktoren für die HAUDE-Formel
(aus: PETZOLD 1982, 43)

Jan	Feb	Mar	Apr	Mai	Jun	Jul	Aug	Sep	Okt	Nov	Dez
0,26	0,26	0,33	0,39	0,39	0,37	0,36	0,33	0,31	0,26	0,26	0,26

Die Versickerung wird nun berechnet nach

$$S = \Delta BF - N - E \quad (10.26a)$$

oder in Integralschreibweise:

$$\int_{t=1}^{n} S\, dt = \int_{t=1}^{n} \left(\int_{z=0}^{z_{max}} \frac{\delta \Theta}{\delta t}\, dz \right) dt - \int_{t=1}^{n} N\, dt + \int_{t=1}^{n} E_{pot}\, dt \quad (10.26b)$$

Die für alle Kompartimente berechneten Wassergehaltsänderungen zwischen den Meßterminen können grundsätzlich auf verschiedene Datensätze gestützt werden:

- Neutronensonden-Wassergehalte indirekte Methode, basierend auf der Kalibrierfunktion zwischen Neutronenflußrate, Lagerungsdichte und Wassergehalt (vgl. Kap. 7.1)

- Äquivalent-Wassergehalte
  1) Wasserspannungs-Wassergehaltsbeziehung, ermittelt im Labor an Stechzylinderproben (vgl. Kap. 9.1)

  2) Wasserspannungs-Wassergehalts-Beziehung, ermittelt im Freiland aus parallelen Neutronensonden- und Tensiometermessungen (vgl. Kap. 9.1)

Alle Bilanzierungsalternativen wurden für den Zeitraum August 1983 bis April 1985 verglichen. Die zuverlässigsten Ergebnisse konnten bei Benutzung der Äquivalent-Wassergehalte der Freilandbeziehung aus parallelen Neutronensonden- und Tensiometerdaten erzielt werden (ZEPP 1987). Die in den folgenden Kapiteln mitgeteilten Bodenwasserbilanzen basieren daher auf diesem Ansatz.

10.1.3 Bestimmung der Bodenwasserhaushaltskomponenten durch ein kombiniertes Wasserscheiden-Wasserhaushaltsverfahren

10.1.3.1 Bewegungsrichtung des Bodenwassers und Hydraulische Wasserscheide

Station 1

Negative Gradienten bleiben im 2. Halbjahr 1983 bis in den Oktober in 80 - 100 cm Tiefe erhalten (vgl. Abb. 10.5). Sie verhindern zunächst ein tieferes Eindringen der Herbstniederschläge. Kräftige abwärts gerichtete Gradienten sind für das Solum bis Bt-Untergrenze während des Winterhalbjahres bis Ende April kennzeichnend. Die Abtrocknungsphasen sind kurzfristig und betreffen nur den Ah-Horizont. Kräftige Gradienten unter -10 sind zwischen Ende April und Mitte Mai in 40 cm Tiefe zu beobachten.

Kräftige abwärts gerichtete Gradienten treten zu Beginn der zweiten Märzhälfte auf. In der ersten Aprilhälfte bildet sich zeitweise in geringer Tiefe eine Wasserscheide aus, ab der letzten Aprilwoche etabliert sich eine bis Ende Juli bestehende Wasserscheide, die bis Anfang Mai 40 cm erreicht und in der ersten Juni-Hälfte rasch bis in 1 m Tiefe vordringt.

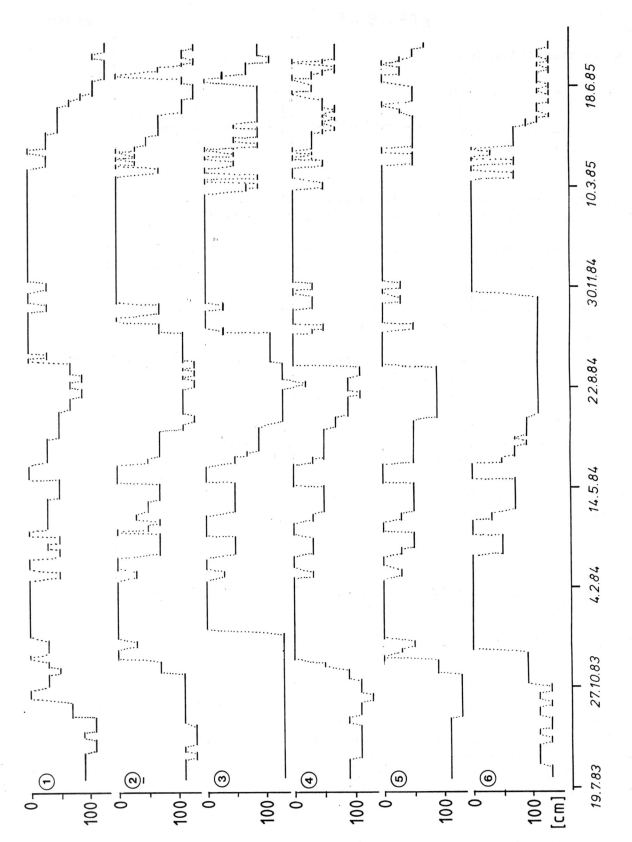

Abb. 10.5: Tiefenlage der Hauptwasserscheide an 6 Standorten

Die Gradienten in 120 cm Tiefe bleiben sehr schwach. Unterhalb der flachgründigen Wasserscheide gegen Ende April bleiben einige kräftige (5 - 15) Gradienten zunächst erhalten, während im Mai und Juni die aufwärts gerichteten Gradienten bis auf Werte um -15 sinken. Die im Juni zu verzeichnenden Niederschläge führen im Oberboden zwar zu abwärts gerichteten Bodenwasserströmen, doch sie betreffen nur die oberen 50 cm.

Station 2

Kräftige negative Gradienten bis Mitte November 1983 verhindern das Eindringen des Niederschlages bis an die Untergrenze des Solums. Die Wasserscheide baut sich nur langsam und stufenweise ab (120 --> 80 --> 40 cm). Mitte März baut sich erneut eine Wasserscheide auf, die jedoch nur Tiefen von 60 - 80 cm erreicht. Die Wurzeln der Obstbäume können, im Gegensatz zu einjährigen Pflanzen, bei Beginn der Vegetationsperiode dem Boden aus größeren Tiefen Feuchtigkeit entziehen. Ab 12.6.84 zeigen kräftige Gradienten > - 10 die Verdunstung an. Negative Gradienten erreichen rasch die 60 cm Marke (Bt-Obergrenze). Ab Mitte Juli stellt sich ein zweiter Bereich mit negativen Gradienten in 100 cm Tiefe ein, der mindestens bis Mitte September 84 aktiv bleibt und maximal 120 cm erreicht.

Wie bei Station 1 setzen in der ersten Märzhälfte vereinzelt aufwärts gerichtete Bodenwasserströme ein, doch stabilisiert sich die Wasserscheide erst in der 3. April-Dekade. Bis Ende Mai sinkt sie bis in den Bt-Horizont ab. Während des gesamten Frühjahrs bleibt an der Basis des Bt-Horizontes die markante Grenze zwischen dem Bereich mit kräftigen (> 10), abwärts gerichteten Gradienten und dem Rohlöß mit nur schwachen Gradienten erhalten. Selbst wenn ab Mitte Juni die Wasserscheide bis 120 cm absteigt, so bleibt die Grenze zwischen schwachen Gradienten in Tiefen unter 110 cm und kräftigen Gradienten oberhalb dieser Marke bestehen. Wie im Vorjahr erscheint die Zone aufwärts gerichteten Bodenwasserstromes bei 100 cm als eigenständiger, von der oberflächennahen Austrocknung abgesetzter Bereich bestehen. Bemerkenswert ist, daß sich zur Juni/Juliwende durchgehend im gesamten Solum kurzzeitig ein absteigender Wasserstrom ausbildet. Offenbar ist die Leitfähigkeit im Oberboden noch so hoch, daß durch den Sickerwassernachschub von der Bodenoberfläche die Wasserscheide als wirksame Versickerungssperre abgebaut ist.

Station 3

Bis zum 20. Dezember bleibt die Versickerungssperre 'Horizontale Wasserscheide', trotz der im Oberboden häufig hohen Gradienten, in 120 cm Tiefe erhalten. Zwischen Ende April und Mitte Mai trocknen die oberen 40 cm, doch erst ab dem 12. Juni sinken die negativen Gradienten bis in 80 cm Tiefe ab und stagnieren anschließend bis zum 20. Juli 1984. Im Juli erscheint ein neuer Bereich negativer Gradienten in 120 cm Tiefe, der seine maximale Tiefe von 160 cm gegen Ende August besitzt und bis Mitte September stagniert.

Bereits im März treten vereinzelt negative Gradienten im Bt-Horizont auf, doch beginnt der von der Oberfläche aus induzierte aufwärts gerichtete Bodenwasserstrom erst Mitte April. Im Kontrast zu der anderen Tensiometerstation in der Obstanlage (Station 2) erreicht die horizontale Wasserscheide mit einsetzender Transpiration direkt eine Tiefe von 40 cm. Die Fließverhältnisse sind zunächst sehr uneinheitlich, die Wasserscheide wechselt sehr häufig in ihrer Tiefenlage zwischen 40 und 80 cm. Dies ist auf die unterschiedliche Aktivität der Wurzelstockwerke in verschiedenen Horizonten zurückzuführen. Ab Mitte Mai bleibt für einen Monat die 80 cm-Marke bestimmend. Zur Juni/Juliwende treten entweder nur dominant abwärts gerichtete Wasserströme auf oder es baut sich in geringen Tiefen (20/60 cm) eine Wasserscheide auf. Ab Mitte Juli stabilisiert sich die Wasserscheide erneut bei 80 - 100 cm unter Flur. Die stärksten aufwärts gerichteten Gradienten treten Mitte Mai auf.

Station 4

Die Versickerungssperre an der Obergrenze des Rohlösses erreicht ihre maximale Tiefe bei 120 cm am 19.10.83. Bis Ende November hat sie sich stufenweise zugunsten einer dominant absteigenden Bodenwasserbewegung abgebaut. Schwache negative Gradienten treten kurzzeitig im Dezember, Januar, Februar und März auf. Die Abtrocknung zwischen dem 16.4. und dem 14.5.84 ist bis in 40 cm Tiefe mit kapillarem Aufstieg verbunden. Kapillaren Aufstieg, begleitet von noch stärkeren Gradienten, bewirkt auch die Evapotranspiration zwischen dem 12.6. und dem 12.7.84. Mitte bis Ende Juli 84 erreichen die positiven Gradienten die Bt-Untergrenze. Diese Grenze bleibt bis 10.9.84 stabil und erreicht ihre tiefste Lage in 100 cm Tiefe.

Im Jahr 1985 sinkt die horizontale Wasserscheide während des Untersuchungszeitraumes nicht mehr unter 60 cm. Im Unterschied zu den anderen Stationen verharrt sie nie für lange Zeit in einer Tiefe. Auch hier wird nachhaltig der absteigende Wasserstrom in der 3. April-Dekade unterbrochen, indem sukzessive die Wasserscheide bis 60 cm absteigt. Zwischen dem 11.6. und dem 11.7. wechseln Phasen ohne Wasserscheide mit Zeitabschnitten, während derer die Wasserscheide in geringen Tiefen beobachtet wird.

Station 5

Bis 27. Dezember 1983 bleibt die Versickerungssperre in wechselnden Tiefen zwischen 100 und 120 cm erhalten. Kurzzeitigere, auf die Ah-Horizonte beschränkte Abtrocknungsphasen waren am 23.1. und am 20.2.84 zu beobachten. Zwischen dem 13.3. und dem 29.4. ist kapillarer Aufstieg aus maximal 40 cm festzustellen. Vom 16.4. bis zum 18.5. treten kräftige aufwärts gerichtete Wasserbewegung anzeigende Gradienten bis in 140 cm Tiefe auf. Die stärkste sommerliche Austrocknung beginnt am 12. Juni, rasch greift die Wasserscheide bis in 40 cm vor; ab dem 23. Juli wird ein neuer Bereich in 80 cm Tiefe erschlossen, der bis zum 10.9. erhalten bleibt.

Noch geringmächtiger als bei Station 4 (Erdbeeren) bleibt der von aufsteigendem Wasserstrom gekennzeichnete Bodenbereich im Jahr 1985 unter Salat. Die Wasserscheide erreicht mit Ausnahme der letzten Julimessung nur 40 cm Tiefe. Die einzelnen Phasen, in denen sich die Wasserbewegungsrichtung umkehrt, ähneln denen an Station 4, nur fehlt hier das deutlich nachvollziehbare Tieferschreiten der Wasserscheide im Mai.

Station 6

In großer Tiefe (110 bis 130 cm) verharrt die Wasserscheide bis Ende Oktober 1983; während in den oberen Horizonten des Solums bereits ein absteigender Wasserstrom auftritt, kann diese Versickerungssperre bis Ende November noch in 90 cm Tiefe beobachtet werden. Bis in 50 cm Tiefe wirkt sich im März 1984 der kapillare Aufstieg aus, nachdem während der vorausgegangenen Wintermonate die Sickerwasserbewegung dominiert hat. Eine zweite Phase mit ausgebildeter Wasserscheide (maximal in 70 cm Tiefe) tritt von Mitte April bis Mitte Mai auf. In der niederschlagsreichen zweiten Mai-Hälfte wird im gesamten Meßraum bis in 2 m Tiefe absteigende Wasserbewegung festgestellt. Ab Mitte Juni liegt erneut eine Wasserscheide vor, die von 70 cm über 90 cm auf 110 cm Tiefe absteigt. Sie bleibt bis Mitte November und damit länger als an den anderen Stationen erhalten.

Meßlücken in der Ackerkrume nach Wiederaufnahme der Messungen im März 1985 erschweren die
Interpretation, doch zeichnen sich die Hauptphasen der Evapotranspiration in Analogie zu
den übrigen Stationen ab. Die Lage der Wasserscheide am 12.4.85 wurde interpoliert. Bemerkenswert ist ab der 3. April-Dekade die tiefe Lage der Wasserscheide in 60 cm Tiefe. Im
Laufe des späten Frühjahrs wandert sie bis unter 1 m Tiefe und bleibt bis zum Ende der
Meßzeit erhalten.

Diskussion

Das Überdauern einer hydrologisch wirksamen Versickerungssperre bis in das Winterhalbjahr
(vgl. Abb. 10.5) hinein wurde ebenfalls von GENID et al. (1982) beobachtet. Sie bezeichnen
die Wirkung des ausgetrockneten Unterbodens "quasi als ausgesprochene Stausohle", über der
sich eine Wasserfront mit kräftigen Gradienten nur sehr langsam durch Infiltration abbauen
kann. Diese Beobachtungen decken sich daher ebenso mit den eigenen Messungen wie die
Einschätzung des Bt-Horizontes als natürliche Barriere für die Tiefenwanderung der Wasserscheide (EHLERS 1975a).

Wie bereits die Amplitude der Bodenfeuchte und der Saugspannungen, so bestätigt auch die
Analyse der hydraulischen Gradienten die hydrologische Wirksamkeit des Bt-Horizontes. Es
war daher bei der Interpretation der Bodenfeuchteverläufe (Kap 8.2.3) gerechtfertigt, von
einem Feuchtedurchbruch gegen Januarende zu sprechen.

10.1.3.2 Bodenwasserbilanzen und Sickerwassermengen

Der zeitliche Gang des Sickerwasseranfalls (Abb. 10.6) zeigt eine auffallende Übereinstimmung zwischen den einzelnen Meßstellen. So liegen mit durchweg 50 mm die Maxima im Februar
1984, während es zwischen August 83 und Dezember 83 zu keinem nennenswerten Wasserabstieg
kommt. Ein zweites Maximum im Juni tritt als Folge der hohen Niederschläge gegen Ende Mai
auf. Die außergewöhnlich hohen Septemberniederschläge bewirken zwar die Wiederbefeuchtung
des Solums, einen Sickerwasserschub leiten sie jedoch nicht ein. Im Winter 84/85 variieren
die Monate maximaler Versickerung zwischen den Stationen. Sie sind abhängig vom Feuchtedefizit im Herbst und vom Zeitpunkt des Abbaus der horizontalen Wasserscheide. Wegen des
Tensiometerausfalls sind die kumulierten Sickerwassermengen der Monate Januar und Februar
85 in der Monatssumme des März enthalten. Im Frühsommer 85 führen die Niederschläge an den
Stationen 4 und 5 nicht nur zur vorübergehenden Aufhebung der Wasserscheide, sondern auch
zu einem Auftreten von Sickerwasser.

Eindringlicher als die Sickerwassermonatssummen lassen die kumulierten Sickerwassermengen
(Abb. 10.7) die Gliederung in feuchte und trockenere Halbjahre erkennen. So ist die aus
den Saugspannungs-Isoplethen-Diagrammen ableitbare hydrologische Gliederung (vgl. Tab. 8.2
u. 8.3) ebenfalls auf den zeitlichen Gang der Versickerung übertragbar. Die zweijährigen
Beobachtungen belegen andererseits, daß es bei der Betrachtung von Einzeljahren nicht
gerechtfertigt ist, die starren Einteilungsschemata hydrologischer Halbjahre (November -
April und Mai - Oktober) zu wählen, denn auch während des hydrologischen Sommerhalbjahres 84 tritt eine beachtliche Sickerwassermenge auf. Der parallele Verlauf der kumulierten
Evapotranspiration (Abb. 10.8) spiegelt die Zweiteilung des Jahres in Vegetationsperiode
und winterliche Ruheperiode und bietet hinsichtlich der relativen Lage der Stationen zueinander ein reziprokes Verhältnis. Die Stationen mit den geringsten Sickerwassermengen

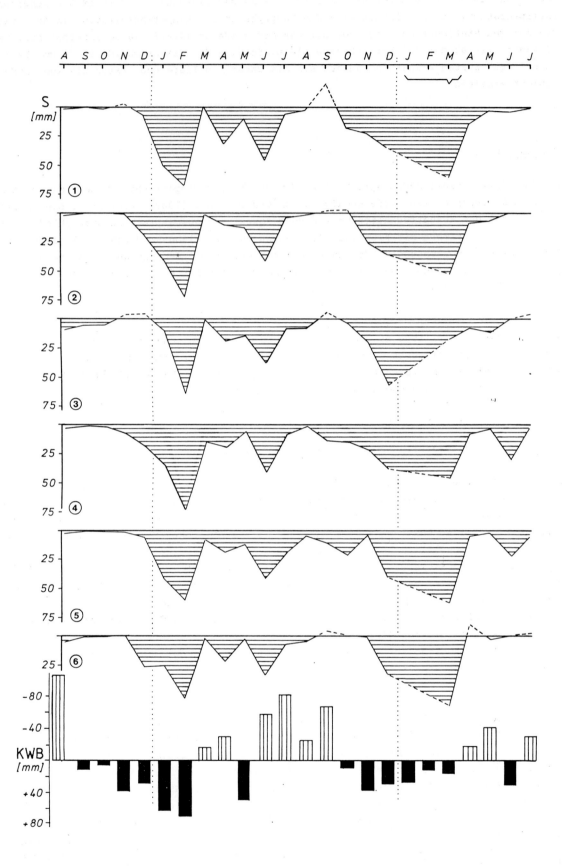

Abb. 10.6: Sickerwassermengen und Klimatische Wasserbilanz auf Montasbasis 1983 - 1985

besitzen die höchsten Verdunstungssummen. Der Vergleich der Abb. 10.7 und 10.8 belegt, daß sich darüber hinaus im Frühjahr bzw. Frühsommer hohe Verdunstungsraten und hohe Sickerwasserraten nicht widersprechen.

Sinnvoller ist für die vorliegende Meßperiode der Vergleich zwischen den beiden Untersuchungsjahren (Abb. 10.9), jeweils zwischen zwei Sommern. Die Bodenfeuchtedifferenz zwischen den Terminen August 83, August 84 und August 85 ist, gemessen am Niederschlag, über die Bilanzierungstiefe vernachlässigbar gering; sie beträgt maximal 4 % des Niederschlages. Hydrologisch unterscheiden sich die Jahre sehr deutlich voneinander, und im einzelnen überraschen die Resultate. Obwohl zwischen August 84 und Juli 85 60 mm mehr Niederschlag registriert wurde als im Vorjahr, bleiben die Sickerwassermengen mit mehr als 10 % deutlich unter dem Vorjahreswert (Tab. 10.1). Liegen die Maxima an den Stationen im ersten Jahr bei 39 % des gefallenen Niederschlages, so erreichen sie im folgenden Jahr nur mehr maximal 28 % des Niederschlages; bei den Stationen mit den niedrigsten Sickerwassermengen bietet sich ein vergleichbares Bild, im ersten Jahr 28 %, im zweiten 14 %. Wie bereits oben (Kap. 4.1) hervorgehoben, war das Frühjahr 1984 außergewöhnlich naß. Nicht nur die hohen Januar/Februar-Niederschläge, sondern auch die auf einen gut durchfeuchteten Boden treffenden Mai-Niederschläge begründen die hygrische Sonderstellung des ersten Halbjahres 1984. Hierzu steht die gleichmäßigere Niederschlagsverteilung zwischen Winter 84 und Sommer 85 in auffallendem Kontrast. Insbesondere ist der frühzeitige Aufbau einer versickerungshemmenden Wasserscheide die Ursache für die niedrigeren Sickerwassermengen.

Besonderheiten sollen an dieser Stelle nicht unberücksichtigt bleiben: neben den gelegentlich auftretenden, methodisch bedingten positiven Sickerwasser- und negativen Verdunstungsbeträgen (ZEPP 1987) scheint bei Station 3 im Juni 85 ein gravierender Meßfehler vorzuliegen. Die wahre Sickerwassermenge dürfte dadurch um etwa 25 mm unterschätzt worden sein.

Im Vergleich der Stationen untereinander erbringt Station 6 mit der Fruchtfolge Hafer-Sommergerste-unbearbeitete Brache die niedrigsten Sickerwassermengen, gleichzeitig ist dieser Standort derjenige mit der geringsten Lößmächtigkeit. Die Versickerung an den Standorten 1 und 5, jeweils mit Lößauflage von über 4 m und mit vergleichbaren Fruchtfolgen (Standort 1: Ackerbohnen-Winterweizen-Winterweizen; Standort 5: Winterweizen-Sommergerste-Kopfsalat) liegt mit rund 30 % vom Niederschlag erheblich über dem ca. 22 %-igen Sickerwasseranteil der Station 6. Erwartungsgemäß ist die Versickerung am mit Erdbeerpflanzen bewachsenen Standort 4 am höchsten (33 % des Niederschlages). Eine Mittelposition nehmen mit einem Versickerungsanteil von 26 % die beiden Obstbaumstandorte ein. Versickerungshemmend wirkt sich hier die Persistenz der tiefliegenden Wasserscheide im Spätherbst und das permanent ausgebildete Wurzelsystem aus. Hierdurch besitzen diese mehrjährigen Pflanzen gegenüber allen anderen Feldfrüchten einen Vorteil hinsichtlich der Wasseraufnahme im Frühjahr.

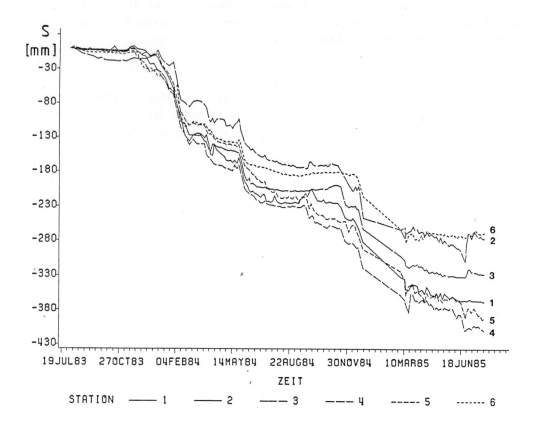

Abb. 10.7: Kumulierte Sickerwassermengen an 6 Standorten

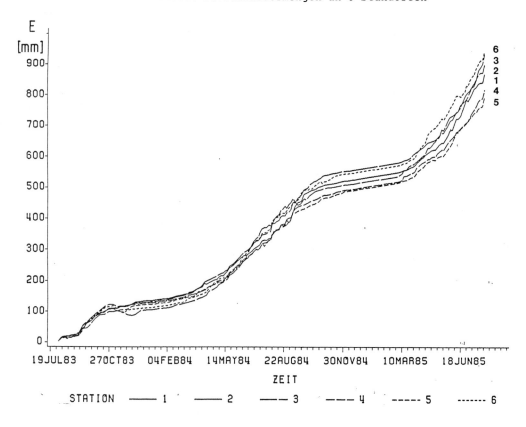

Abb. 10.8: Kumulierte Evapotranspiration an 6 Standorten

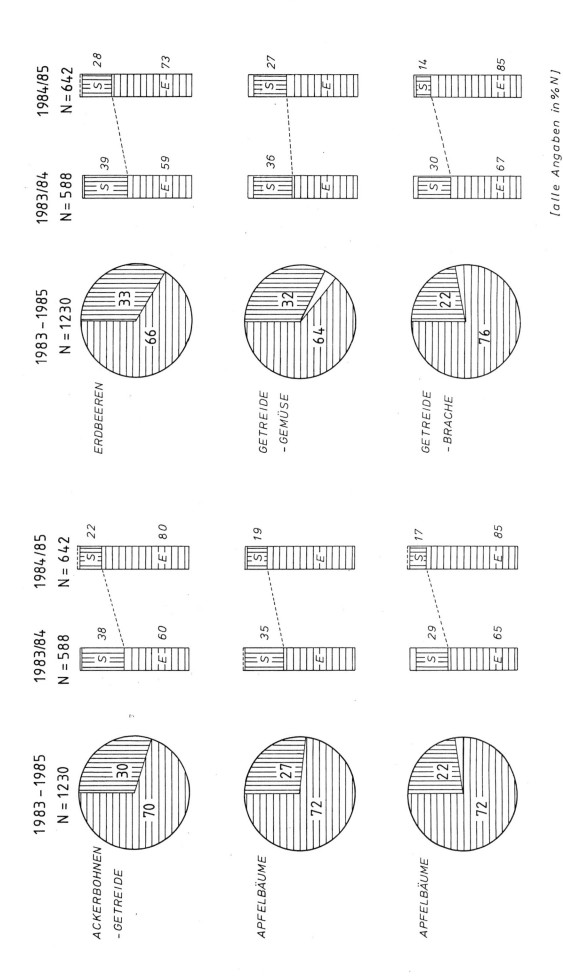

Abb. 10.9: Wasserbilanzen 1983 – 1985 für 6 Standorte

Tab. 10.1: Wasserbilanzen 1983 - 1985 für 6 Standorte

Station	Wasser-haushalts-faktoren	Aug. 83 - Juli 85 (N = 1230 mm)		Aug. 83 - Juli 84 (N = 588 mm)		Aug. 84 - Juli 85 (N = 642 mm)	
		mm	% von N	mm	% von N	mm	% von N
1	B	- 4,5	0,4	+ 15,6	2,6	- 20,4	3,2
	S	368,5	30,0	225,0	38,3	143,6	22,4
	E	866,0	70,4	347,4	59,1	518,8	80,8
2	B	+ 4,3	0,3	- 2,9	0,5	7,4	0,9
	S	328,8	26,7	207,3	35,3	121,5	18,9
	E	896,9	72,9	383,6	65,3	513,1	80,0
3	B	+ 23,2	1,8	+ 37,1	6,3	13,9	2,2
	S	277,0	22,5	168,0	28,6	109,0	17,0
	E	929,8	75,6	382,9	65,2	546,9	85,2
4	B	4,5	0,3	8,7	1,4	4,2	0,7
	S	410,4	33,4	230,6	39,2	179,8	28,0
	E	815,1	66,3	348,7	59,3	466,4	72,6
5	B	46,3	3,7	20,3	3,4	26,1	4,0
	S	392,7	31,9	216,9	36,9	175,7	27,4
	E	791,0	64,3	350,8	59,7	440,2	66,8
6	B	22,4	1,8	14,4	2,4	8,3	1,2
	S	269,2	21,9	182,2	31,0	87,1	13,6
	E	938,4	76,3	391,4	66,6	546,6	85,2

10.2 Sickerwasserstrecken und Verlagerung von Nitrat und Chlorid

10.2.1 Zur Strömungsdynamik und zur Porenraumgeometrie

Die einfachen Modellvorstellungen zur Sickerwasserbewegung basieren auf dem Prinzip der Abwärtsverdrängung des gesamten Wassers im Kapillarsystem des Bodens. Dem oben eingetragenen Wasservolumen entspricht ein äquivalentes Volumen, welches gleichzeitig unten den betrachteten Bodenabschnitt verläßt. Besitzen alle Wasserteilchen dieselbe Geschwindigkeit, so bezeichnet man diese Wasserbewegung als "piston flow" und "downward displacement". Dieses zunächst für den wassergesättigten Boden entwickelte und später auf den ungesättigten Boden übertragene Konzept beruht auf der Annahme den Boden durchziehender ununterbrochener Kapillarwasserfäden. Da die Wassergehaltskonstanz während der Wasserbewegung eine notwendige Bedingung für die Gültigkeit dieses Ansatzes ist, wird der Fließvorgang "stationär" genannt, das Fließen vollzieht sich im "steady state", im Fließgleichgewicht. Nimmt während der Perkolation der Wassergehalt zu, so verringert sich die Sickerstrecke, ein Teil des Wassers wird im Boden gespeichert. Dieses zusätzliche Speicherwasser kann in dem betrachteten Zeitabschnitt nicht zum Sickerwasserschub beitragen. Die infiltrierte Wassermenge verändert die hydraulischen Verhältnisse und bewirkt eine zeitverzögerte Umverteilung des Bodenwassers entsprechend der geänderten hydraulischen Potentialverhältnisse (vgl. Kap. 10.1.1).

Unter Freilandbedingungen wechseln räumlich und zeitlich die beiden geschilderten Zustände ab. In Perioden ohne Niederschlag und mit vernachlässigbar geringer Evapotranspiration kann sich ein Fließgleichgewicht einstellen. BENECKE & VAN DER PLOEG (1976) haben experimentell gezeigt, daß gleichmäßig verteilte Niederschläge unter "steady state"- Bedingungen, d.h. ohne Veränderung der Bodenfeuchte, den ungesättigten Boden passieren können. Die eigenen Untersuchungen belegen für die nahezu feuchtekonstanten Lößschichten unterhalb von 2 m ebenfalls eine weitgehend stationäre Bodenwasserbewegung (vgl. Kap 8.2 und 8.4).

Die vom Wasser zurückgelegten Distanzen sind untrennbar verbunden mit der Porenraumgeometrie des durchflossenen Substrates. Aus den Untersuchungen zur ungesättigten hydraulischen Leitfähigkeit ist bekannt, daß mit steigendem Wassergehalt die Beteiligung immer größerer Kapillaren (gröbere Poren) am Fließvorgang zu einer Zunahme des leitenden Fließquerschnittes führt. Wegen der elementaren Beziehung zwischen Wasserbindungsintensität, Kapillardurchmesser (vgl. Kap. 10.1.1) und der ungesättigten Leitfähigkeit ist die Schlußfolgerung zulässig, daß ungeachtet des Sättigungsgrades die wassererfüllten Kapillaren mit dem größten Durchmesser bevorzugt an der Wasserbewegung teilnehmen.

Im bodenkundlichen Sprachgebrauch werden seit langem Begriffspaare benutzt, die eine Systematisierung des Porensystems hinsichtlich seiner wasserleitenden Eigenschaften erleichtern sollen. Von der pF-Kurve abgeleitet werden die Grobporen ($<10\mu$) in langsam dränende Grobporen und schneller dränende Grobporen ($>50\mu$) unterteilt, wohingegen stärker als mit 300 cm WS gebundenes Bodenwasser in den (Äquivalent-) Mittelporen als Haftwasser bezeichnet und seine Pflanzenverfügbarkeit hervorgehoben wird. In der Begriffsbildung zur Charakterisierung der Porengrößenklassen und Wasserbindungsintensitäten sind sowohl Gesichtspunkte der Wasserdynamik als auch Aspekte der Wasserversorgung der Pflanzen zu einer kombinierten Typisierung zusammengefaßt worden. Auch das Bodenwasser in den Mittelporen nimmt, obschon relativ langsam, an der Wasserbewegung im Boden teil. Eine konsequente, d.h. systematisch im Hinblick auf die Leitfähigkeit konzipierte Klassifikation der Bodenporen ist nur auf der Grundlage der bodenspezifischen Leitfähigkeitsfunktion möglich. Wenn daher pauschal von der Geschwindigkeit des Bodenwassers gesprochen wird, so ist hiermit nur die mittlere Geschwindigkeit des Hauptanteils des Infiltrationswassers angesprochen.

Versuche an ungestörten Bodensäulen zwingen zu der Annahme (BEESE & VAN DER PLOEG 1976), daß nicht das gesamte Bodenwasser an der Verlagerung teilnimmt. Diese Schlußfolgerung liegt nahe, weil experimentelle Durchbruchskurven ("break through curves") mit Konvektions-Dispersionsgleichungen nur unter der Annahme eines immobilen Wasseranteils zufriedenstellend beschrieben werden können. Eine Erklärungsmöglichkeit für diese Beobachtungen wird mit dem Konzept eines dualen Porensystems mit Intraaggregat- und Interaggregatporen gegeben. Bevorzugt zwischen den Aggregaten (Interaggregatraum) bewegt sich das mobile Wasser, und innerhalb der Aggregate (Intraaggregatraum) stagniert das immobile Wasser. Die genannten Autoren ermittelten für eine Parabraunerde aus Löß einen Ausschlußwasseranteil (θ_{ex}) von 10 % unter Acker und 20 % unter Wald. Der geringere Anteil immobilen Wassers beim Ackerstandort wird mit der "stärkeren Homogenisierung" durch Bodenbearbeitung erklärt. Da die θ_{ex}-Werte in Prozent des Wassergehalts - nicht in Vol.-% Wasser - angegeben werden, dürfen sie nicht verallgemeinert werden. So gelten diese Angaben nur für den Untersuchungsboden mit hohen Wassergehalten (40 - 44 Vol.-%). VOSS (1985) erzielt für Lösse mit Wassergehalten um 20 Vol.-% gute Resultate unter der Annahme von θ_{ex} = 25 %.

MORGENSCHWEIS (1981b) nimmt eine Gleichsetzung von Totwasser- und immobilem Wasseranteil vor. Jedoch beruht die in der pF-Kurve für den Totwasserbereich angegebene Grenze von 10.000 mbar einzig auf pflanzenphysiologischen Überlegungen zur Pflanzenverfügbarkeit des Bodenwassers, sie ist nicht hydrodynamisch begründet. Eine Abhängigkeit zwischen Totwasseranteil und immobilem Wassergehalt ist zwar unter dem Aspekt begründbar, daß gerade in Böden mit hohem Feinporenanteil ein hoher Anteil des Bodenwassers mit hohen Intensitäten gebunden wird. Die Grenze zwischen mobiler und immobiler Wasserfraktion kann durch diese Angabe jedoch nur unzureichend quantifiziert werden. Sie ist ebenfalls von der Porenkontinuität innerhalb der Aggregate abhängig; gerade hier treten bevorzugt sog. "dead end"-Poren, also blind endende Kapillaren auf. Der Dualismus von Mikroporen- und Makroporensystem wird u.a. von GERMANN (1980, GERMANN & GREMINGER 1981) betont. Als Makroporen definieren BEVEN & GERMANN (1980) alle Kapillaren mit einem Durchmesser > 0,3 cm. So können Wurzelröhren, Wurmgänge, Grabgänge und Kontraktionsrisse bevorzugte Leitbahnen für den Sickerwassertransport darstellen (EHLERS 1975b). Voraussetzung für bevorzugte Weiterleitung des Wassers in Grobporen ist eine Wasserzufuhr, die das Aufnahmevermögen des Mikroporengefüges übersteigt (vgl. Abb. 6.8 in HARTGE 1978). Ein Makroporensystem wird einen umso größeren Anteil am Gesamtwassertransport im Boden besitzen, je größer die angelieferte Wassermenge und je geringer die Wasserleitfähigkeit des Mikroporensystems ist. Eine Aufteilung des infiltrierenden Niederschlagswassers auf die zwei Porensysteme erfolgt nicht nur an der Bodenoberfläche, sondern auch im Solum kann Wasser durch lokalen Stau im Mikroporensystem oder an blind endenden Poren (dead-end-Poren) in das jeweils andere Porensystem überwechseln (vgl. Abb. 10.10).

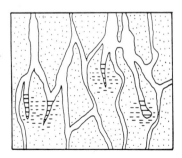

Stauwasser an 'Dead-end-Poren' des Makroporensystems

Bodenzonen höherer Feuchte durch basale u. laterale Infiltration des o.a. Stauwassers

trockenere Abschnitte im 'Sickerwasserschatten' des Makroporensystems

Abb. 10.10: Porensysteme im Boden

Schlußfolgerungen

Es kann nicht die eine Geschwindigkeit des Bodenwassers geben. Sickerwasser bewegt sich in den dualen Systemen Interaggregat- und Intraaggregatporen sowie Mikro- und Makroporen. Bei starken Niederschlägen ist eine zweigipflige Sickerwasserwelle zu erwarten, die dem Wassertransport der beiden Porensysteme zugeordnet werden kann. Beide Sickerwasserfraktionen stehen in ständigem Austausch miteinander. Vom rasch versickernden Wasser bis zum stagnierenden, immobilen Wasser sind alle Übergänge gegeben. Es ist umso eher gerechtfertigt, von einer mittleren Porenwassergeschwindigkeit zu sprechen, je konstanter der am Wasserfluß beteiligte Fließquerschnitt ist, d.h. je mehr der Strömungsvorgang "steady state"-Bedingungen entspricht. Die Geschwindigkeitsunterschiede innerhalb des beweglichen Wasseranteils sind umso größer, je höher der Wassergehalt des Substrates und je stärker die Wassergehaltsschwankungen sind.

10.2.2 Beziehungen zwischen Sickerwasserstrecken und Verlagerungsdistanzen wasserlöslicher Stoffe

Während des Transports durch den Boden unterliegen im Bodenwasser gelöste Stoffe vornehmlich konzentrationsmindernden Prozessen. Die grundlegenden Kenntnisse über den Effekt von Dispersion und Diffusion auf die Konzentration gelöster Stoffe beim Durchströmen poröser Medien gehen auf SCHEIDEGGER (1961), NIELSEN & BIGGAR (1962), BIGGAR & NIELSEN (1962 u. 1967) zurück. Eine neuere Zusammenfassung der umfangreichen Literatur und der Simulation von Dispersions- und Diffusionsprozessen gibt DUYNISVELD (1983)(vgl. auch KLOTZ 1980, BECHER 1986, SCHULIN et al. 1986). Laminar strömendes Bodenwasser ist durch ein parabolisches Geschwindigkeitsprofil gekennzeichnet. In entsprechender Weise werden gelöste Stoffe mit unterschiedlicher Geschwindigkeit bewegt. Eine hohe Ausgangskonzentration verflacht sich während der Bodenpassage, der gelöste Stoff verteilt sich auf ein größeres Bodenvolumen. Dieser physikalisch begründbare Effekt der Bodenmatrix auf die Konzentrationsveränderung eines Stoffes wird hydrodynamische Dispersion genannt. Ebenso wie die Dispersion wirkt die molekulare Diffusion konzentrationsmindernd. Sie ist an Konzentrationsgradienten gebunden und wirkt immer dann ausgleichend, wenn im Boden Flüssigkeiten mit unterschiedlicher Stoffkonzentration und unterschiedlichen Geschwindigkeiten aneinandergrenzen. Besonders bei langsamen Fließbewegungen spielt sie eine große Rolle; sie bewirkt ebenfalls den Stoffaustausch zwischen zwei Porensystemen (vgl. Kap. 10.2.1) und führt zu einer Abflachung hoher Konzentrationsspitzen. Hydrodynamische Dispersion und molekulare Diffusion sind abhängig von der Porenraumgeometrie, der Geschwindigkeit des Bodenwassers und von Eigenschaften des bewegten Stoffes.

Eine konzentrationsverändernde Rolle spielen auch alle chemischen Reaktionen zwischen der Bodenmatrix und den gelösten Stoffen. Hier können zusätzlich Sorptions-, Desorptions- und Transformationsprozesse hydrodynamisch postulierte Konzentrationsprofile modifizieren. Auf die Bedeutung des Wurzelentzuges auf die Tiefenverteilung des Nitrat-Stickstoffes wurde bereits in Kap. 7.3 hingewiesen. Für den Anionentransport wird ebenfalls diskutiert, ob eventuell die negative Ladung der Bodenmatrix zu einer beschleunigten Verlagerung eines Konzentrationspeaks beitragen könne (u.a. THOMAS & SWOBODA 1970), doch weisen Erfahrungen mit Geländemeßdaten diese Erklärungsmöglichkeit als sekundär zurück (DUYNISVELD 1985).

Befindet sich ein durch mobile Wasserinhaltsstoffe gekennzeichnetes Wasservolumen im Einflußbereich der hydraulischen Wasserscheide, so wird ein Teil der Inhaltsstoffe im Niveau der Wasserscheide stagnieren. Da in aller Regel die Inhaltsstoffe wegen der Effekte von Dispersion und Diffusion nicht auf ein exakt definierbares geringmächtiges Tiefenintervall beschränkt sind, geraten die Inhaltsstoffe unter den Einfluß zweier entgegengesetzter Wasserbewegungsrichtungen. Die Folge ist eine Verminderung der maximalen Stoffkonzentration sowie die Verteilung des Stoffes auf ein mächtigeres Tiefenintervall.

Zusammenfassend gilt festzustellen, daß Diffusion, Dispersion, Adsorption, Desorption, Transformation, Pflanzenaufnahme, mikrobieller Abbau und divergierende Wasserbewegungsrichtungen konzentrationsverändernd auf mobile Wasserinhaltsstoffe während der Bodenpassage wirken.

Mobile Wasserinhaltsstoffe stellen das zuverlässigste Hilfsmittel dar, um Aussagen über die vom Bodenwasser zurückgelegte Distanz zu erkennen. Wassergehalts- und Matrixpotentialmessungen alleine erlauben Aussagen über Sickerwassermengen. In diesem Sinne ergänzen sich bodenphysikalische und bodenchemische Untersuchungen und sind in ihrer Kombination die Voraussetzung für ein umfassendes Verständnis der Bodenwasserdynamik.

10.2.3 Zeitreihen der Nitrat- und Chlorid-Tiefenfunktionen

10.2.3.1 Nitrat-Tiefenfunktionen

Station 1

Station 1 bietet die günstigsten Voraussetzungen für eine Zeitreihen-Analyse von NO_3-Tiefenfunktionen (Abb. 10.11). Hierbei werden aus o.a. Gründen (vgl. Kap. 7.3) nur die Nitratgehalte unterhalb von 1 m Tiefe betrachtet. Die Situation im Juli 83 ist durch Maxima in 150 cm und 350 cm Tiefe geprägt, das Minimum liegt bei 250 cm. Die Nitratgehaltsdifferenz zwischen Minimum und Maximum beträgt etwa 1 mg/100 g Boden. Bis zum Januar 84 verändert sich die Position des oberen Maximums nicht, dagegen verlagert sich das Minimum von 250 cm auf 280 cm; analog verschiebt sich der Kurvenverlauf im Liegenden um den Betrag einer Tiefenstufe.

Die Parallelbohrungen Juli 84 zeigen mit Ausnahme eines einzelnen Meßwertes in 50 cm Tiefe den gleichen Kurventypus, geringe Gehalte um 0,2 mg/100 g, ein sekundäres Maximum in 116 bzw. 150 cm und ein Hauptmaximum bei 216 cm bzw. 250 cm Tiefe, minimale NO_3-N-Gehalte bei 330 cm und in Annäherung an die Profilbasis erneut ansteigende Werte. Die aus den Einzelwerten resultierende Mittelwertskurve weist ausgeprägte Minima in 70 cm und zwischen 320 und 340 cm Tiefe auf, das Hauptmaximum liegt zwischen 220 und 240 cm Tiefe, Nebenmaxima liegen zwischen 120 und 140 cm und an der Profilbasis bei 416 cm.

Mag im unteren Kurvenabschnitt die Verlagerung des Minimums von 280 auf 330 cm und die Verlagerung des Maximums von 380 auf mindestens 415 cm als gesichert angesehen werden, so kann die Tieferschaltung des im Juli 83 in 150 cm angetroffenen Maximums bis auf 235 cm im Juli 84 nicht über eine gleichsinnige Verlagerung anzeigende Zwischenstufe im Januar 84 nachvollzogen werden. Möglicherweise hängt dies mit der trockeneren zweiten Jahreshälfte 1983 zusammen. Die Position dieses Maximums im Oktober scheint im Widerspruch zu den Vorstellungen über die abwärts gerichtete Sickerwasserbewegung in größeren Lößtiefen zu stehen, denn nun liegt das Maximum geringfügig höher in 220 cm unter Flur. Hier können sich aber auch Unschärfen der auf 20 bzw. 33 cm-Schichtintervallen basierenden Probennahme bemerkbar machen. Erwartungsgemäß verschiebt sich der gesamte untere Kurvenabschnitt wieder parallel zur Juli-Kurve 84, so daß das Minimum nun in 350 cm Tiefe angetroffen wird.

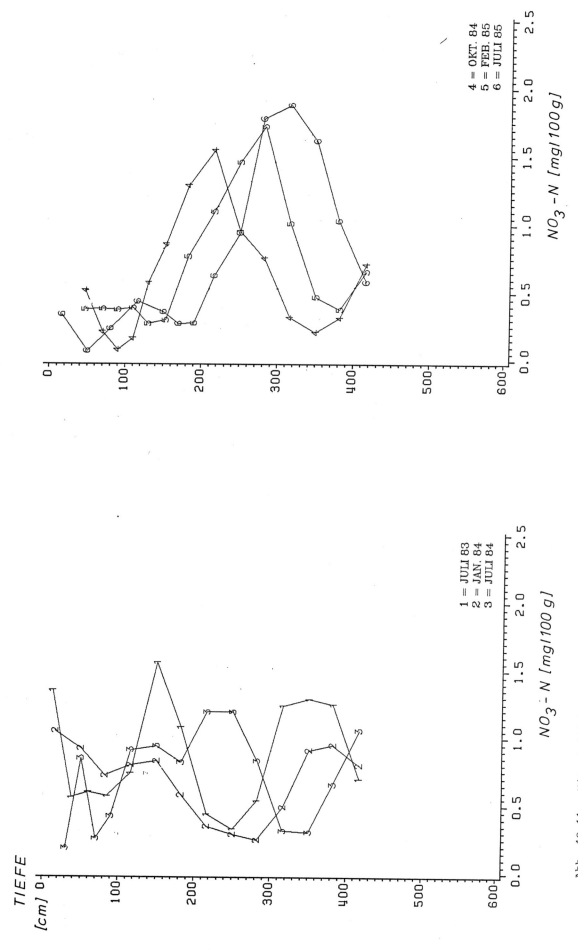

Abb. 10.11: Nitrat-Stickstoff-Tiefenfunktionen zwischen Juli 83 und Juli 85 (Standort 1)

Im Februar 85 ist der gesamte Kurvenverlauf deutlich abwärts verschoben: das im Oktober 84 neu aufgetretene Minimum in 90 cm liegt nun in 130 bis 140 cm Tiefe, das Maximum wandert von 220 auf 280 cm und mit ihm verschiebt sich der das Maximum zur Lößbasis abschließende Schenkel ebenfalls um rund 60 cm. Das Minimum von 350 cm Tiefe ist im Februar 85 in 380 cm Tiefe festgestellt worden.

Die Beobachtungsreihe schließt mit der Nitrattiefenverteilung vom Juli 84 ab. Unterhalb von 1 m Tiefe setzt sich einheitlich die Tieferschaltung aller Kurvensegmente erwartungsgemäß fort. Der das Maximum nach unten begrenzende Schenkel verlagert sich etwa um 50 cm, das Maximum selbst um 33 cm, und der das Maximum nach oben begrenzende Schenkel verschiebt sich ebenso wie das Minimum um ca. 40 cm abwärts.

Zusammenfassend ergibt sich für den gesamten Zeitraum Juli 1983 bis Juli 1984 für das Maximum eine Verlagerungsstrecke von 166 cm (316 cm - 150 cm), für das Minimum eine ähnliche Distanz von mindestens 166 cm ($\geq$ 416 - 250 cm). In dem 12 Monate dauernden Zeitabschnitt Juli 83 bis Juli 84 waren 50 % (80 cm) der Gesamtdistanz zurückgelegt. Dazu stehen 120 cm Verlagerungsstrecke des im Juli 84 neu entstandenen Minimums bis Juli 85 im Kontrast. Dieser Widerspruch zwischen den Verlagerungsstrecken oberhalb und unterhalb von etwa 2 m Tiefe ist nur durch räumlich differenzierte Sickerwasserbewegung zu erklären.

Station 2

Die Nitrat-Tiefenprofile der einzelnen Beobachtungstermine (Abb. 10.12) können nicht in ähnlicher Weise bewegungsdynamisch sinnvoll interpretiert werden wie bei Station 1. An diesem Standort ist Nitrat nicht als Tracer anwendbar. Hervorstechendstes Merkmal sind die an den Terminen Juli und Oktober 84 sowie Februar und Juli 85 geringen Gehalte unterhalb von 2 m Tiefe. Während des Beobachtungszeitraums war eine Verlagerung der ausgeprägten Maxima im zweiten Profilmeter zu erwarten. Daß diese Verlagerung nicht in den Tiefenfunktionen sichtbar wird, kann nur mit gasförmigen N-Verlusten und mikrobieller Aktivität erklärt werden. Vermutlich führt der oberhalb von 240 - 260 cm Tiefe gehemmte Wasserabzug zu lokalem, nesterförmigem Auftreten anaerober Verhältnisse und damit zu einem wirksamen mikrobiellen Denitrifikationsfilter. Da ein lateraler Wasserzug innerhalb der Feinkiesschicht durch die Wassergehaltsmessungen nicht bestätigt werden kann, ist ein bedeutsamer horizontaler Lösungstransport auszuschließen.

Station 3

Zu Beginn des Untersuchungszeitraumes liegen starke räumliche Nitratgehaltsunterschiede (Abb. 10.13) vor, so daß wegen der fehlenden Wiederholungsbohrungen erst die Tiefenfunktionen ab Juli 1984 sinnvoll ausgewertet werden können. Eine der drei Parallelbohrungen (Juli 84) weicht - obwohl auf demselben Herbizidstreifen niedergebracht - sehr stark von den übrigen Feldwiederholungen ab. Die Kurven mit ähnlichem Formverlauf besitzen zwischen 90 und 180 cm NO_3-N-Gehalte um 0,9 mg/100 g. Statt scharf abgesetzter Peaks liegt ein breites, kompartimentübergreifendes Maximum zwischen 70 und 180 cm mit Kulminationspunkten bei 90 und 180 cm vor. Die "Ausreißerkurve" wird von der Mittelwertbildung ausgeschlossen, da eine Bilanzierung nicht das Ziel dieser Untersuchung ist, sondern der Aussagewert der Tiefenfunktionen bezüglich der Versickerungsstrecken im Mittelpunkt des Interesses steht. Ein Vergleich der Tiefenprofilkurven Januar und Juli 84 ist wegen der

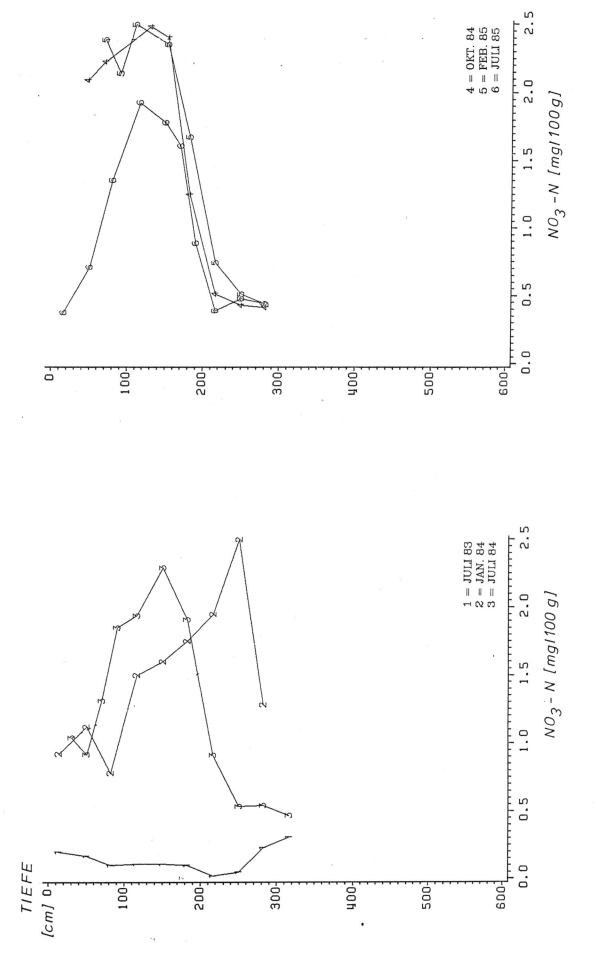

Abb. 10.12: Nitrat-Stickstoff-Tiefenfunktionen zwischen Juli 83 und Juli 85 (Standort 2)

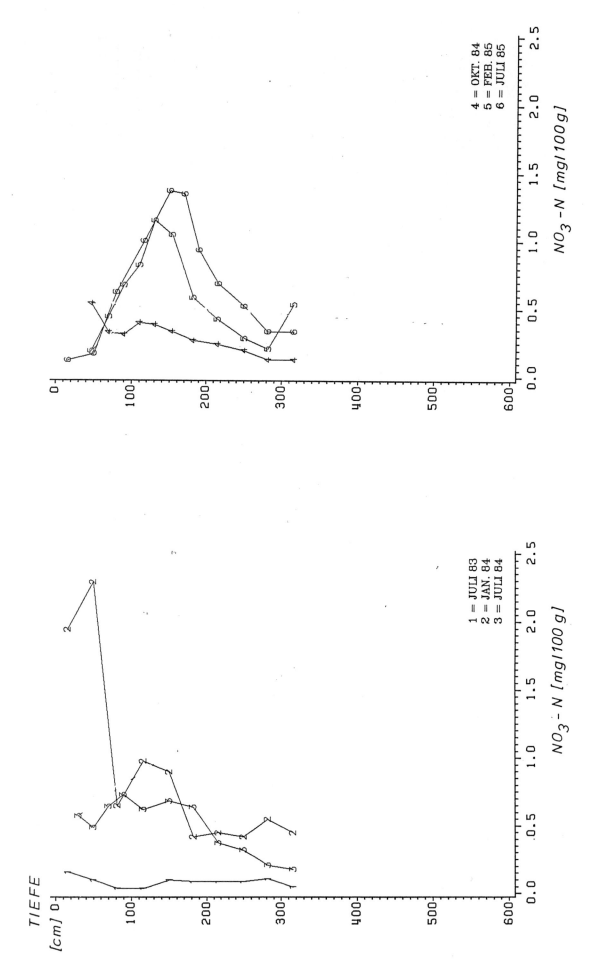

Abb. 10.13: Nitrat-Stickstoff-Tiefenfunktionen zwischen Juli 83 und Juli 85 (Standort 3)

nur unscharf ausgeprägten Peaks erschwert. Die vorsichtige Interpretation deutet auf eine Verlagerung von mindestens 30 cm; erkennbar wird dies an der Abwärtsverlagerung desjenigen Kurvenabschnittes, der das breite Maximum-Plateau zum Liegenden begrenzt.

Das Nitrat-Profil der Oktober-Bohrung zeigt keinerlei Ähnlichkeiten mit der Juli-Bohrung. Denitrifikation scheidet als Ursache für die drastisch verminderten Nitratgehalte aus, denn bereits im Februar 85 wird in 150 cm Tiefe das erwartete Maximum wieder angetroffen, welches sich bis Juli 85 auf 170 cm verlagert. Dieselbe Verlagerungsdistanz spiegelt der das Maximum zur Basis begrenzende Schenkel wider.

Hiermit kann die gesamte Verlagerungsdistanz zwischen Januar 84 und Juli 85 auf etwas über 50 cm beziffert werden.

Station 4

Die Parallelbestimmungen des Termins Juli 84 ergeben übereinstimmend ein deutliches Minimum in 70 bis 90 cm Tiefe (Abb. 10.14), ansteigende Nitratgehalte mit zunehmender Tiefe und hohe Gehalte bis über 2 mg NO_3-N/100 g im humosen Oberboden. Da die Analyse der Proben aus größerer Tiefe im Juli 83 und Januar 84 keine prononcierte Tiefenfunktion ergab, die eine Beobachtung der Abwärtsverdrängung aussichtsreich erscheinen ließ, wurden bei den folgenden Beprobungsterminen größere Tiefen unberücksichtigt gelassen. Der im Juli 84 beobachtete Peak im Oberboden versprach auf seinem Weg in tiefere Profilabschnitte identifizierbar zu bleiben, doch war dieser Nitratvorrat bereits drei Monate später aufgezehrt. Interpretationsansätze bietet einzig das eingangs erwähnte Juli-Minimum in 70 - 90 cm Tiefe. Es stabilisiert sich bis zum Oktober in 70 cm Tiefe, ehe es im Februar 85 60 cm tiefer auftritt und im Juli 85 in 170 cm Tiefe anzutreffen ist. Für dieses Minimum ist für das Beobachtungsjahr Juli 84 bis Juli 85 eine Verlagerungsstrecke von ungefähr 100 cm anzusetzen.

Station 5

Für das schwach ausgeprägte Maximum (Abb. 10.15) knapp unterhalb von 1 m Tiefe im Juli 83 kann man eine Verlagerung über 150 cm im Januar 84 bis auf 216 cm im Juli 84 annehmen. Analog verläuft die Tiefenwanderung des Minimums von 50 - 70 cm im Juli 83 auf 116 cm im Januar 84 und 150 cm im Juli 84. Später läßt sich das Minimum nicht weiter verfolgen.

Der Kurvenverlauf vom Februar 85 scheint für das o.a. Maximum gegenüber Juli 84 eine Stagnation anzudeuten, die jedoch im Winterhalbjahr unwahrscheinlich ist. Darüber hinaus widerspricht dieser Vorstellung die vornehmlich ordinatenparallele Tiefenfunktion vom Oktober 84, die keinerlei Maxima erkennen läßt. Das im Juli 85 in 316 cm Tiefe auftretende Maximum sollte nicht dem Februar 85-Maximum in 216 cm Tiefe zugeordnet werden, denn unter den gegebenen Witterungsumständen ist eine Verlagerung von 100 cm innerhalb von 5 Monaten ausgeschlossen.

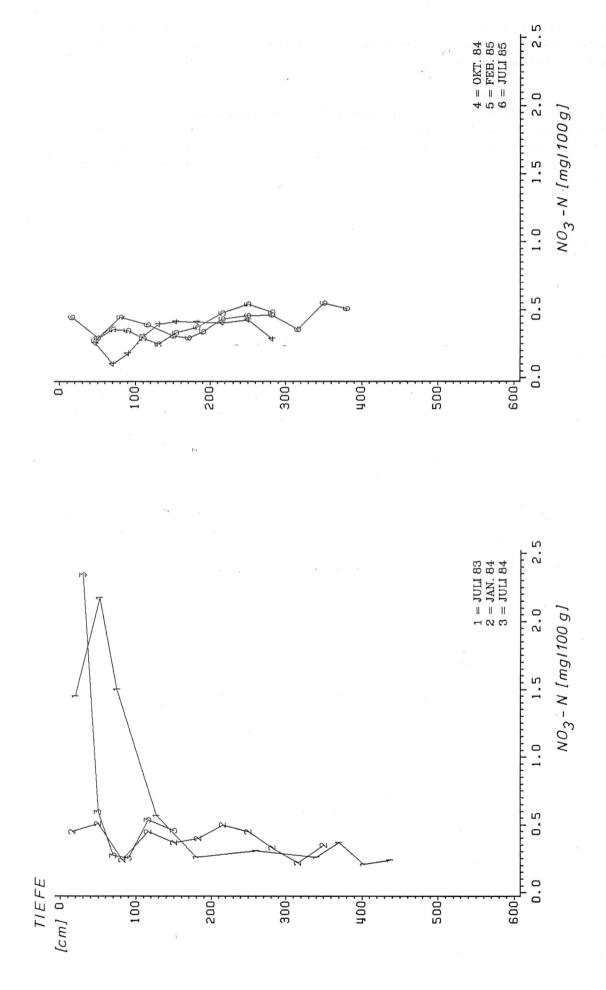

Abb. 10.14: Nitrat-Stickstoff-Tiefenfunktionen zwischen Juli 83 und Juli 85 (Standort 4)

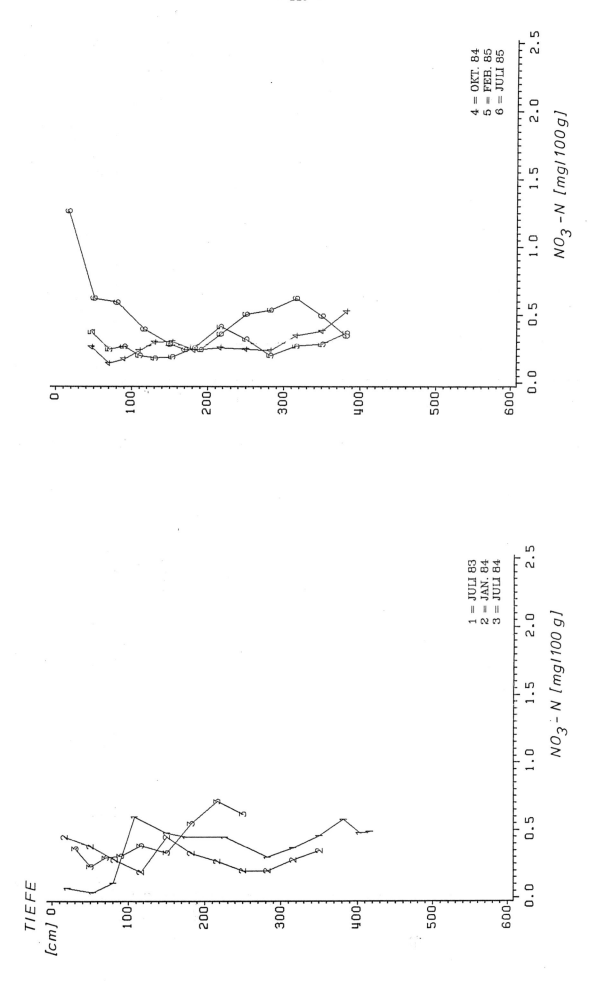

Abb. 10.15: Nitrat-Stickstoff-Tiefenfunktionen zwischen Juli 83 und Juli 85 (Standort 5)

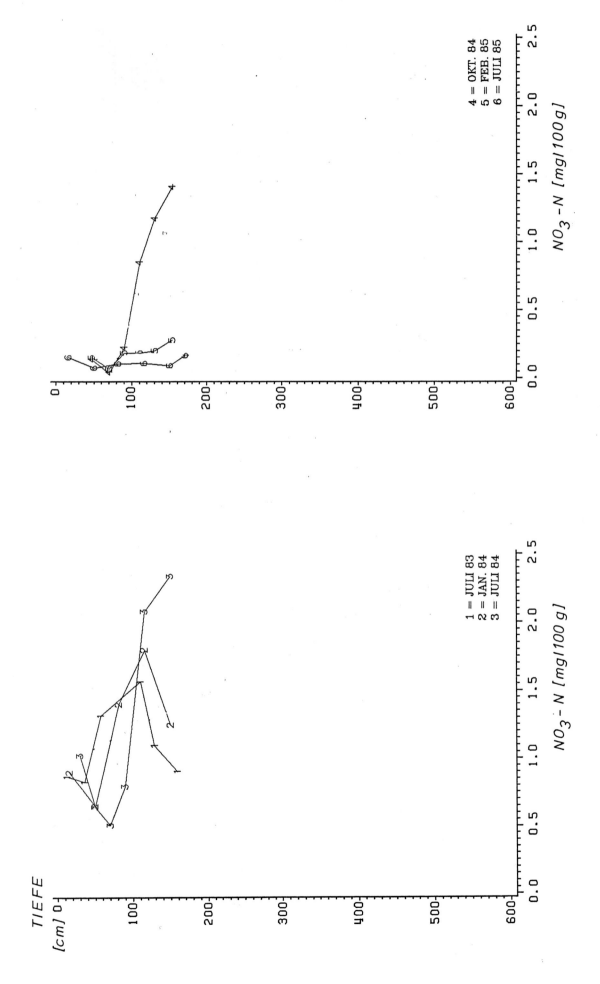

Abb. 10.16: Nitrat-Stickstoff-Tiefenfunktionen zwischen Juli 83 und Juli 85 (Standort 6)

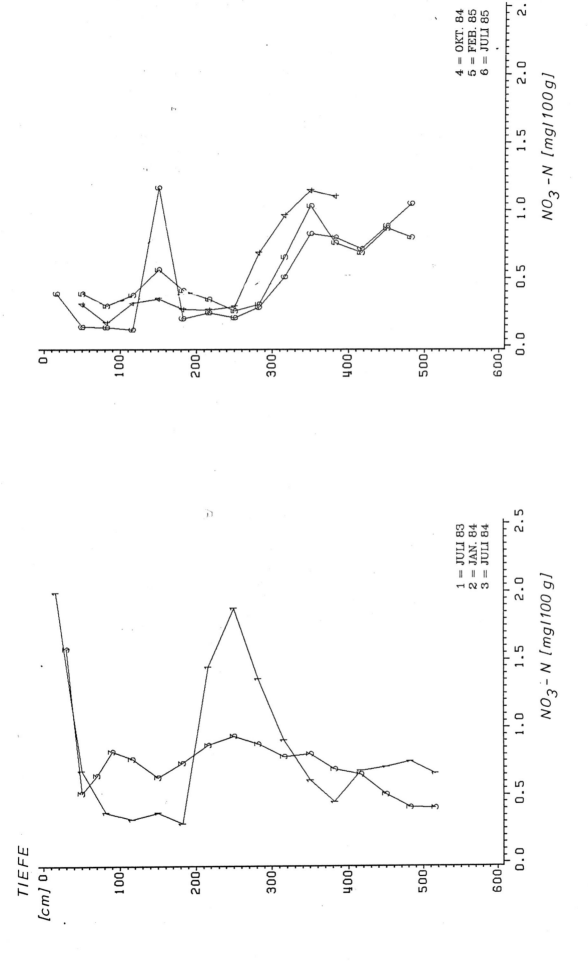

Abb. 10.17: Nitrat-Stickstoff-Tiefenfunktionen zwischen Juli 83 und Juli 85 (Bohrpunkt 187)

Insgesamt können an Standort 5 nur für das erste Beobachtungsjahr widerspruchsfreie Verlagerungsdistanzen angegeben werden. Demnach wandern Nitrat-Maximum und -Minimum innerhalb von 12 Monaten etwa 100 cm.

Station 6

Die Parallelbohrungen zeigen optimale Übereinstimmung sowohl im Formverlauf der Kurven als auch hinsichtlich der absoluten Mengen NO_3-N (Abb. 10.16). Das Minimum liegt in 70 cm Profiltiefe, das Maximum mit fast 2,4 mg/100 g an der Profilbasis bei 150 cm.

Wegen der geringen Profilmächtigkeit besitzt lediglich derjenige Kurventeil Aussagekraft hinsichtlich der Versickerung, der im ersten Beobachtungsjahr den Anstieg zum deutlich ausgebildeten Maximum darstellt. Dieses Kurvensegment deutet auf eine Abwärtsverdrängung des NO_3-N um 60 - 70 cm in der Zeit von Juli 83 bis Oktober 84. Im Februar 85 hat das Nitrat-Maximum vom Juli 83 die Lößauflage verlassen.

Bohrpunkt 187

Hohe Nitratgehalte im Juli 83 in der Krume (Abb. 10.17) und in 250 cm Tiefe veranlaßten dazu, diesen Standort ohne Bodenfeuchtemeßstelle in die Beobachtungsreihen der Nitrat- und Chlorid-Tiefenprofile aufzunehmen. Bis zum Juli 84, d.h. innerhalb eines Jahres ändert sich das Nitratverteilungsbild grundlegend; in der Krume ist eine neue Gehaltsspitze entstanden, in 90 cm Tiefe tritt ein zusätzliches Maximum auf, welches mit dem Krumenmaximum des Vorjahres in Verbindung gebracht werden kann. Das Maximum in 250 cm Tiefe wandelt sich zugunsten eines abgestumpften Kurvenverlaufs mit maximalen Gehalten in 250 cm Tiefe. Es ist zweifelhaft, ob unterhalb von 2 m die Tiefenfunktionen der Termine Oktober 84 und Juli 85 an die der vorausgegangenen Termine anzuschließen sind. In Anbetracht der hohen Sickerwassermengen im Frühjahr 84 ist eine Stagnation des Peaks in 250 cm Tiefe zwischen Juli 83 und Juli 85 auszuschließen. Gesicherte Aussagen zur Nitratverlagerung läßt daher erst die Tieferschaltung des Kurvensegmentes zu, das von Oktober 84 bis Juli 85 das Maximum in 350 cm Tiefe nach oben begrenzt. Danach kann die Verlagerungsdistanz für diesen Zeitraum mit 50 cm angegeben werden.

10.2.3.2 Chlorid-Tiefenfunktionen

In Ergänzung zu den Nitrat-Tiefenfunktionen geben die Chlorid-Profilkurven Hinweise auf Sickerwasserstrecken. Im Gegensatz zum Nitrat-Stickstoff erlauben sie darüber hinaus das Studium der oberflächennahen Verlagerung im Wurzelraum.

Station 1

Oberhalb der Lößbasis wird im Januar, vor Ausbringung des Chlorids, ein Maximum in 380 cm Tiefe beobachtet (Abb. 10.18), welches bis zum Oktober den Löß verläßt. Der das Maximum nach oben begrenzende Schenkel zeigt im Zeitraum Januar bis Oktober 1984 eine Tieferverlagerung von 70 cm an.

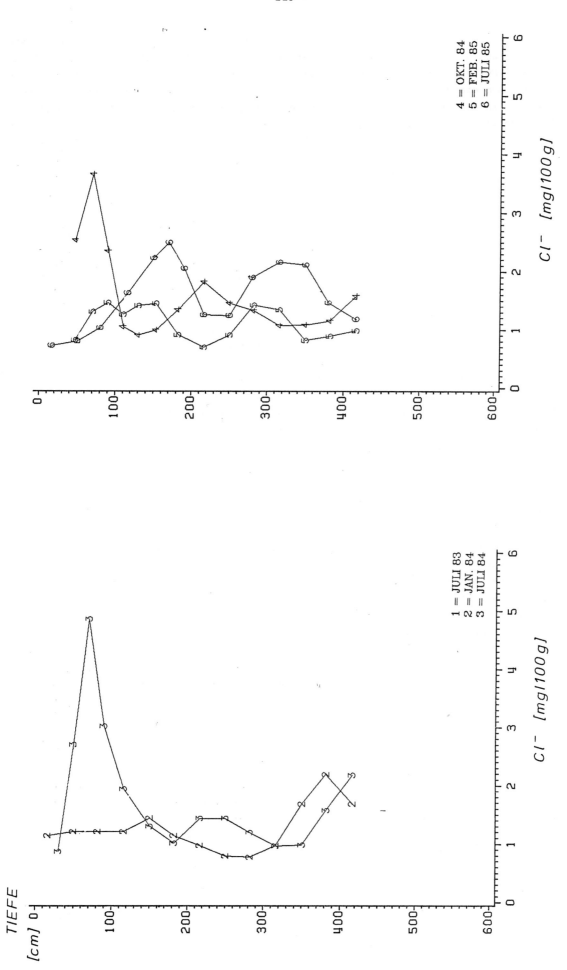

Abb. 10.18: Chlorid-Tiefenfunktionen zwischen Juli 83 und Juli 85 (Standort 1)

Der Hauptanteil des im Januar 1984 ausgebrachten Chlorids erreicht bis zum Juli eine Tiefe von 70 cm, während die oberen 30 cm wieder nahezu chloridfrei sind. Übereinstimmend liegt bei allen drei Feldwiederholungen das Maximum in 70 cm Tiefe. Hervorzuheben ist, daß in Tiefen über 2 m ein gegenüber dem Termin vor der Düngung erhöhter Chloridgehalt festgestellt wird. In der Oktober-Kurve erscheint dieses sekundäre Maximum bei unveränderter Lage des Hauptmaximums in 216 cm Tiefe. Im Februar 1985 tritt das obere Maximum nur noch als weit auseinandergezogene Konzentrationserhöhung zwischen 70 und 150 cm auf, während das zweite Maximum bereits eine Tiefe von 280 cm erreicht hat. Die Beobachtungsreihe wird im Juli 85 mit einer zweigipfligen Chloridverteilungskurve abgeschlossen. Maxima liegen in 180 cm und zwischen 316 und 350 cm Tiefe.

Der Verteilungsprozeß des Chlorids im Bodenraum ermöglicht grundlegende Aussagen über die Sickerwasserbewegung. Die in Kap. 10.2.1 theoretisch abgeleitete Separation des Sickerwassers in zwei Fraktionen mit unterschiedlicher Geschwindigkeit läßt sich zwischen Januar und Juli 84 durch die Freilandergebnisse nachvollziehen. Während des feuchten Frühjahrs und Frühsommers entstehen zwei deutlich voneinander abgesetzte Gehaltsspitzen; ihre Geschwindigkeit divergiert so stark, daß zwischen den beiden Maxima eine Distanz von 170 cm liegt, die Geschwindigkeit des schnellen Sickerwasseranteils ist 2,5 mal höher als die des langsamen Sickerwassers. In der Folgezeit werden die beiden Chloridgehaltsspitzen mit der gleichen Geschwindigkeit verlagert, ihr relativer Abstand bleibt konstant. Hierin zeigt sich der Austausch zwischen den unterschiedlichen Porensystemen. Die mit zunehmender Tiefe abnehmenden Wassergehalte erlauben nur einen langsamen Wassertransport im Mikroporensystem des Bodens. Die Chloridionen, die mit der schnellen Sickerwasserfraktion im Frühjahr 1984 durch die gröberen Poren transportiert wurden, bewegen sich nach dem Juli 1984 im Mikroporensystem.

Station 2

Die Einzelkurven des Termins Juli 84 zeigen starke Abweichungen voneinander (Abb. 10.19). Können hohe Chloridgehalte im Oberboden noch mit der verzögerten Abgabe in den Boden wegen Rückhalts in der Streu erklärt werden, so bietet sich für das in einer Feldwiederholung auftretende sekundäre Maximum bei 150 cm die Erklärung einer differenzierten Chloridwanderungsgeschwindigkeit an. Die Mittelwertbildung zeigt die Tiefenlage des Hauptmaximums bei 70 cm. Das Maximum ist bei einheitlichem Kurvenverlauf bis Februar 85 bis in 90 cm Tiefe gewandert, das sekundäre Maximum von 150 cm auf 216 cm. Die Umverteilung der Chloridionen bis zum Juli 84 kann als Ausbreitung auf den Bodenraum zwischen 80 und 200 cm bezeichnet werden. Der obere halbe Meter wird relativ chloridarm, das sekundäre Maximum ist nun in einer Tiefe von 250 cm anzunehmen.

Im Gegensatz zu Station 1 lassen die Verhältnisse an Station 2 keine derart klar voneinander abgesetzten Sickerwasserfraktionen erkennen. Für den Zeitraum Januar - Juli 84 ist die Geschwindigkeit des schnellen Sickerwassers doppelt so groß wie die des langsamen. Analog zu den Verhältnissen an Station 1 erfolgt ein Übergang des schnellen Wassers in das Mikroporensystem. Zwischen Februar und Juli 85 liegt ein kontinuierliches Spektrum ineinander übergehender Geschwindigkeiten vor. Die mittlere Wanderungsdistanz des Chlorids beträgt in der Zeit von Januar 84 bis Juli 85 ca. 150 cm.

Station 3

Bei zwei der drei Feldwiederholungen des Juli-Termins 1984 liegt das erste Chlorid-Maximum in 70 cm Tiefe (Abb. 10.20), eine Parallele zeigt einen Peak bei 50 cm. Im Mittel resultiert ein stumpfer Peak zwischen 50 und 70 cm. Das in einer Kurve erscheinende Maximum in 216 cm Tiefe kann nicht mit dem aufgegebenen Chlorid in Verbindung gebracht werden, da ähnliche Chloridgehalte bereits in der Januar-Bohrung 84 angetroffen werden konnten. Während sich das Maximum im Oktober 84 bei 70 cm stabilisiert, weitet sich der liegende Schenkel nach unten aus. Im Februar 85 wird der Peak bei 110 cm mit einer deutlichen Tendenz zu 120 cm beobachtet, da in je zwei Wiederholungen die Chlorid-Gehalte in 110 und 130 cm Tiefe nahezu identisch sind. Deutlich ist die Ausweitung des Chlorid-beeinflußten Bereichs zur Tiefe hin. Zwischen Juli 84 und Oktober 84 hatte sich bereits in 110 cm Tiefe ein sekundäres Maximum gebildet, für das divergierende Wasserbewegungen beiderseits der horizontalen Wasserscheide im Sommer und Herbst des Jahres angenommen werden müssen. Bei einheitlichem Kurvenverlauf bewegt sich das Chlorid-Maximum bis zum Juli 85 in 150 cm Tiefe. Wegen der Chloridbefrachtung der Zonen unterhalb von 180 cm vor der Chloriddüngung erlauben die Tiefenfunktionen keine Gliederung des Sickerwassers in diskrete Geschwindigkeitsklassen.

Station 4

Der ordinatenparallele Verlauf der Chloridgehaltskurve (Abb. 10.21) vor der Düngung deutet an diesem Standort die Möglichkeit an, unterschiedliche Sickerwassergeschwindigkeiten zu beobachten. Die Feldwiederholungen vom Juli 84 belegen ein deutliches Maximum in 50 - 70 cm Tiefe. Im Oberboden nehmen die Chloridgehalte bis zum Oktober ab, das Maximum stabilisiert sich bei 70 cm. Im Februar 85 liegen bei zwei der Wiederholungsbohrungen die Maxima in 90 cm Tiefe, das kräftige Maximum (5 mg/100 g) der dritten Wiederholung liegt bei 110 cm, so daß das Maximum der Mittelwertskurve in 110 cm Tiefe resultiert. Ein sekundäres Maximum tritt in 216 - 250 cm Tiefe auf. Zwar liegen vom Juli 84 keine Chloridbestimmungen aus Tiefen unter 150 cm vor, doch ist in Analogie zu den übrigen Stationen an diesem Standort während des Zeitraumes Januar - Juli 84 ebenfalls eine Zweigliederung des Sickerwasserstromes zu vermuten. Bis zum Juli 85 bewegt sich das Hauptmaximum in eine Tiefe von 116 bis 150 cm.

Station 5

Erhöhte Chloridgehalte in 30 - 70 cm Tiefe belegen im Juli 84 die Verlagerung des Hauptanteils vom Dünger-Chlorid (Abb. 10.22). Eine Parallele weicht mit einem Minimum in 50 cm Tiefe und einem Maximum bei 116 cm völlig von dem an allen anderen Stationen gewohnten Verteilungsbild ab. Im Oktober 84 sind Maxima in 50, 70 und 90 cm Tiefe worden. Für die Mittelwertskurve resultiert hieraus ein Maximum bei 70 cm mit über 3 mg/100 g. Die mittleren Chlorid-Gehalte sinken bis Februar 85 in den ersten 110 cm auf unter 2 mg/100 g. Dagegen sind nun im gesamten zweiten Bodenmeter die Chlorid-Gehalte erhöht; mit 2,4 mg/100 g liegt das Maximum jetzt in 180 cm Tiefe.

Die Wanderungsgeschwindigkeit des Chlorids ist uneinheitlich. Die Feldwiederholungen zeigen keine gute Übereinstimmung. Die im Mittel großen Verlagerungsdistanzen zwischen Juli 84 und Februar 85 stehen im Gegensatz zu anderen Stationen, es deutet sich ein starker Einfluß von immobilem Wasser und Dispersion an, obwohl diese eher im ersten Halbjahr 1984 erwartet wurde. Das Chlorid hat sich im Untersuchungszeitraum gleichmäßig über einen mächtigen Bodenraum verteilt, ohne daß sich scharfe Konzentrationspeaks erhalten konnten.

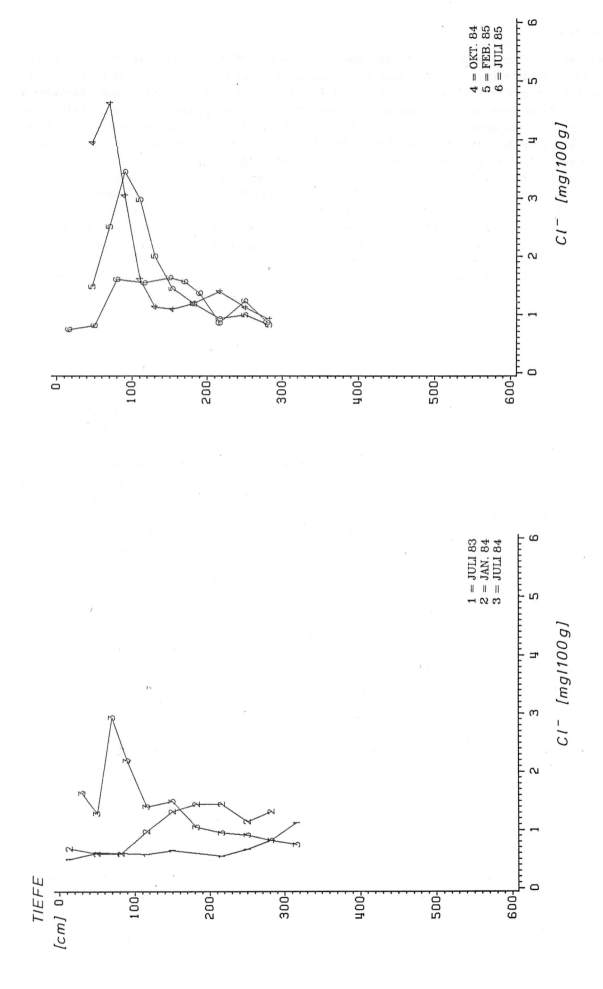

Abb. 10.19: Chlorid-Tiefenfunktionen zwischen Juli 83 und Juli 85 (Standort 2)

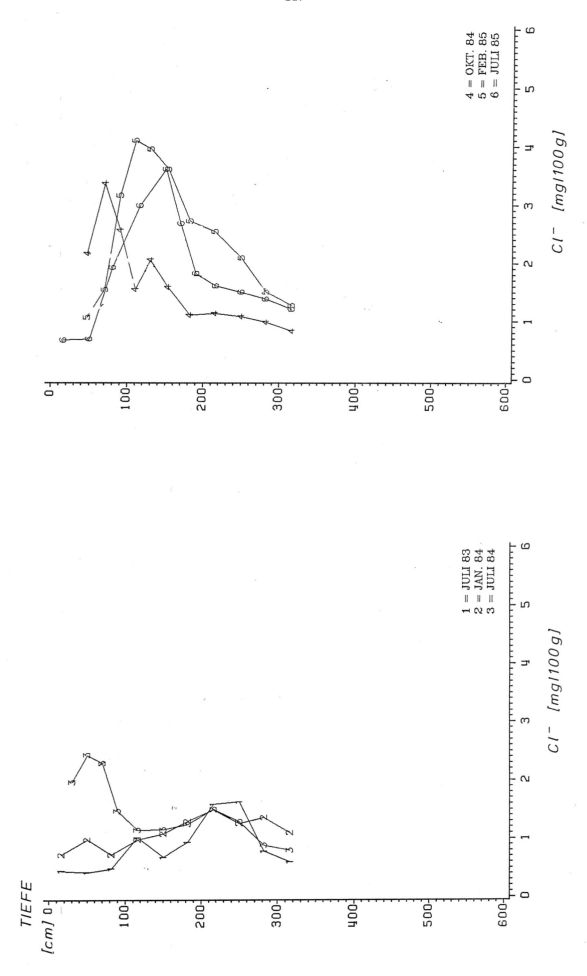

Abb. 10.20: Chlorid-Tiefenfunktionen zwischen Juli 83 und Juli 85 (Standort 3)

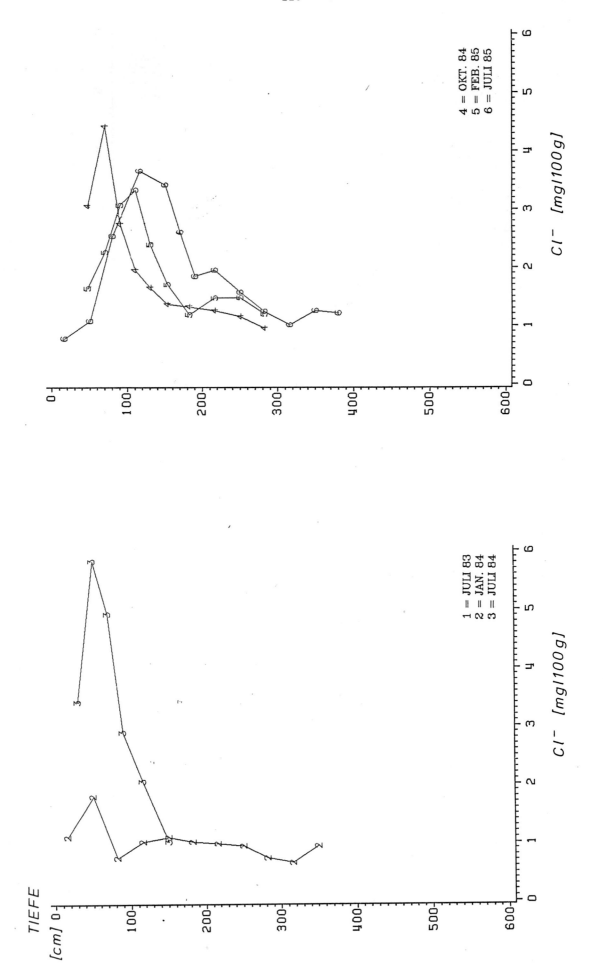

Abb. 10.21: Chlorid-Tiefenfunktionen zwischen Juli 83 und Juli 85 (Standort 4)

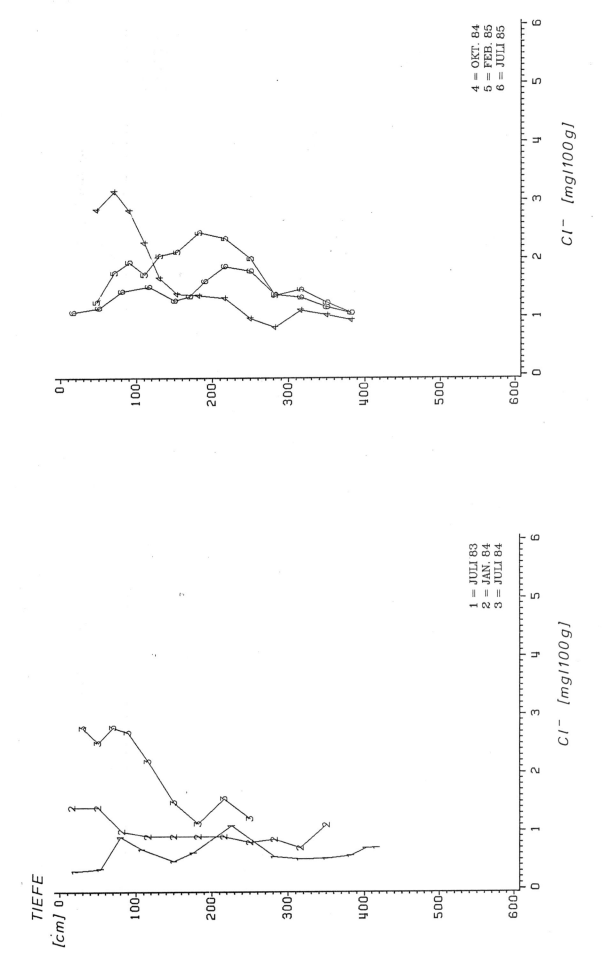

Abb. 10.22: Chlorid-Tiefenfunktionen zwischen Juli 83 und Juli 85 (Standort 5)

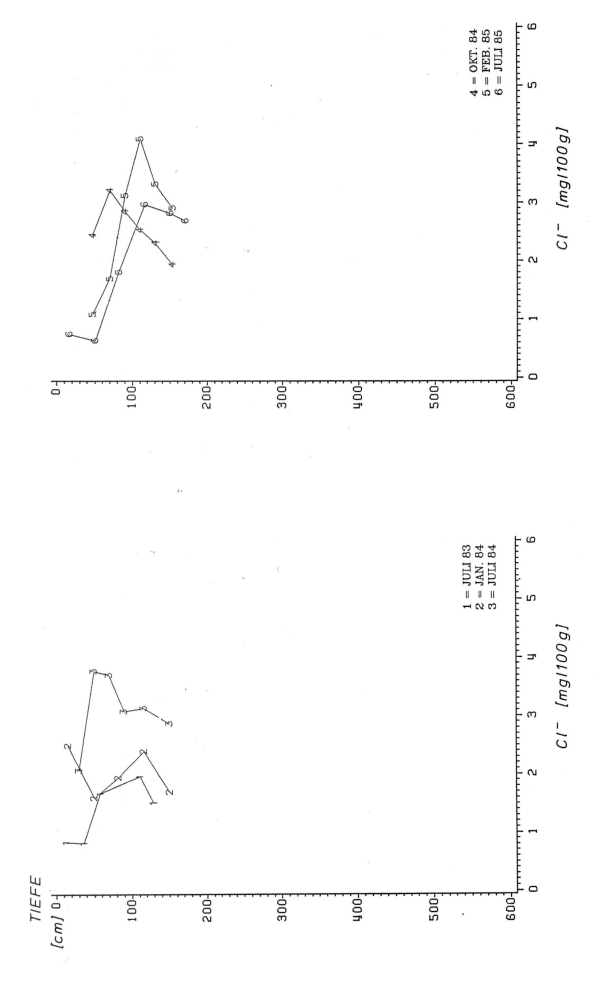

Abb. 10.23: Chlorid-Tiefenfunktionen zwischen Juli 83 und Juli 85 (Standort 6)

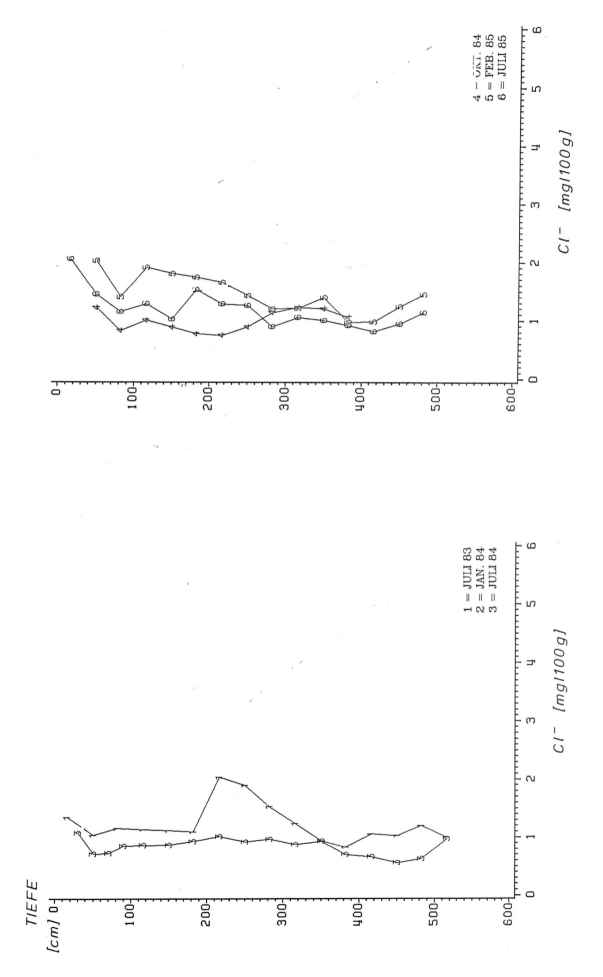

Abb. 10.24: Chlorid-Tiefenfunktionen zwischen Juli 83 und Juli 85 (Bohrpunkt 187)

Station 6

Bereits im Juli 83 liegt in 110 cm Tiefe ein Chloridmaximum (Abb. 10.23) vor, welches seine Lage bis zum Januar 84 beibehält. Das mit schnellem Sickerwasser verlagerte Chlorid der Januar-Düngung verhindert die weitere Beobachtung des o.a. markanten Kurvenpunktes. Nach der Düngung treten Maxima in 50 cm (2 Parallelen) und in 70 cm Tiefe auf. Es resultiert die Mittelwertskurve mit deutlich höheren Gehalten in 50 - 70 cm Tiefe. Auch an diesem Standort zeigt sich eine je nach Wiederholung ungleichförmige Chlorid-Wanderung, denn im Oktober 84 weist eine Wiederholungsbohrung das Maximum in 110 cm Tiefe auf, während sich bei den anderen das Maximum bei 70 cm stabilisiert. Dagegen ist der Bereich der höchsten Chlorid-Gehalte im Februar 85 zwischen 100 und 120 cm nachgewiesen. Zum Juli 1985 verschiebt sich die gesamte Profilkurve abwärts, das Maximum weicht zugunsten durchgängig hoher Chloridgehalte zwischen 116 und 170 cm. Anzunehmen ist, daß bereits ein Teil des Chlorids die Lößbasis passiert hat.

Bohrpunkt 187

Hier wurde im Januar 1984 keine Chloridgabe ausgebracht. Ein Hinweis auf eine Verlagerungstendenz ist in der Bewegung des Maximums von 215 cm im Juli 83 auf 350 cm im Februar 85 zu sehen (Abb. 10.24). Die Bohrungen im Juli 84 wurden nicht in die Auswertung einbezogen; die Chloridgehalte dieses Termins deuten auf kleinräumige Chloridgehaltsunterschiede hin (vgl. Kap. 7.3 und 10.2.3.1).

10.2.3.3 Vergleich der Chlorid- und Nitratmobilität

Die Wanderungstendenzen der Chloridmaxima, welche mit mittlerer Sickerwassergeschwindigkeit verlagert wurden, waren während des ersten Beobachtungsjahres an allen Standorten einheitlich (vgl. Tab. 10.2). Diffusion und Dispersion führten an einigen Standorten zu einer starken räumlichen Verteilung des aufgegebenen Chlorids über einen größeren Bereich. Trotz aller im einzelnen differenziert zu betrachtenden Zusammenhänge, soll zusammenfassend der Versuch unternommen werden, generalisierte Aussagen über jährliche Verlagerungsdistanzen zu treffen (siehe Tab. 10.3). Hierbei wurden die zwischen Januar 84 und Juli 85 gemessenen Verlagerungsstrecken auf einen Zeitraum von zwei Jahren übertragen, da dieser Zeitabschnitt die versickerungswirksamen Phasen der beiden Winterhalbjahre umfaßte (vgl. Kap. 10.1.3.2). Im Mittel befinden sich die Chloridmaxima am Ende der Beobachtungszeit in etwa 150 cm Tiefe; demnach läßt sich die jährliche Sickerwasserstrecke mit ca. 75 cm beziffern.

Ähnliche quantitative Angaben können für die Nitrat-Stickstoff-Verlagerung an den Standorten 1 und 4 - 6 gemacht werden; im Mittel resultiert eine Verlagerungsdistanz von etwa 85 cm/Jahr (vgl. Tab. 10.3). Daß die Sickerwasserstrecke keinen eindeutigen Zusammenhang mit der Sickerwassermenge besitzt, überrascht nach den theoretischen Überlegungen (Kap. 10.2.2) nicht, denn sowohl der Wassergehalt des durchflossenen Mediums als auch der mobile Wasseranteil variieren je nach den bodenphysikalischen Eigenschaften der durchflossenen Horizonte.

Tab. 10.2: Tiefenlagen (cm) der Chloridmaxima

Station	Jan. 84	Jul. 84	Okt. 84	Feb. 85	Jul. 85
1	0	70	70 -	(90)	180
	-	230	216	280	330
	330	370	400	-	-
2	0	70	70+	90+	≙ 150
3	0	50+	70	110+	150
4	0	50	70-	110-	120
5	0	50+	70	180-	180
6	0	50+	70+	-	120

+, - Mittelwert der maximalen Verlagerungstiefen der Feldwiederholungen weicht von der Tiefenlage des Maximums der Mittelwertskurve ab

Tab. 10.3: Mittlere jährliche Verlagerungsdistanzen für Nitrat-N und Chlorid

Station	Verlagerungsdistanz (cm)		Lößmächtigkeit (cm)	Sickerwassermenge der Jahre 1983-1985, (mm), ⌀
	NO_3-N	Cl		
1	80	85	430	180
2	-	75	330	165
3	(≙ 50)	75	330	140
4	100	60	450	205
5	100	115	400	195
6	70	60	170	135

Die außergewöhnliche Witterung im Frühjahr 84 führte zu einer Auftrennung des Sickerwassers in zwei Fraktionen, die an einigen Standorten deutlich voneinander separiert werden können. Zwei Umstände begünstigten diese Sickerwasserdynamik; einerseits hatte der langsame Abbau der versickerungshemmenden Wasserscheide im Herbst/Winter 1983 zu einer starken Auffüllung des Solums und damit zu hohen Bodenwasserpotentialen geführt und andererseits war in der kurzen Zeit zwischen Düngung und den starken Niederschlägen das Chlorid nicht vollständig in den Intraaggregatporenraum eingedrungen. Ein Teil des Chlorids konnte daher bevorzugt von dem in den groben Poren beschleunigt abgeführten Sickerwasser erfaßt werden. Bezogen auf den Zeitraum eines halben Jahres ist die Geschwindigkeit der schnellen Sickerwasserfraktion 2 - 3 mal so hoch wie die des Hauptanteils des Sickerwassers. Allgemein ist hieraus zu folgern, daß der Anteil des mit schnellem Wasser abgeführten Chlorids umso höher ist, je unvollkommener der durch Diffusion bewirkte Konzentrationsausgleich zwischen den Porensystemen fortgeschritten ist. Nach dem Übertritt in das Mikroporensystem verhält sich das schnell transportierte Chlorid analog zum übrigen.

10.2.4 Ableitung von Sickerwasserstrecken aus Sickerwassermengen

10.2.4.1 Berechnungsverfahren

Der Berechnung der Tieferverlagerung eines Wasservolumens werden zunächst vereinfachende und später zu modifizierende Annahmen zugrundegelegt:

- Das gesamte Wasservolumen nimmt an der Wasserbewegung teil. Die Verlagerung geschieht nach dem Mechanismus des "piston flow", der Abwärtsverdrängung.

- Der Boden wird in Kompartimente mit 20 cm Schichtmächtigkeit aufgeteilt; die Wassergehalte innerhalb eines Kompartiments sind einheitlich, d.h. räumlich nicht differenziert. Ebenso werden hinsichtlich des Fließvorgangs die Kompartimente als in sich homogen angesehen (vgl. Abb. 10.3).

- Die in 20 cm-Vertikalabständen gemessenen Wassergehalte $\theta_1 - \theta_n$ repräsentieren die Wassergehalte des gesamten Kompartiments.

- Ein Wasservolumen seit zum Zeitpunkt t=j-1 in der Tiefe z lokalisiert; diese Tiefe entspricht einer Position im Kompartiment i. Die Verlagerungsdistanz s des Wasservolumens in der Tiefe z im Zeitintervall t=j-1 bis t=j ist abhängig von dem Wasserfluß q, der bis zum Zeitpunkt t das Kompartiment i verlassen hat, in dem sich das Wasservolumen befindet, und wird bestimmt durch den mobilen Wassergehalt in diesem Kompartiment w_i zum Zeitpunkt t=j. Dies bedeutet daß auch, wenn als Ergebnis des Rechenschrittes für den Zeitpunkt t=j das Wasservolumen die obere oder untere Kompartimentsgrenze überschreitet, in diesem Rechenschritt nur der Wassergehalt des Ausgangskompartiments berücksichtigt wird.

(10.24a) $\quad s_z^{j-1,j} = \dfrac{q_{i,i+1}^{j-1,j}}{w_i^j} \cdot (-1)$

Bei absteigender Wasserbewegung, wenn der Wasserfluß vom Kompartiment i in das Kompartiment i+1 gerichtet ist, wird die Verlagerungsdistanz durch Gleichung (10.24a) ausgedrückt.

(10.24b) $\quad s_z^{j-1,j} = \dfrac{q_{i,i-1}^{j-1,j}}{w_i^j}$

Für aufsteigende Wasserbewegung, bei dem Durchfluß durch die obere Kompartimentsgrenze, wird Gleichung (10.24b) benutzt.

Um die Bewegungsrichtung des Wassers anzuzeigen, wird die ermittelte Verlagerungsdistanz s bei absteigendem Wasserstrom mit dem Faktor (-1) multipliziert.

Zur Ermittlung der Wasserflüsse q_n, q_{n-1} stehen die Wassergehaltsänderungen aller Kompartimente, die Wasserhaushaltsbilanzen und die Kenntnisse über die Lage der horizontalen Wasserscheide zur Verfügung. Zum Beispiel wird der Wasserfluß vom 1. in das 2. Kompartiment für Zeiten ohne Wasserscheide nach

$$q_{1,2} = (N - E) * (-1) + \Delta w_1$$

und derjenige vom 2. ins 3. Kompartiment nach

$$q_{2,3} = q_{1,2} + \Delta w_2$$

berechnet. Streng genommen gelten die o.a. Berechnungsmethoden nur für unbewachsene Standorte, denn zu dieser Vorstellung gehört, daß im Boden nur vertikale kapillare Wasserflüsse stattfinden und daß nur von der Bodenoberfläche und unterhalb der maximalen Bilanzierungstiefe Wasser aus dem Boden austritt. Der Wasserübertritt Boden - Atmosphäre findet während der Transpirationsphasen der Pflanzen auch unter Umgehung der Bodenoberfläche durch die Pflanze statt. Dem System wird in wechselnden Tiefen Wasser entzogen. Neben dem Bodenwasserstrom stellt sich ein Pflanzenwasserstrom ein, die Summenwirkung beider bedeutet einen Wasserverlust des Bodens:

$$\text{Wasserabgabe aus dem Kompartiment i} = (r_i + q_{i,\,i-1})$$

mit r_i: Wasserentzug durch Pflanzenwurzeln

Eine Vernachlässigung von r_i, also $r_i = 0$, bedeutet eine Überwertung des Bodenwasserstromes und damit eine Überschätzung der kapillaren Aufstiegsstrecken. Für einen Wasserinhaltsstoff, der nicht von der Pflanze aufgenommen wird, hieße dies ebenfalls, seine kapillare Aufstiegshöhe zu überschätzen. Eine Vernachlässigung von $q_{i,\,i-1}$, also $q_{i,\,i-1} = 0$ ist gleichbedeutend mit der Annahme, daß die gesamte Wasserabgabe des Bodens durch die Transpiration stattfindet. Ein Teil des in eine bestimmte Tiefe gelangten Wassers würde dem System entzogen, während der restliche Teil des Wassers ohne Ortsveränderung im Boden verbleibt. Hierdurch würde der kapillare Aufstieg unterschätzt, die Verlagerungsdistanzen müßten als maximal angesehen werden.

Da beide Annahmen unrealistisch sind, müssen weitergehende Überlegungen angestellt werden. Drei Wege bieten sich an, um das aufgezeigte methodische Problem zu lösen:

- Berechnung von $q_{i,\,i-1}$ über die Darcy-Gleichung. Hier muß die Annahme gemacht werden, daß die aus den Saugspannungsmessungen ermittelten vertikalen Gradienten die wahren Gradienten sind und keine horizontalen Komponenten auftreten. War bei den bisherigen Betrachtungen ohnehin nur vertikaler Wassertransport angenommen, muß man gerade bei durchwurzelten Horizonten wegen inhomogener Wurzelverteilung mit horizontalen Gradienten rechnen. Die Erfassung des vertikalen Wassertransportes durch die Bodenmatrix auf der Grundlage der vorliegenden Gradientenmessungen gelingt daher nur bei einem absolut gleichmäßigen und engmaschigen Wurzelverteilungsbild.

Voraussetzungen für diese Bestimmungsmethode sind abgesicherte k - ψ -Funktionen für jedes Kompartiment und eine hohe zeitliche Auflösung der Matrixpotentialmessungen. Im Rahmen dieser Arbeit sind diese Voraussetzungen nicht erfüllt.

- Simulation der Wasserbewegung mit geeichten und validierten numerischen Simulationsmodellen, die in unproduktive Verdunstung an der Bodenoberfläche und kompartimentspezifischen Wasserentzug durch die Pflanzenwurzeln differenzieren. Ein solches Modell steht für die untersuchten Standorte noch nicht zur Verfügung.

- Der Anteil des Wurzelentzuges an der Wasserabgabe der Kompartimente wird geschätzt. Die Schätzwerte werden an den tatsächlich gemessenen Verlagerungsdistanzen geeicht.

10.2.4.2 Anpassung an experimentell ermittelte Verlagerungsdistanzen

Nach den Analysen der Zeitreihen der Tiefenfunktionen von Chlorid und Nitrat sowie den theoretischen Überlegungen zum Mechanismus des Wassertransportes im System Boden-Pflanze erfolgt die Anpassung des vereinfachten Berechnungsverfahrens in zwei Schritten. Unterhalb des Wurzelraums können Diskrepanzen zwischen berechneter und gemessener Verlagerung auf einen immobilen Wasseranteil zurückgeführt werden. Besonders günstige Voraussetzungen zur Abschätzung des Ausschlußwassers bietet Standort 1. Hier eilt im Zeitraum von 2 Jahren das gemessene NO_3-N-Maximum der errechneten Position um 18 % der tatsächlichen Verlagerungsdistanz voraus. Die Annahme eines immobilen Wasseranteiles von 5 Vol.-% kann diese Differenz erklären. Statt θ_i wird in die Gleichung 10.24a und 10.24b ($\theta - \theta_{ex})_i = \theta - 5)_i$ eingesetzt. Obschon dieser Ausschlußwassergehalt streng genommen nur für den an Standort 1 vorliegenden Rohlöß unterhalb des Wurzelraums und für einen mittleren Wassergehalt von 27,5 Vol.-% gültig ist, übertrage ich diesen Wert auf alle Lößstandorte in Hattersheim, denn er ist der verläßlichste Näherungswert, der aus den vorliegenden Meßdaten entnommen werden kann. Vermutlich bewirkt in der Krume die Bodenbearbeitung eine bessere Durchmischung des Bodens und damit geringere Werte für θ_{ex}, die höheren Tongehalte und die ausgeprägte Aggregierung der Bt-Horizonte verursachen höhere θ_{ex}-Gehalte.

Tab. 10.4: Immobiler Wassergehalt und Wurzelentzugs-Kennwerte für die Standorte 1, 2 und 4

Tiefe (cm)	1		2		4	
	θ_{ex} (Vol.-%)	v_r (%)	θ_{ex} (Vol.-%)	v_r (%)	θ_{ex} (Vol.-%)	v_r (%)
- 20	7	50	5	50	5	50
- 40	7	50	5	50	5	50
- 60	7	50	7	50	5	50
- 80	10	50	10	50	10	0
- 100	10	0	10	50	10	0
- 120	5	0	5	50	5	0
- 140	5	0	5	20	5	0
- 160	5	0	5	0	5	0
etc.	5	0	5	0	5	0

Tabelle 10.4 zeigt am Beispiel der Standorte 1, 2 und 4 die verwendeten θ_{ex}-Gehalte für einzelne Kompartimente. Wegen der in den Bt-Horizonten gegenüber dem Rohlöß doppelt so hohen Tongehalte ist ebenfalls $_{ex}$ verdoppelt worden. In derselben Tabelle sind außerdem die geschätzten Wurzelentzugs-Kennwerte aufgeführt. Sie werden nur während der Zeiten, in denen eine hydraulische Wasserscheide ausgebildet ist, für den Bodenraum oberhalb der Wasserscheide angewendet. Ein Prozentsatz von 50 bedeutet, daß jeweils 50 % des Wasserverlustes aus einem Kompartiment auf Wurzelentzug und vertikalen Wasserstrom durch die Bodenmatrix zurückzuführen sind. Die Tabelle berücksichtigt die je nach Standort differenzierten Annahmen zur Mächtigkeit des Wurzelraumes. Beim Getreide (Standort 1) ist die Untergrenze des Wurzelraums in 80 cm, bei Baum-Obst (Standort 2) in 140 cm sowie bei den Erdbeerpflanzen lediglich in 60 cm Tiefe angenommen.

10.2.4.3 Ergebnisse und Interpretationsmöglichkeiten

Das geeichte Berechnungsverfahren zur Abschätzung von Verlagerungsstrecken des Bodenwassers aus Sickerwassermengen bietet die Möglichkeit, Wasser - vom Eintrag in den Boden beginnend - während der Bodenpassage zu verfolgen. Die Abbildungen 10.25 - 10.27, zu deren Darstellungsprinzip ich durch ähnliche Figuren bei DUYNISVELD (1983) angeregt wurde, zeigen für drei Standorte jeweils 12 nach dem o.a. Verfahren berechnete Verlagerungskurven sowie die experimentell nachgewiesenen Nitrat-Stickstoff- und Chlorid-Wanderungsbewegungen. Bei den empirischen Angaben sind die Mächtigkeiten der Entnahmeintervalle (vgl. Kap. 7.3) angegeben, um die Genauigkeitsgrenzen der gemessenen Werte abschätzen zu können. Die Abbildungen belegen eine gute Übereinstimmung zwischen gemessenen und berechneten Verlagerungsdistanzen.

Der Wert dieses Berechnungsverfahrens liegt darin, daß zukünftig für die angesprochenen Standorte Aussagen über die potentielle Wanderungsgeschwindigkeit wasserlöslicher Stoffe möglich sind, wenn Saugspannungsmeßreihen und die zur Berechnung der HAUDE-Verdunstung notwendigen Klimameßwerte vorliegen.

Insbesondere kann der Verlagerungskurvenschar entnommen werden, nach welcher Zeit eine bestimmte Eigenschaft des Wassers in welcher Tiefe erwartet werden darf. Das Berechnungsverfahren liefert damit Aussagen über die potentielle Wanderungsgeschwindigkeit wasserlöslicher Stoffe. Aus zwei Gründen ermöglicht es keine quantitativen Aussagen über die zu erwartende Konzentration des Stoffes im Boden oder in der Bodenlösung (vgl. Kap. 10.2.2); erstens wird nichts über die verlagerte Wassermenge ausgesagt, und zweitens bleiben die Wechselwirkungen zwischen Matrix und Wasserinhaltsstoff und spezifische Aufnahmefunktionen der Pflanzen unberücksichtigt.

Grundsätzlich können jedoch zwei Fälle unterschieden werden. Betrachten wir ein Wasservolumen mit einer vorgegebenen Konzentration eines Inhaltsstoffes unter Vernachlässigung der Wechselwirkung mit der Bodenmatrix während der Bodenpassage. Ohne Wasserentzug durch die Pflanzenwurzeln werden bei absteigender Wasserbewegung Konzentration und die durch diese gekennzeichnete Wassermenge unverändert bleiben. Nimmt eine Pflanzenwurzel einen Teil der (homogenen) Bodenlösung auf, so verringert sich bei gleichbleibender Konzentration die Wassermenge. Dieses verbleibende Wasservolumen verändert seine Tiefenlage während der Wasseraufnahme durch die Pflanzenwurzeln nicht oder es unterliegt dem kapillaren Aufstieg.

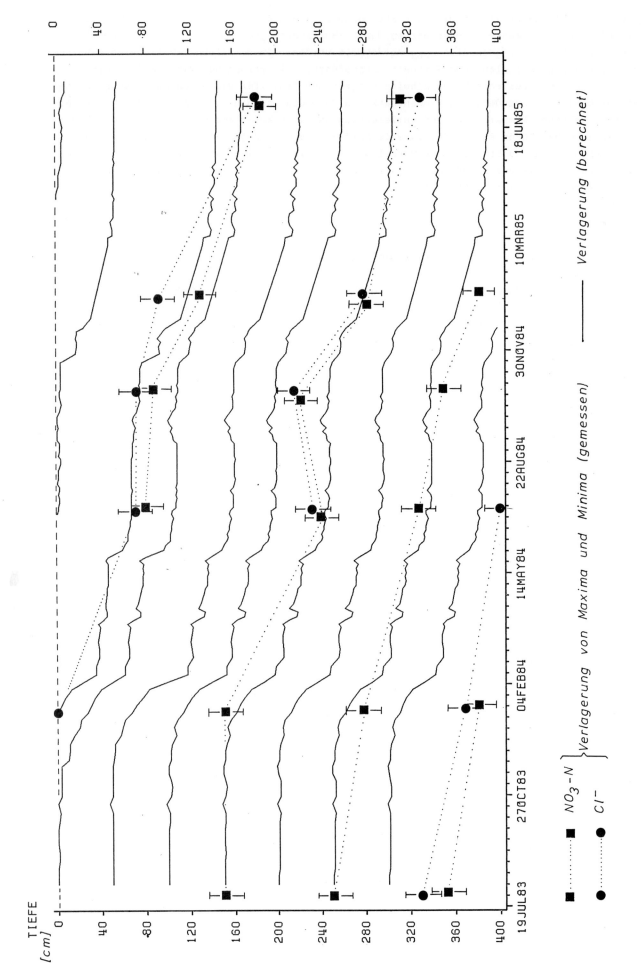

Abb. 10.25: Berechnete und gemessene Verlagerungsdistanzen für Station 1

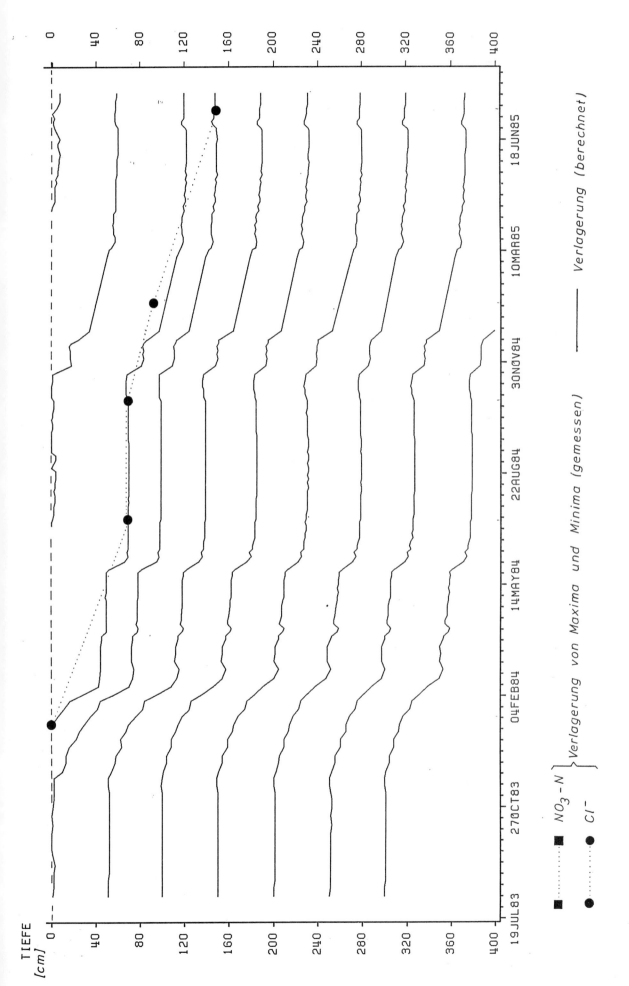

Abb. 10.26: Berechnete und gemessene Verlagerungsdistanzen für Station 2

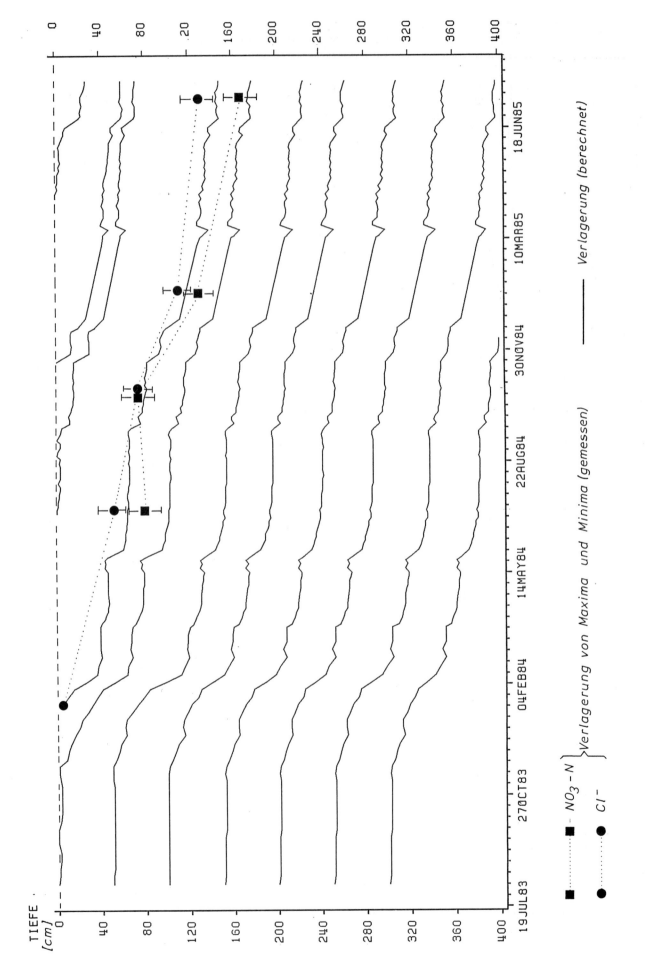

Abb. 10.27: Berechnete und gemessene Verlagerungsdistanzen für Station 4

Die errechnete Tiefenlage bezieht sich daher in diesem Fall nicht auf eine definierte, konstante Wassermenge mit einer konstanten Konzentration, sondern betrifft ein während der Perkolation abnehmendes Wasserquantum, welches seine Ausgangseigenschaft behält. Wenn dagegen die Pflanzen den Inhaltsstoff nicht aufnehmen, so wird die Konzentration infolge der verminderten Wassermenge steigen. Eine relative Anreicherung findet statt.

Das vorgestellte Berechnungsverfahren erlaubt die Angabe einer mittleren Tiefe, in die sich Wassereigenschaften im Zeitablauf fortpflanzen können. Entsteht nahe der Bodenoberfläche z.B. durch Düngerauftrag ein Wasservolumen maximaler Konzentration, dann liefert das Berechnungsschema Hinweise über die Tiefe, in der nach einer gewissen Zeit (Wochen, Monate oder Jahre) eine maximale Konzentration wiederzufinden sein müßte. Hierbei kann wegen eines großen Pflanzenwasserbedarfs die Wassermenge mit dieser Konzentration theoretisch soweit verringert sein, daß die Gesamtmenge des verlagerten Düngers irrelevant kleine Beträge angenommen hat.

Andere Wasserinhaltsstoffe können an der Bodenmatrix angelagert oder mikrobiell abgebaut sein, so daß das auf seinem Weg in die Tiefe verfolgte Wasser die ehemaligen Inhaltsstoffe nicht mehr enthält.

11 Diskussion der Untersuchungsergebnisse

11.1 Niederschläge und Sickerwassermengen

Die methodenbedingten Unsicherheiten bei der täglichen Niederschlagserfassung (vgl. Kap. 3.4 und 10.1.3.2) müssen sich bei dem angewandten kombinierten Wasserscheiden-Wasserhaushaltsverfahren zur Bestimmung der Wasserhaushaltskomponenten auf die Höhe der Evapotranspiration und die Sickerwassermenge auswirken. Unter der Annahme, daß nur der Niederschlag unterschätzt, alle anderen Größen jedoch fehlerfrei bestimmt wurden, läßt sich in Anlehnung an eine verbleichbare Darstellung bei VOGELBACHER (1985) aus Abbildung 11.1 die Zunahme von Sickerwassermenge und Evapotranspiration (mm) bei einer Erhöhung des Niederschlages abschätzen. In Übereinstimmung mit VOGELBACHER wirkt sie sich am stärksten auf die Evapotranspiration aus; der Unterschied zur Zunahme der Sickerwassermenge steigt mit wachsendem Niederschlag linear. Aus einem um 5 % zu niedrig gemessenen Niederschlag resultiert eine Unterschätzung der jährlichen Grundwasserneubildung um 15 mm.

Der zweijährige Untersuchungszeitraum zeigt deutlich den eingeschränkten Wert von Jahresniederschlagssummen für die Prognose von jährlichen Sickerwassermengen. Obwohl die Jahresniederschläge gut mit dem langjährigen Mittel übereinstimmen, müssen die Sickerwassermengen als überdurchschnittlich hoch bezeichnet werden. Auch die nach hydrologischen Halbjahren differenzierten Niederschlagsmengen gewährleisten noch keine sichere Interpretation hinsichtlich der Grundwasserneubildung. Gerade das Jahr 1984 zeigt entscheidende Einflußgrößen auf, die die Höhe des Sickerwasseranfalls mitbestimmen. Große Sickerwassermengen werden durch eine im Herbst einsetzende, frühzeitige Durchfeuchtung des Oberbodens begünstigt. Sie stellt eine wirksame Erhöhung der ungesättigten Leitfähigkeit des Bodens dar und schafft so die Voraussetzungen dafür, daß die Winterniederschläge schneller den Boden passieren können.

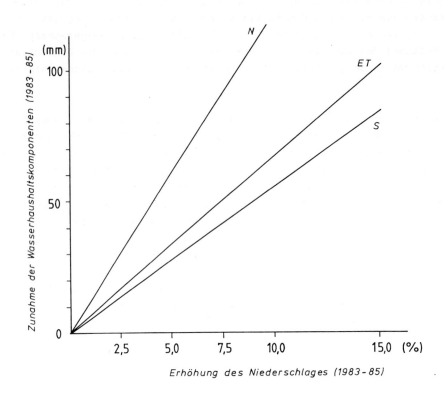

Abb. 11.1: Zunahme von Evapotranspiration und Sickerwassermenge
bei Erhöhung des Niederschlages

Im September 1983 reichten die überdurchschnittlichen Niederschläge nicht aus, um die hydraulische Wasserscheide an der Bt-Untergrenze abzubauen. Die folgenden Niederschläge stauten sich bis in den Winter hinein über der Wasserscheide, so daß kurz vor dem 'Durchbruch' der Feuchtefront in Tiefen unterhalb des Bt-Horizontes im Oberboden die höchsten Wassergehalte des Untersuchungszeitraumes gemessen wurden. Diese Maximalwerte konnten im Winter 1984/85 nicht mehr erreicht werden, weil die ergiebigen Septemberniederschläge die Wasserscheide frühzeitig abgebaut hatten. Die Winterniederschläge konnten so im Sinne der kapillaren Abwärtsverdrängung('piston flow' oder 'downward displacement') rasch in die Tiefe abgeführt werden. Diese Erkenntnis der Versickerungseffizienz einer frühzeitigen Wiederbefeuchtung des Bodens soll auf Sandböden des Hessischen Rieds planmäßig zur Erhöhung der Grundwasserneubildung eingesetzt werden, indem Kulturflächen mit Oberflächenwasser 'vorwegberegnet' werden (MOCK & WEISS 1985).

Entscheidend für die Höhe der unterhalb der Zone des kapillaren Aufstiegs absinkenden Sickerwassermenge ist also die Niederschlagssumme, die nach dem Zusammenbruch der hydraulischen Wasserscheide und vor der sommerlichen Austrocknung in den Boden infiltriert. Vor diesem Hintergrund wird verständlich, daß die überdurchschnittlich hohen Niederschläge im Mai 1985 (und im Mai/Juni 1985) als besonders versickerungswirksam anzusehen sind.

Im Gegensatz hierzu besitzen die im Laufe trockener, verdunstungsstarker Sommerperioden fallenden Niederschläge kaum Bedeutung für den Sickerwasseranfall. Eine durch sommerliche Niederschlagsdefizite niedrige Jahresniederschlagssumme muß nicht zwangsläufig ein entsprechend vermindertes Sickerwasseraufkommen nach sich ziehen. Zwar reichen diese Zusammenhänge aus, um die starke Streuung der Meßpunkte um die Lysimeter-Gerade des Lysimeters

Hattersheim (vgl. Abb. 11.3) zu begründen, doch dürfen hier zusätzliche Modifikationen, wie etwa das unterschiedliche Transpirationsverhalten der Kulturpflanzen nicht vernachlässigt werden.

Zum Vergleich mit anderen Lößgebieten Deutschlands sind in Tab. 11.1 exemplarisch ausgewählte Angaben über Niederschläge und Sickerwassermengen von Lößstandorten zusammengetragen; an konkreten Beispielen soll so die Variationsbreite des Sickerwasseranteils am Niederschlag verdeutlicht werden. Je nach hydrologischem Halbjahr und Nutzung kann die Sickerwassermenge zwischen 0 und 38 % des Niederschlages betragen. Die Niederschlagsmengen zeigen, daß in der Tabelle keine extrem nassen Jahre erfaßt sind, denn die Niederschläge bleiben überwiegend hinter denen des eigenen Beobachtungszeitraumes zurück.

Tab. 11.1: Niederschläge und Sickerwassermengen auf Lößstandorten

Lokalität u. Autor	Substrat u. Nutzung	Zeitraum	Niederschlag mm	Sickerwasser mm	%
Göttingen, HASE & MEYER (1969)	Parabraunerde, Grasland	Normaljahr Winterhalbj.	650 250	140 80	21 32
Lenglern, (Göttingen), TIMMERMANN et.al. (1975)	Lößlehm, Acker Brache	1974	603 603	167 232	28 38
Ahrbergen (Hannover), RENGER & STREBEL (1978)	Parabraunerde, Zuckerrüben	1974/75 1.11. - 1.4. 1.4. - 1.11.	569 224 345	150 80 69	26 36 20
	Parabraunerde, Winterweizen	1975/76 1.11. - 1.4. 1.4. - 1.11.	477 251 226	50 50 0	10 20 0
	Parabraunerde, Winterroggen	1976/77 1.11. - 1.4. 1.4. - 1.11.	599 206 393	84 59 25	14 29 6
Göttingen, GENID, FREDE & MEYER (1982b)	Rohlöß-Lysimeter, Hafer	1977/78 1.4. - 31.3.	557	152	27
	dto., Zuckerrüben	1978/79	650	113	17
	dto., Winterweizen	1979/80	557	161	28
Göttingen, WESSOLEK et. al. (1983)	Braunerde aus Hangkolluvium (Löß)	1978	608	214	35

Um repräsentative Mittelwerte für Lößstandorte in Abhängigkeit von der Niederschlagsmenge zu erhalten, können Lysimetergeraden herangezogen werden (ARMBRUSTER & KOHM 1976, LIEBSCHER 1975, MATTHESS & UBELL 1983). In Abb. 11.2 sind verschiedene Lysimetergeraden zusammengetragen; sie enthält auch die für das Lysimeter Hattersheim (1965 - 1984) berechnete Regression (vgl. Abb 11.3); ein Berechnungsschema für die jährlichen Sickerwassermengen ist ebenfalls von RENGER & STREBEL (1980) vorgeschlagen worden; es ermöglicht in ähnlicher Weise wie das Diagramm von LIEBSCHER (1975) die Differenzierung der Sickerwassermenge nach der Bodenart bzw. der nutzbaren Feldkapazität. Im vereinfachten Modell von RENGER & STREBEL wird als modifizierende Größe die HAUDE-Verdunstung berücksichtigt, für die in Abb. 11.2 ein mittlerer Wert von 525 mm angenommen ist. Die dieser Abbildung zugrunde liegenden Regressionen sind in Tab. 11.2 zusammengestellt (vgl. auch Tab. 11.3).

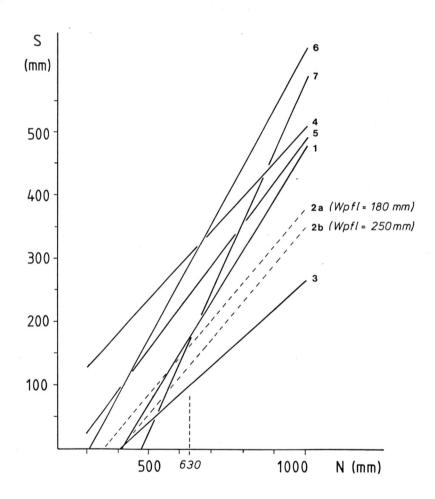

Abb. 11.2: Regressionen zwischen jährlichen
Niederschlags- und Sickerwassersummen (Lößböden)

Gerade weil es sich mit Ausnahme der Gerade 3 (Abb. 11.2) ausschließlich um Lößböden handelt, von denen anzunehmen ist, daß sie ähnliche nutzbare Feldkapazitäten besitzen wie die eigenen Standorte, überrascht die große Diskrepanz zwischen den Regressionen. Unterhalb eines bestimmten Grenzniederschlages, der bei den meisten Ansätzen zwischen 300 und 500 mm liegt, ist keine Grundwasserneubildung zu erwarten. Derartige Regressionen dürfen jedoch insbesondere bei niedrigen bzw. hohen Jahresniederschlägen nicht überinterpretiert werden.

Tab. 11.2: Regressionen zwischen jährlichen
Niederschlags- und Sickerwassersummen (Lößböden)

---

1) $S = 0,80 * N - 322$ Lysimeter Hattersheim, errechnet nach Daten der Hess. Landesanstalt für Umwelt, Wiesbaden 1985, wechselnde landwirtsch. Nutzung

2) $S = 0,58 * n - 220,3(\log Wpfl) - 0,20(E_{Haude}) + 400$
RENGER & STREBEL 1980, Acker *)

3) $S = 0.84 * N - 576$ ARMBRUSTER & KOHM 1976, nFK = 150 mm, Lysimeter Bühl

4) $S = 0,546 * (N - 67)$ MATTHESS & UBELL 1983, 380, Senne-Lysimeter 3, grasbewachsen

5) $S = 0,665 * (N - 265)$ a.a.O., Senne-Lysimeter 4, grasbewachsen

6) $S = 0,912 * (N - 306)$ a.a.O., Lysimeter Dortmund-Geisecke, grasbewachsen

7) $S = 1,1 * N - 519$ DYCK & CHARDABELLAS 1963, in: MATTHESS & UBELL 1983, 376

S: jährliche Sickerwassermenge (mm)
N: jährliche Niederschlagsmenge (mm)
Wpfl: pflanzenverfügbare Bodenwassermenge (mm)
E_{Haude}: HAUDE-Verdunstung (mm)
*) Erläuterung im Text

Tab 11.3: Mittlere jährliche Sickerwassermenge für den Raum Hattersheim, geschätzt nach den in Tab. 11.2 aufgeführten Verfahren für 630 mm Jahresniederschlag

Sickerwasser (mm)	182	163	132	-46	307	243	295	174
Methode	1	2a	2b	3	4	5	6	7

Dementsprechend beschränken RENGER & STREBEL (1980) den Gültigkeitsbereich ihres Ansatzes auf 400 bis 800 mm Niederschlag und auf Böden mit einem pflanzenverfügbaren Wassergehalt bis maximal 230 mm. Wendet man dieses Verfahren auf die beiden Einzeljahre 1983/84 und 1984/85 mit 588 mm bzw. 642 mm Niederschlag sowie 625 bzw. 565 mm HAUDE-Verdunstung an, so resultieren im Mittel 125 mm Sickerwasser pro Jahr. Demgegenüber beträgt der auf ein Jahr bezogene Mittelwert der gemessenen Sickerwassermengen der sechs eigenen Untersuchungsstandorte 170 mm. Hieraus wird - in Jahren mit extrem ungleichmäßiger Niederschlagsverteilung - die o.a. Problematik der Verwendung von Jahressummen für Niederschlag und Verdunstung erneut deutlich.

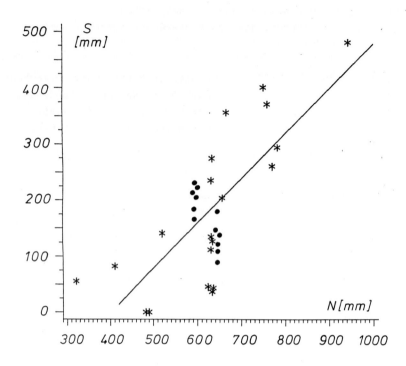

Abb. 11.3: Beziehung zwischen Niederschlag und Sickerwassermenge
für den Raum Hattersheim (Lysimeter- und
Wasserscheiden-Wasserhaushaltsverfahren)

Die Hattersheimer Lysimeter-Gerade nimmt im Vergleich zu den anderen Regressionen eine Mittelposition sowohl hinsichtlich ihrer absoluten Lage als auch hinsichtlich ihrer Steigung ein. Sie kann daher als repräsentativ für Lößböden gelten. Die eigenen jährlichen Sickerwassermengen bewegen sich im Streuungsbereich der Lysimeterwerte der Einzeljahre (Abb. 11.3). Wegen der dargelegten besonderen witterungsklimatischen Konstellationen während des Untersuchungszeitraumes entspricht ihre Position für das Jahr 1983/84 im oberen Bereich der Punktwolke den Erwartungen. Diese Position bestärkt auch die Einschätzung, daß die langjährige mittlere Grundwasserneubildungsrate niedriger ist als der in zwei Jahren erzielte Durchschnitt von 170 mm, jedoch verbietet der kurze Meßzeitraum abschließende statistisch abgesicherte Aussagen. Die mittlere Grundwasserneubildung, die etwa bei 150 mm liegen dürfte, wird ebenfalls durch das Verfahren von RENGER & STREBEL (1980) sowie durch die von hydrogeologischer Seite durch GOLWER (1980) erwarteten Größenordnungen (vgl. Kap. 3.4) bestärkt. Die von MATTHESS & PEKDEGER (1981) vorgelegten Vorstellungen zur bodenartlich differenzierten Grundwasserneubildungsrate für das Rhein-Main-Gebiet werden durch die eigenen Messungen bestätigt.

11.2 Verlagerungsdistanzen

Die aus der Nitrat- und Chloridwanderung abgeleiteten Sickerwasserstrecken fügen sich gut in das Bild ein, welches die Literaturdurchsicht bietet. Nachfolgend seien aus verschiedenen Naturräumen exemplarisch einige empirisch ermittelte Verlagerungsstrecken mitgeteilt.

Aus den erhöhten Tritiumgehalten der Jahre 1963/64 konnten aus aufeinanderfolgenden, mehrjährigen Bestimmungen der Tritium-Tiefenverteilung in Kreidekalkprofilen jährliche Versickerungsgeschwindigkeiten von 90 cm ermittelt werden (SMITH & RICHARDS 1972, zitiert in MOSER et al. 1973, 507). Künstliche Tritium-Injektionen auf einem Lößstandort bei Heidelberg ließen zwischen Dezember 1969 und Dezember 1970, bei Wassergehalten, die zwischen 20 und 30 Vol.-% schwankten, eine Verlagerung des Maximums um 140 cm erkennen (JAKUBICK 1972). Während einer 2,5-jährigen Beobachtungszeit wanderte auf einem grundwasserfernen Lößstandort bei Göttingen das HTO-Tracer-Maximum von 15 cm auf 240 cm unter Flur (HASE & MEYER 1969). BÖTTCHER (1982) berichtet von Chloridverlagerungen bis 80 cm im Zeitraum Ende August bis Ende Januar (Löß-Lysimeter, Grundwasser in 3,5 m unter Flur) und führt als Vergleich 60 cm Nitrat-N-Verlagerung zwischen Anfang Dezember und Ende Januar an, die von RICHTER et al. (1978, zitiert in BÖTTCHER 1982) ermittelt wurden. Für die Jahre 1980 und 1981 mit 698 bzw. 892 mm Niederschlag setzt DUYNISVELD (1983) 90 bzw. 126 cm Verlagerungsdistanz an (Parabraunerde aus Löß). VOSS (1985) beobachtete in mächtigen Lößdecken des Köln-Bonner Raumes Nitratverlagerungsstrecken von jährlich 1,3 m. Diese Angaben stellen zwar - mittlere Klimaverhältnisse zischen 500 und 700 mm Niederschlag vorausgesetzt - die vergleichsweise höchsten Verlagerungsdistanzen für Lößstandorte dar, erscheinen jedoch wegen der geringen Wassergehalte des untersuchten Lösses physikalisch plausibel (vgl. Kap. 10.2.4). Diese aufgrund theoretischer Überlegungen geforderten, gesetzmäßigen Zusammenhänge zwischen Sickerwasserstrecke und Wassergehalt des durchflossenen Mediums werden durch experimentelle Geländeerhebungen bestätigt (vgl. BÖTTCHER 1982 und GARZ et al. 1982).

Die durch die eigenen Untersuchungen ermittelte durchschnittliche Verlagerungsgeschwindigkeit von 75 - 85 cm pro Jahr für den Hauptanteil des Sickerwassers stellt daher im Vergleich mit anderen landwirtschaftlich genutzten Lößböden keine besondere Situation dar. Die Angabe mittlerer Wanderungsgeschwindigkeiten darf jedoch nicht über die je nach Witterungsablauf und Sickerwassermenge erheblich divergierenden Verlagerungsdistanzen hinwegtäuschen. Die angegebenen Distanzen können m.E. um ± 50 cm pro Jahr schwanken.

Die im nassen Frühjahr 1984 anhand der differenzierten Chloridverlagerung nachgewiesene Aufspaltung des Sickerwassers in zwei voneinander deutlich abgesetzte Fraktionen mit unterschiedlicher Geschwindigkeit bestätigt, daß die z.B. von GERMANN (1980, 1981) durch Lysimeterbeobachtungen postulierte Makroporensickerung auch im ungestörten Boden unter Freilandbedingungen erfolgt. Dieses schnelle Sickerwasser bewegt sich, bezogen auf den Zeitraum eines halben Jahres, mit einer um das 2- bis 3-fache höheren Geschwindigkeit als der Hauptanteil des in den Mikroporen absteigenden Bodenwassers.

11.3 Verweildauer des Sickerwassers in der Lößdecke

Die in dieser Untersuchung vorgelegten Ergebnisse über Sickerwassermengen und -geschwindigkeiten sowie die Verlagerung wasserlöslicher Stoffe beruhen auf standortbezogenen Punktmessungen. Häufig ist die flächenhafte Interpretation der am Meßstandort gewonnenen

Meßdaten gefordert. Das besonders in den Geowissenschaften betonte räumliche Erkenntnisinteresse kommt den Anforderungen der Praxis entgegen. Mit ihm ist jedoch zwangsläufig ein Verzicht auf Aussagegenauigkeit verbunden.

Für die unterschiedlichsten Problemkreise wie einzugsgebietshydrologische Fragestellungen (BORK et al. 1985, VOGELBACHER 1985), die flächendifferenzierte Beurteilung der Grundwasserneubildungsrate (HECKMANN et al. 1986) und bei Fragen der Beregnungsbedürftigkeit (RENGER & STREBEL 1981) wird nach adäquaten raumbezogenen Lösungsansätzen gesucht. Meistens bilden Kartierungen einiger wesentlicher Parameter die Grundlage für die flächenhafte Interpretation der von zahlreichen Faktoren abhängigen Bestimmungsgröße.

Abschließend soll der Versuch unternommen werden, flächendeckende Aussagen über die Verweilzeit des Wassers in der ungesättigten Zone oberhalb der Terrassensedimente zu machen. Richtwerte über die Verweildauer des Wassers können, wie in Kap. 10.2.1 angedeutet, nur für den Hauptanteil des Wassers angegeben werden, der sich mit mittlerer Geschwindigkeit durch die Bodenmatrix bewegt. Im Sinne der ingenieur-hydrogeologischen Terminologie sind hier sowohl 'mittlere' als auch 'dominierende Laufzeiten' (DVWK 1982, 10) angesprochen.

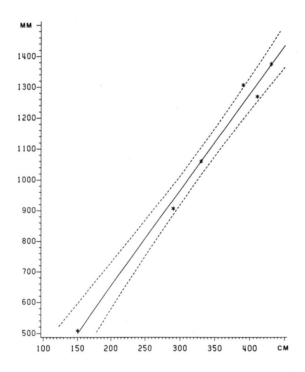

Abb. 11.4: Zusammenhang zwischen Lößmächtigkeit (cm) und Wasserspeicherung (mm)

Die Verweildauer wird im wesentlichen durch die drei Größen Sickerwassermenge bzw. Grundwasserneubildung, mobiler Wassergehalt der durchflossenen Bodenbereiche sowie Mächtigkeit der Lößauflage bestimmt. Da für die ungesättigte Bodenwasserbewegung das Prinzip der kapillaren Abwärtsverdrängung gilt (Kap. 10.2.1), besteht eine unmittelbare Abhängigkeit der Aufenthaltsdauer des Wassers vom gesamten Wassergehalt der Lößdecke. Zusammen mit der in den eigenen Messungen ermittelten und durch ähnliche Untersuchungen (HASE & MEYER

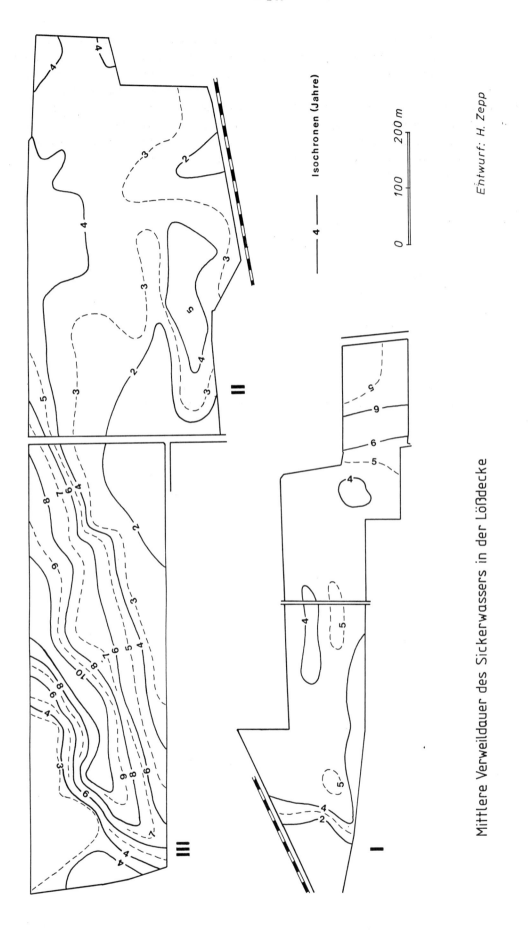

Abb. 11.5: Mittlere Verweildauer des Sickerwassers in der Lößdecke

1969, MORGENSCHWEIS 1980a) bestätigten Feuchtekonstanz des Lösses unterhalb von 2 m unter Flur und dem in Abb. 11.4 nachgewiesenen gesetzmäßigen Zusammenhang zwischen Lößmächtigkeit und mittlerer Wasserspeicherung bietet sich die Lößmächtigkeit als der entscheidende Parameter für die flächenhafte Interpretation der punktbezogenen Meßergebnisse an. Bei einer empirisch ermittelten Geschwindigkeit des Bodenwassers von 75 - 85 cm/Jahr (vgl. Kap. 10.2.3), bzw. nach den Überlegungen in Kap. 11.1 langjährig mit 75 cm anzusetzenden 75 cm, folgt nachstehende Näherungsformel, auf deren Grundlage die Lößmächtigkeitskarte (Karte 2 im Anhang) in die 'Karte der Verweildauer des Sickerwassers in der Lößdecke' (Abb. 11.5) transformiert worden ist:

$$T = \frac{M}{0.75}$$

mit T = Verweildauer des Sickerwassers
in der Lößdecke (Jahre)

M = Mächtigkeit der Lößdecke (m).

Die angegebene Verweildauer von unter 2 bis über 10 Jahren bezieht sich ausschließlich auf die Lößdecke. Über die Aufenthaltszeit des Sickerwassers im oxidierenden Milieu der sandig-kiesigen Terrassensedimente oberhalb des Grundwasserspiegels sind aufgrund der vorliegenden Untersuchungen keine Aussagen möglich. Die Verbleibzeit in der gesamten ungesättigten Zone ist daher in jedem Falle länger.

Zusammenfassung

Das Ziel der Untersuchungen war die Bestimmung der Wasserhaushaltskomponenten, insbesondere der Sickerwassermenge und -strecke in der ungesättigten Zone von Lößdecken des Main-Taunus-Vorlandes. Zweijährige (1983 - 1985) kontinuierliche Wassergehaltsmessungen mit der Neutronensonde bis in maximal 4,5 m und Saugspannungsmessungen bis in 2 m Tiefe führten gemeinsam mit meteorologischen Daten zu umfassenden Bilanzierungen des Bodenwasserhaushaltes auf sechs Standorten mit unterschiedlicher landwirtschaftlicher Nutzung.

Austrocknungstiefe und -intensität der Parabraunerden sind vor allem abhängig von der Tiefenlage und Mächtigkeit der Bt-Horizonte. Die mittleren Wassergehalte der weitgehend feuchtekonstanten Lößschichten unterhalb von 2 m können mit den Tongehalten der fossilen Horizonte, mit dem Abstand zur Lößbasis und differenzierter Pufferwirkung der ungesättigten Zone auf langfristige Witterungswechsel erklärt werden.

Die Witterung im Untersuchungszeitraum war im Jahr 1984 durch Monate mit überdurchschnittlich hohen, versickerungswirksamen Niederschlägen geprägt. In diesem Jahr setzte der Beginn der bodenhydrologisch trockeneren Jahreszeit je nach Standort bis zu 2,5 Monate später als im Jahr 1985 ein. Ebenso begann 1984 die bodenhydrologisch feuchte Phase nach der sommerlichen Austrocknung um 1,5 bis 3 Monate früher als 1983.

Die Ermittlung der Sickerwassermengen erfolgte durch ein kombiniertes Wasserscheiden-Wasserhaushaltsverfahren; verschiedene Bilanzierungsalternativen wurden diskutiert. Im Durchschnitt der zwei Untersuchungsjahre versickerten zwischen 135 und 205 mm (22 bzw. 33 % von 615 mm Niederschlag). Im Vergleich beider Jahre untereinander variieren die Sickerwassermengen um mehr als 10 % des Niederschlages. Die niedrigsten Sickerwassermengen wurden auf einem Standort mit einer nur 1,7 m mächtigen Lößauflage (Getreide - Brache-Fruchtfolge) registriert; auf den mit Obstbäumen bestandenen Flächen (3 m Lößauflage) versickerten etwa 26 % des Niederschlages; die größten Sickerwassermengen waren auf einer mit Erdbeerpflanzen bestandenen Parzelle mit 4,5 m Lößauflage zu verzeichnen. Die langjährige mittlere Grundwasserneubildungsrate wird auf etwa 150 mm geschätzt.

Begleitende Untersuchungen über die zeitliche Veränderung von Nitrat-Stickstofftiefenprofilen und der Einsatz von Chlorid als Tracer erlaubten Aussagen über die Verlagerungsgeschwindigkeit wasserlöslicher Stoffe; diese wurden mit den Sickerwassermengen in Beziehung gesetzt. Für den Hauptanteil der Wasserinhaltsstoffe wurde eine durchschnittliche Verlagerungsdistanz von 75 cm ermittelt. Im regnerischen Frühjahr 1984 konnten an Hand der differenzierten Chlorid-Verlagerung zwei unterschiedlich schnelle Sickerwasserfraktionen beobachtet werden.

Für drei Standorte wurde ein Berechnungsverfahren entwickelt und angepaßt, mit dessen Hilfe aus Tagessummen des Niederschlages, der Haude-Verdunstung und halbwöchentlichen Tensiometermessungen die potentielle Verlagerungsgeschwindigkeit gelöster Wasserinhaltsstoffe ermittelt werden kann. Auf der Grundlage einer Lößmächtigkeitskartierung konnten flächenhafte Aussagen über die Verweildauer des Sickerwassers in der Lößdecke getroffen werden; stellenweise ist mit einer Aufenthaltszeit von 10 Jahren zu rechnen.

Summary

The study deals with aspects of the soil water budget of aeolian loess layers in the region between Frankfurt and Wiesbaden (West Germany). The main objectives are the determination of the values of groundwater recharge and the estimation of the transport distances of percolating water through the zone of aeration. Over a period of two years (1983 - 1985) measurements of the soil water content were carried out using a neutron probe, and assessments of the soil water suction using tensiometers. In combination with climatological data they lead to comprehensive computations of the soil water balance of six experimental sites with different land use.

The intensity of the soil water losses of the Luvisols is governed by the depth and the thickness of the argillic horizons. The water contents of deeper loess layers (below 2 m) can be explained by the clay content of fossil horizons, by the distance to underlying gravels and by the hydrological buffer action of the zone of aeration on long term variations of the climatic conditions.

During the period of field study the climatic conditions were characterised by abundant rainfall in 1984 resulting in a retarded beginning of the dry summer period, which started up to 2.5 months later than in 1985. In 1984 the wet period began up to 1.5 to 3 months earlier than in 1983.

The values for groundwater recharge were determined by a "zero-flux-plane - water balance - method". According to the different sites between 135 and 205 mm seepage water (22 - 33 % of the annual average precipitation of 615 mm) were computed with an interannual variation of more than 10 % of the rainfall. Groundwater recharge was at its lowest at sites with a loess layer of 1.7 m thickness (grain - zero tillage), at an intermediate level in the orchards (loess thickness 3 m) and at its highest at a strawberry plantation. The average regional groundwater recharge amounts to approximately 150 mm/year.

Additional investigations of the temporal change of nitrate-nitrogen as a function of depth and the study of chloride displacement lead to estimations of the velocity of percolating water and soluble compounds. Average annual leaching distances of 75 cm could be observed. In spring 1984 excessive rainfall caused a separation of the chloride tracer into two portions with different velocities. In order to estimate the potential vertical velocity of soluble compounds on the basis of precipitation, evapotranspiration and tensiometer data a calibrated processing method is proposed. Using the thickness of the loess layer as a transfer function from point measurements to the area of field study, the spatial variation for the time required for the seepage water to pass through the zone of aeration is deduced.

Literatur

AG BODENKUNDE (1982): Bodenkundliche Kartieranleitung, 3. Aufl. - Hannover

ALBRECHT, F. (1962): Die Berechnung der natürlichen Verdunstung (Evapotranspiration) aus klimatologischen Daten. - Ber. dt. Wetterdienstes 11, 83

AMBERGER, A. & SCHWEIGER, P. (1974): Sickerwassermenge und Stickstoffauswaschung in Lysimeterversuchen. - Z. Wasser- und Abwasserforschung 7, 18-25

ANDERSEN, L.J.& KRISTIANSEN, H. (1984): Nitrate in groundwater and surface water related to land use in the Karup Basin, Denmark. - Environ. Geol., Vol. 5, No.4

ARBEITSKREIS GRUNDWASSERNEUBILDUNG der Fachsektion Hydrogeologie der DGG (1977): Methoden zur Bestimmung der Grundwasserneubildungsrate. - Geol. Jb. Reihe C 19

ARMBRUSTER, J. & KOHM, J. (1976): Auswertung von Lysimetermessungen zur Ermittlung der Grundwasserneubildung in der badischen Oberrheinebene. - Wasser und Boden 28, 302 - 306

ARYA, L.M., FARRELL, D.A. & BLAKE, G.R. (1975): A field study of soil water depletion patterns in presence of growing soybean roots, I. Determination of hydraulic properties of the soil, II. Effect of plant growth on soil water pressure und water loss patterns, III. Rooting characteristics and root extracting of soil water. - Soil Sci. Soc. Am. Proc. 39, 424-430, 430-436, 437-444

AUST, H., VIERHUFF, H. & WAGNER, W. (1980): Grundwasservorkommen in der Bundesrepublik Deutschland. - Schriftenreihe 'Raumordnung' des BM f. Raumordnung, Bauwesen und Städtebau 06.043

BASF (1984): Bibliographie, Thema: Lysimeter. Hg.: Landwirtsch. Versuchsstation der BASF Limburgerhof. - vervielf. Mskr.

BECHER, H. (1971): Ein Verfahren zur Messung der ungesättigten Leitfähigkeit. - Z. Pflanzenernähr. Bodenk. 128, 1-12

BECHER, H. (1986): Mögliche Auswirkungen einer schnellen Wasserbewegung in Böden mit Makroporen auf den Stofftransport. - Mitteilungn. Dtsch. Bodenkundl. Gesellsch. 41, 303-309

BEESE, F. (1972): Der Wasserhaushalt von Feucht-Schwarzerde- und Griserde-Landschaften im Niedersächsischen Löß-Vorland der mitteldeutschen Schwelle. - Diss. Göttingen

BEESE, F. & VAN DER PLOEG, R.R. (1976): Der Einfluß der Intra-Aggregat-Diffusion auf den Salztransport in Böden. - Mitteilgn. Dtsch. Bodenkundl. Gesellsch. 23, 65-75

BEESE, F. & VAN DER PLOEG, R.R. (1979): Simulation des Anionen-Transports in ungestörten Bodensäulen unter stationären Fließbedingungen. - Z. Pflanzenernähr. Bodenk. 142, 69-85

BEESE, F., VAN DER PLOEG, R.R. & RICHTER, W. (1978): Der Wasserhaushalt einer Löß-Parabraunerde unter Winterweizen und Brache, Computermodelle und ihre experimentelle Verifizierung. - Z. Acker- u. Pflanzenbau 146, 1-19

BEESE, F. & WIERENGA, P.J. (1982): The variability of the apparent diffusion coefficient in undisturbed soil columns. - Z. Pflanzenernähr. Bodenk. 145

BEESE, F. & WIERENGA, P.J. (1983): Simulation of water and chloride transport in field lysimeters. - Z. Pflanzenernähr. Bodenk. 146, 760-771

BELL, J.P. (1976): Neutron probe practice. - Institute of Hydrology, Rep. No. 19, Wallingford

BELMANS, C., WESSELING, J.G. & FEDDES, R.A. (1983): Simulation model of the water balance of a cropped soil: SWATRE. - Journal of Hydrology 63, 271-286

BENCKISER, G., SYRING, K.M., HAIDER, K. & SAUERBECK, D. (1986): Erfassung gasförmiger Stickstoffverluste einer Parabraunerde. - Mitteilungn. Dtsch. Bodenkundl. Gesellsch. 41, 441-450

BENECKE, P. (1974): Arbeitsmodelle für Strömungsprobleme in Böden und ihre mathematische Formulierung. - Mitteilungn. Dtsch. Bodenkundl. Gesellsch. 19, 114-132

BENECKE, P. & VAN DER PLOEG, R.R. (1976): Tensiometermessungen zur Bestimmung der bodenabhängigen Komponenten des Wasserhaushaltes von Waldbeständen. - Mitteilgn. Dtsch. Bodenkundl. Gesellsch. 23, 31-46

BEVEN & GERMANN (1980): The role of macropores in the hydrology of field soils. - Institute of Hydrology, Report No. 69, Wallingford

BIGGAR, J.W. & NIELSEN, D.R. (1962): Miscible displacement, II. Behavior of tracers. - Soil Sci. Soc. Am. Proc. 26, 125-128

BIGGAR, J.W. & NIELSEN, D.R. (1967): Miscible displacement and leaching phenomena, in: R.M. HAGAN et al. (Hg.): Irrigation of agricultural lands, Agronomy 11, 254-274, Am. Soc. Agron., Madison (Wisconsin)

BIGGAR, J.W. & NIELSEN, D.R. (1976): Spatial variability of the leaching characteristics of a field soil. - Water Res. Res. 1211, 78-84

BLUME, H.P., MÜNNICH, K.O. & ZIMMERMANN, U. (1968): Das Verhalten des Wassers in einer Löß-Parabraunerde unter Laubwald. - Z. Pflanzenernähr. Düngg. Bodenk. 121, 156-168

BÖHM, H. (1964): Eine Klimakarte der Rheinlande. - Erdkunde 18, 202-206

BÖKE, E. & LINSTEDT, H.J. (1981): Zur Grundwasserneubildung in Waldgebieten der Rhein-Main-Niederung. - Geol. Jb. Hessen 109, 191-204

BÖTTCHER, J. (1982): Bioelementbilanzen und -transport in Löß- und Sand-Lysimetern bei unterschiedlichen Grundwasserständen.- Diss. Göttingen

BOOCHS, P.W. (1974): Mathematisches Modell zur Beschreibung der Feuchtebewegung im ungesättigten Boden im Hinblick auf die Grundwassererneuerung. - Mitt. Inst. f. Wasserwirtschaft, Hydrologie und Landwirtschaftl. Wasserbau der TU Hannover 29, 1-112

BORK, H.R., DIEKKRÜGER, B. & ROHDENBURG, H. (1985): Applikation eines deterministischen Gebietsmodells zur Beschreibung der Wasserflüsse in Agrarökosystemen. - Landschaftsgenese und Landschaftsökologie 10, 83-95

BOUMA, J. (1977): Soil survey and the study of water in unsaturated soil.- Soil Survey Papers No. 13, Wageningen

BRECHTEL, H.M. (1971): Die Bedeutung der forstlichen Bodennutzung bei der Erwirtschaftung eines optimalen Wasserertrages. - Z. d. dt. geol. Ges. 122, 57-70

BRECHTEL, H.M. (1973): Ein methodischer Beitrag zur Quantifizierung des Einflusses von Waldbeständen verschiedener Baumarten und Altersklassen auf die Grundwasserneubildung in der Rhein-Main-Ebene. - Z. d. dt. geol. Ges. 124, 593-605

BRECHTEL, H.M. & HOYNINGEN-HUENE, J. (1979): Einfluß der Verdunstung verschiedener Vegetationsdecken auf den Gebietswasserhaushalt. - Schr.-R. dt. Verb. Wasserwirtsch. u. Kulturbau 40, 172-223

BRECHTEL, H.M. & SCHRADER, L. (1983): Methodische Hinweise zur Neutronensonden-Kalibrierung. - Probleme bei Einsatz von Neutronensonden im Rahmen hydrologischer Meßprogramme. DVWK-Schriften 50, 31-50

BRÜLHART, A. (1969): Jahreszeitliche Veränderungen der Wasserbindung und der Wasserbewegung in Waldböden des schweizerischen Mittellandes. - Mitt. Schweiz. Anst. Forstl. Versuchw. 45, 127-232

BUCHMANN, J. (1969): Untersuchungen der Dynamik des Wasserhaushaltes verschiedener Bodentypen insbesondere mit Hilfe der Neutronensonde. - Diss. Bonn

BUNDESMINISTER DES INNERN (1985):Bodenschutzkonzeption der Bundesregierung, Bundestagsdrucksache 10/2977 vom 7. März 1985. - Stuttgart, Berlin, Köln, Mainz

CHILDS, E.C. (1969): An introduction to the physical basis of soil water phenomena. - London, New York

COUCHAT, P. (1974): Mesure neutronique de l'humidite des sols. - Thesis, Institut National de Polytechnique, Toulouse

DEUTSCHE FORSCHUNGSGEMEINSCHAFT (1983): National Report on Hydrological Research 1975-1982, National Committee for Geodesy and Geophysics of the Federal Republic of Germany. - o.O.

DEUTSCHER WETTERDIENST (1950): Klima-Atlas von Hessen. - Bad Kissingen

DEUTSCHER WETTERDIENST (1983): schriftliche Mitteilung. - Offenbach

DEUTSCHER WETTERDIENST (1983-1985): Monatliche Witterungsberichte Januar 1983 - Juli 1985. - Offenbach

DRESSEL, J. & JÜRGENS-GSCHWIND, S. (1986): Zur Nitratmobilität im Boden anhand von Lysimeterergebnissen und Profiluntersuchungen.- Landwirtschaftliche Forschung Sonderheft 37, Kongreßband 1984 (im Druck)

DUYNISVELD, W.H.M. (1983): Entwicklung von Simulationsmodellen für den Transport von gelösten Stoffen in wasserungesättigten Böden und Lockersedimenten. - Texte 17/83, Umweltbundesamt Berlin

DUYNISVELD, W.H.M. (1985): mündl. Mitteilung

DUYNISVELD, W.H.M. & STREBEL, O. (1983): Ermittlung der Nitrat-N-Verlagerung aus wasserungesättigten Böden ins Grundwasser bei Ackernutzung unter verschiedenen Bedingungen mit Hilfe von Simulationsmodellen. - Bericht über Zwischenergebnisse in dem UBA-Forschungsvorhaben Wasser 102 04 329 für den Zeitraum 1.7.82 - 31.12.83, Bundesanstalt für Geowissenschaften und Raumordnung, Hannover

DUYNISVELD, W.H.M. & STREBEL, O. (1986): Nitratauswaschungsgefahr bei verschiedenen grundwasserfernen Ackerstandorten in Nordwestdeutschland. - Mitteilungn. Dtsch. Bodenkundl. Gesellsch. 41, 429-439

DUYNISVELD, W.H.M., STREBEL, O., RENGER, M. (1981): Simulationsmodelle für den Transport gelöster Stoffe im Boden.- Mitteilgn. Dtsch. Bodenkundl. Ges. 30, 53-62

DUYNISVELD, W.H.M., RENGER, M., STREBEL, O. (1983): Vergleich von 2 Simulationsmodellen zur Ermittlung der Wasserhaushaltskomponenten in der ungesättigten Bodenzone. - Z. d. dt. geol. Ges. 134, 679-686

DVWK (1980): Empfehlungen zum Bau und zum Betrieb von Lysimetern. - DVWK-Regeln zur Wasserwirtschaft 114, Hamburg, Berlin

DVWK (1982): Ermittlung des nutzbaren Grundwasserdargebotes. - DVWK-Schriften 58

DVWK (1983): 4. Fortbildungslehrgang Grundwasser. Ermittlung des nutzbaren Grundwasserdargebotes 11. - 14. Okt. 1982, in Zusammenarbeit mit der Fachsektion Hydrogeologie der Deutschen Geologischen Gesellschaft, Tagungsunterlagen (Nachdruck)

EHLERS, W. (1975a): Einfluß von Wassergehalt, Struktur und Wurzeldichte auf die Wasseraufnahme von Weizen auf Löß-Parabraunerde. - Mitteilungn. Dtsch. Bodenkundl. Gesellsch. 22, 141-156

EHLERS, W. (1975b): Soil Sci. 119, 242-249

EHLERS, W. (1976): Rapid determination of unsaturated hydraulic conductivity in tilled and untilled loess soil. - Soil Sci. Soc. Am. Proc. 40, 837-840

EHLERS, W. (1977): Measurement and calculations of hydraulic conductivity in horizons of tilled and untilled loess-derived soil, Germany. - Geoderma 19, 293-306

EHLERS, W. (1983): Bodenphysikalische Forschung in der Bundesrepublik Deutschland. - Mitteilungn. Deutsch. Bodenkundl. Gesellsch. 38, 5-28

VAN EIMERN, J. (1964): Zum Begriff und zur Messung der potentiellen Evapotranspiration. - Meteor. Rdsch. 17,33-42

ELLENBERG, H. (1978): Vegetation Mitteleuropas mit den Alpen in ökologischer Sicht. - Stuttgart

ERIKSEN, W. (1967): Das Klima des Mittelrheinischen Raumes in seiner zeitlichen und räumlichen Differenzierung.- Die Mittelrheinlande. Festschr. z. 36. Dt. Geogr. Tag, 16-30, Bad Godesberg

ERNSTBERGER, H, MEUSER, A. & SOKOLLEK, V. (1986): Abflußsimulation auf der Basis einer räumlich differenzierten Bodenwasserhaushaltsberechnung. - Mitteilungn. Dtsch. Bodenkundl. Gesellsch. 41, 341-352

EWALD, E. (1977): Zur Bedeutung und Problematik der Leitfähigkeit des Bodens für Wasser. - Archiv für Acker- und Pflanzenbau und Bodenkunde 21, 1-8

FARAH, S.M., REGINATO, R.J. & NAKAYAMA, F.S. (1984): Calibration of Soil Surface Neutron Moisture Meter. - Soil Science 138, 235-239

FEDDES, R.A., KOWALIK, P.J., ZARADNY, H. (1978): Simulation of field water use and crop yield.- Centre of Agricultural Publishing and Documentation, Wageningen, Netherlands

FINCK, A. (1976): Pflanzenernährung in Stichworten. - Kiel

FLÜHLER, H., GERMANN, P., RICHARD, F. & LEUENBERGER, J. (1976): Bestimmung von hydraulischen Parametern für die Wasserhaushaltsuntersuchungen im natürlich gelagerten Boden. Ein Vergleich von Feld- und Laboratoriumsmethoden. - Z. Pflanzenernähr. u. Bodenkunde 136, 329-342

FLÜHLER, H. & STOLZY, L.H. (1976a): Grenzen der Anwendbarkeit indirekter Flussmengen. - Mitteilungn. Dtsch. Bodenkundl. Gesellsch. 23, 7-17

FLÜHLER, H., ARDAKANI, M.S. & STOLZY, L.H. (1976b): Error propagation in determining hydraulic conductivities from successive water content and pressure head profiles. - Soil Sci. Soc. Am. Proc. (Nov./Dez. 76)

FREEZE, R.A. (1969): The mechanism of natural groundwater recharge and discharge - One dimensional, vertical, unsteady, unsaturated flow above a recharging or discharging groundwater flow system. - Water Res. Res. 5, 153-171

FRIEDRICH, W. (1954): Lysimetermessungen und andere gewässerkundliche Verfahren zur Ermittlung der Grundwassererneuerung. - Z. dt. geol. Ges. 106, 41-48

FRIEDRICH, W. (1957): Beobachtungen am Lysimeter in Frankfurt (Pumpwerk Hinkelstein). - Erl. hydrogeol. Übersichtskarte 1 : 500.000 Bl. Frankfurt, 94-97, Remagen

FRISSEL, M.J., REINIGER, P. (1974): Simulation of accumulation and leaching in soils.- Centre of Agricultural Publishing and Documentation, Wageningen, Netherlands

GARZ, J., HERBST, F. & BOESE, L. (1982): Die Abwärtsverlagerung von Nitrat im Boden während des Winterhalbjahres in ihrer Abhängigkeit von der Niederschlagsmenge und der Feldkapazität. - Archiv Acker- und Pflanzenbau und Bodenkunde 26, 71-76

GEGENWART, W. (1952) : Die ergiebigen Stark- und Dauerregen im Rhein-Main-Gebiet und die Gefährdung der landwirtschaftlichen Nutzflächen durch die Bodenzerstörung. - Rhein-Mainische Forschungen 36

GENID, A., FREDE, H.-G., MEYER, B. (1982a): Messung und Berechnung der potentiellen Evapotranspiration nach verschiedenen Methoden und Formeln für den Standort Göttingen, Bundesrepublik Deutschland. - Göttinger Bodenkundl. Ber. 74, 1-32

GENID, A., FREDE, H.G., MEYER, B. (1982b): Wasser-Haushalt von Löß in Lysimetern mit unterschiedlich tiefem permanentem Grundwasserspiegel und landwirtschaftlichen Kulturpflanzen.- Göttinger Bodenkundl. Ber. 74, 33-121

GERMANN, P. (1977): Interpretation der räumlichen Variation der Saugspannung bei der Berechnung des Bodenwasserhaushaltes. - Mitteilgn. Dtsch. Bodenkundl. Gesellsch. 25, 73-80

GERMANN, P. (1980): Bedeutung der Makroporen für den Wasserhaushalt eines Bodens. - Bulletin der BGS 4, 13-18

GERMANN, P. (1981): Untersuchungen über den Bodenwasserhaushalt im hydrologischen Einzugsgebiet Rietholzbach. - Mitt. d. Versuchsanstalt f. Wasserbau, Hydrologie und Glaziologie der ETH Zürich 51

GERMANN, P. & GREMINGER, P. (1981): Wassersickerung in den größten Hohlräumen des Bodens. - Mitteilungn. Dtsch. Bodenkundl. Gesellsch. 30, 169-180

GIESEL, W., LORCH, S., RENGER, M. STREBEL, O. (1970): Water flow calculations by means of y-absorption and tensiometer measurements in the field. - IAEA Symp. Isotope Hydrol., 663 ff., Wien

GIESSÜBEL, J. (1977): Nutzungsbedingte Änderungen im Naturraum, dargestellt an Beispielen aus dem Rhein-Main-Gebiet und Nordhessen. - Rhein-Mainische Forschungen 85

GOLWER, A. (1980): Hydrogeologie, in: GOLWER, A. & SEMMEL, A.: Erl. Geol. Karte von Hessen 1 : 25.000 Bl. 5917 Kelsterbach, 3. Auflage, 84 - 111. - Wiesbaden

GOLWER, A. & SEMMEL, A. (1980): Erl. Geol. Karte von Hessen 1 : 25.000 Bl. 5917 Kelsterbach, 3. Auflage. - Wiesbaden

GREMINGER, P., RICHARD, F. & LEUENBERGER, J. (1979): Untersuchungen zur Wasserbewegung in einem mit Vegetation bedeckten Hangboden, Projekt Hangsickerung. - Mitteilungn. Dtsch. Bodenkundl. Gesellsch. 29, 133-148

DE HAAR, U. (1974): Beitrag zur wissenschaftssystematischen Einordnung und Gliederung der Wasserforschung. - Beitr. z. Hydrologie 2, 85-150

HAGIN, J. & WELTE, E. (1984): Nitrogen dynamics model. Verification and practical application (in collaboration with M. DIANATI, G. KRUH and A. KENIG). - Göttingen

HAMBLOCH, H. (1957): Über die Bedeutung der Bodenfeuchtigkeit bei der Abgrenzung von Physiotopen. - Ber. z. dt. Landeskunde 18, 246-252

HANSEN, G.K. (1975): A dynamic continuous simulation model of water state and transpiration in the soil-water-atmosphere system. - Acta Agric. Scand. 25, 129-148

HANUS, H., SUESS, A. & SCHURMANN, G. (1972): Einfluß von Lagerungsdichte, Ton- und Schluff- sowie Humusgehalt auf die Wassergehaltsbestimmungen mit Neutronensonden. - Z. Pflanzenernähr. Düngung Bodenk. 132, 4-16

HARTGE, K.H. (1971): Die physikalische Untersuchung von Böden. - Stuttgart

HARTGE, K.H. (1978): Einführung in die Bodenphysik.- Stuttgart

HASE, D. & MEYER, B. (1969): Feuchte-Jahresgang, Wasser-Bewegungen und -bilanzen in dicken Würmlöß-Decken und ihren holozänen Böden bei unterschiedlichem Grundwasserstand im Raum Niedersachsen.- Göttinger Bodenkundl. Ber. 11, 85-183

HAUDE, W. (1954): Zur praktischen Bestimmung der aktuellen und potentiellen Evapotranspiration. - Mitt. d. dt. Wetterdienstes 8

HAVERKAMP, R., VAUCLIN, M., TOURMA, J., WIERENGA, P.J.,VACHAUD, G. (1977): A comparison of numerical simulation models for one-dimensional infiltration.- Soil Sci. Soc. Am. J. 41, 285-294

HECKMANN, H.J. (1983): Ermittlung und Planungsrelevanz der Sickerwasser- und Grundwasserneubildungsrate als Komponenten des Bodenwasserhaushaltes, am Beispiel einer Testfläche in der Oberrheinebene bei Ketsch. - Dipl. Arb. Univ. Münster, Fachbereich Geowissenschaften

HECKMANN, H.J., SCHREIBER, K.F. & THÖLE, R. (1986): Ein Vergleich unterschiedlicher Verfahren zur flächenhaften Ermittlung der Grundwasserneubildungsrate. - Mitteilungn. Dtsch. Bodenkundl. Gesellsch. 41, 353-356

HEGER, K. (1978): Bestimmungen der potentiellen Evapotranspiration über unterschiedlichen landwirtschaftlichen Kulturen. - Mitteilungn. Dtsch. Bodenkundl. Gesellsch. 26, 5-20

HERA, C., ELIADE, G., BURLACU, G. (1981): Factors influencing loss of soil nitrogen by leaching.- Nitrogen, Vol. 132

HESSISCHES LANDESAMT FÜR BODENFORSCHUNG (1969/70): Bodenkarte für gärtnerische Kulturen, Gemarkung Hattersheim Main-Taunus-Kreis 1 : 5000, bearbeitet vom Hess. Landesamt f. Bodenf. durch Prof. Dr. H. Zakosek, Wiesbaden, aufgenommen von E. THIEL. - Wiesbaden

HESSISCHE LANDESANSTALT FÜR UMWELT (1985): Niederschläge und Abflüsse beim Lysimeter Hattersheim 1965-84. - unveröff. Tab., Wiesbaden

IAEA (1970): Neutron moisture Gauges. - Technical Reports Series 112, Vienna

INTERNATIONAL SOCIETY OF SOIL SCIENCE (ISSS) (1975): Soil physics terminology. - Bull. ISSS 48, 16-32

JAKUBICK, A. (1972): Untersuchung der Wasserbewegung in teilweise gesättigten Böden - Tritium-Tracermethode zur Bestimmung der Grundwasserspende. - Diss. Heidelberg

KANDLER, O. (1977): Das Klima des Rhein-Main-Nahe-Raumes. - Mainz und der Rhein-Main-Nahe-Raum, Festschr. 41. Dt. Geogr. Tag Mainz, S. 285-298

KARBAUM, H. (1969): Der Niederschlag als Wasserhaushaltsgröße. - Abh. d. Meteor. Dienstes der DDR 86,1-80

KELLER, R. u.a.(1978/79): Hydrologischer Atlas der Bundesrepublik Deutschland, Atlasband 1978, Textband 1979, im Auftr. d. Deutschen Forschungsgem. unter der Gesamtleitung v. R.KELLER, hrsg. von U. DE HAAR, R.KELLER, H.J. LIEBSCHER, W. RICHTER, H. SCHIRMER. - Boppard

KELLER, R. (1980): Hydrologie. - Erträge der Forschung 143, Darmstadt

KIRKHAM, W.D. & POWERS, W.L. (1972): Advanced soil physics. - New York

KLAUSING, O. (1970): Das hessische Lysimeterprogramm. - Dt. Gewässerkundl. Mitt. 14, 7-10

KLOTZ, D. (1980): Untersuchungen zur hydrodynamischen Dispersion in wasserungesättigten Medien. - Dtsch. Gewässerkundl. Mitt. 24, 158-163

KRAHMER, U. (1973): Bestimmung der ungesättigten Wasserleitfähigkeit k_u an Grund- und Stauwasserböden in situ nach der Verdunstungsmethode mit der Neutronen-Gamma-Tiefensonde und mit Tensiometern.- Diss. Bonn

KRETZSCHMAR, R. (1964): Untersuchungen über die Verlagerung von Ammonium-, Nitrat-, Chlorid- und Sulfationen im Boden der Niederterrasse des Rheines bei Bonn und ihr Abwandern in tiefere Bodenschichten.- Diss. Bonn

KREUTZER, K., STREBEL, O. & RENGER, M. (1980): Field measurement of seepage and evapotranspiration rate for a soil under plant cover: A comparison of soil water and tritium labeling procedure. - J. of Hydrology 48, 137-146

KÜMMERLE, E. & SEMMEL, A. (1969): Erl. zur Geol. Karte von Hessen 1 : 25.000 Bl. 5916 Hochheim a. M.. - Wiesbaden

KUNTZE, H., NIEMANN, J., ROESCHMANN, G. & SCHWERDTFEGER, G. (1980): Bodenkunde. - Stuttgart

LAMBRECHT, K., RAMERS, H., REGER, G., SOKOLLEK, V. & WOHLRAB, B. (1979): Einfluß der Bodennutzung auf Grundwasserneubildung und Grundwassergüte.- Berichte zur Landeskultur, Hrsg.: Hessischer Minister für Landesentwicklung, Umwelt, Landwirtschaft und Forsten

LANG, R. (1982): Quantitative Untersuchungen zum Landschaftshaushalt in der Südöstlichen Frankenalb (=beiderseits der unteren Schwarzen Laaber). - Regensburger Geogr. Schr. 18

LAUER, W. & FRANKENBERG, P. (1981): Untersuchungen zu Humidität und Aridität von Afrika. Das Konzept einer potentiellen Landschaftsverdunstung. - Bonner Geogr. Abh. 66

LESER, H. (1976): Landschaftsökologie. - Stuttgart

LIEBSCHER, H.J. (1975): Grundwasserneubildung und Verdunstung unter verschiedenen Niederschlags-, Boden- und Bewuchsverhältnissen. - Koblenz (unveröff.)

LIND, A.M. & PEDERSEN, M.B. (1976): Nitrate reduction in the subsoil. II. General description of boring profiles and chemical investigations on the profile cores.- Tidsskr. Planteavl. 80

LINVILLE, K.W. & SMITH, G.E. (1970): Nitrate content of soil cores from corn plots after repeated nitrogen fertilization.- Soil Sci. 112

LONG, L.F. (1984): A field system for automatically measuring soil water potential. - Soil Science 137, 227-230

LUFT, G. (1981a): Zur Abflußaufteilung, Wasserbilanz und Grundwasserneubildung im Lößeinzugsgebiet Rippach/Ostkaiserstuhl. - Beiträge zur Hydrologie, Sonderheft 2, 37-56

LUFT, G. (1981b). Anmerkungen zur Kalibrierung von Neutronentiefensonden für Bodenfeuchtemessungen. - Dtsch. Gewässerkundl. Mitt. 25, 60-61

LUFT, G. & MORGENSCHWEIS, G. (1981): Neutronentiefensonden und die Erfassung der Bodenfeuchte. - Wasser und Boden 11,

MATHER, J.R. (1978): The climatic water budget in Environmental analysis. - Lexington, Mass., USA

MATTHESS, G. & PEKDEGER, A. (1981): Zur Grundwasserneubildung im hessischen Teil des Oberrhein-Grabens. - Geol. Jb. Hessen 109, 179-189

MATTHESS, G. & UBELL, K.(1983): Allgemeine Hydrogeologie, Grundwasserhaushalt. Lehrbuch der Hydrogeologie Bd. 1 (hrsg. v. G. MATTHESS). - Berlin, Stuttgart

MOCK, F.J. & WEISS, J. (1985): Förderung der Grundwasserneubildung aus Winterniederschlägen durch Vorwegberegnung mit Oberflächenwasser auf land- und forstwirtschaftlichen Flächen unter Wahrung betrieblicher und ökologischer Verträglichkeit. - Forschungsauftrag 81 HS 005, Abschlußbericht der 1. Phase, Institut für Wasserbau, TH Darmstadt

MÖLLER, F. (1973): Einführung in die Meteorologie, Bd. 1 Physik der Atmosphäre. - Mannheim

MORGENSCHWEIS, G. (1980a): Zum Bodenwasserhaushalt im Lößeinzugsgebiet Rippach/Ostkaiserstuhl. - Beitr. z. Hydrologie 7, 23-97

MORGENSCHWEIS, G. (1980b): Methoden der Bodenfeuchte-Erfassung und Konzept einer gebietsspezifischen Neutronensonden-Kalibrierung mit Dichtekompensation. - Schriftenreihe des DVWK 50

MORGENSCHWEIS, G. (1981a): Zur Abschätzung des Fehlers der Bodenfeuchte-Messung mit einer Neutronensonde. - Wasserwirtschaft 71, 10-15

MORGENSCHWEIS, G. (1981b): Mehrschicht-Simulationsmodell der ungesättigten vertikalen Bodenwasserbewegung. - Beitr. z. Hydrologie, Sonderheft 2, 265-292

MORGENSCHWEIS, G. & LUFT, G. (1981): Einrichtung von Bodenfeuchtemeßstellen und Kalibrierung einer Neutronensonde am Beispiel der Wallingfordsonde Typ IH II. - Dtsch. Gewässerkundl. Mitt. 25, 84-92

MOSCHREFI, N., MEYER, B.(1968): Bedeutung der Wasserbewegung im ungesättigten Feuchtezustand (unsaturated flow), des Lufteinschlusses und des Grundwasserstandes für Niederschlagsversickerung und Grundwasserspende.- Göttinger Bodenkundl. Ber. 1,1-31

MOSER, H., NEUMAIER, F. & RAUERT, W. (1973): Anwendung von Isotopenmethoden zur Untersuchung der Verunreinigung von Grundwasser. - Z. d. dt. geol. Ges. 124, 501-514

MÜCKENHAUSEN, E. (1975): Die Bodenkunde und ihre geologischen, geomorphologischen, mineralogischen und petrologischen Grundlagen. - Frankfurt/Main

MÜCKENHAUSEN, E. & ZAKOSEK, H. (1961): Das Bodenwasser. - Notizbl. hess. L.-Amt Bodenforsch. 89, 400-414

MÜLLER, W. (1982): Nährstoffaustrag aus Weinbergsböden der Mittelmosel unter besonderer Berücksichtigung der Nitrate. - Diss. Bonn

MÜLLER, W.,RENGER, M. & BENECKE, P. (1970): Bodenphysikalische Kennwerte wichtiger Böden, Erfassungsmethodik, Klasseneinteilung und kartographische Darstellung. - Beihefte Geol. Jb., Bodenkundl. Beitr. 99/2, 13-70

MÜNNICH, K.O., ROETHER, W. & KREUTZ, W. (1966): Downward movement of soil moisture traced by means of hydrogen isotopes. - Soil Science 152, 346-351

MÜNNICH, K.O. (1977): Isotope studies on groundwater movement in the unsaturated and saturated soil zone. - Symp. on trace elements in drinking water, agriculture and human life, Cario, Jan 1977, (unpublished)

MUNSELL, P. (1954): Munsell Soil Color Charts.- Munsell Color Company, Inc. Baltimore, Maryland

NEEF, E., SCHMIDT, G. & LAUCKNER, H. (1961): Landschaftsökologische Untersuchungen an verschiedenen Physiotopen in Nordwestsachsen. - Abh. d. Sächs. Akad. d. Wiss. zu Leipzig, Math.-Naturwiss. Kl. 47, H. 1

NEUE,H.U. (1980): Methodischer Vergleich von Neutronentiefensonden anhand von Modelluntersuchungen auf Löß-, Sandlöß- und Geschiebelehmstandorten. - Diss. Hamburg

NEUE, H.U. & SCHARPENSEEL, H.W. (1983): Methodischer Vergleich von 241-Am/Be Neutronentiefensonden mit einer Cf-Fissionstiefensonde anhand von Modelluntersuchungen und mehrjährigen Bodenfeuchtemessungen. in: Probleme beim Einsatz von Neutronensonden im Rahmen hydrologischer Meßprogramme. - DVWK Schriften 50, 75-113

NIELSEN, D.R. & BIGGAR, J.W. (1962): Miscible displacement: Theoretical considerations. - Soil Sci. Soc. Am. Proc. 26,216-221

NIELSEN, D.R., BIGGAR, J.W. & DAVIDSON, J.M. (1962): Experimental consideration of diffusion analysis in unsaturated flow problems. - Soil Sci. Soc. Am. Proc. 26, 107-111

NÖRING, F. (1954): Exkursion (A) zu den Wasserversorgungsanlagen der Stadt Frankfurt a. M. - Z. d. dt. geol. Gesellsch. 106, 177-182

NÖRING, F. (1957): Die Wasserversorgung im Rhein-Main-Gebiet und im Maintal sowie die wichtigsten Gruppennetze außerhalb des Rhein-Main-Gebietes. - Erl. hydrogeol. Übersichtskarte 1 : 500.000 Bl. Frankfurt, 68-83, Remagen

OBERMANN, P. (1982): Hydrochemische/Hydromechanische Untersuchungen zum Stoffgehalt von Grundwasser bei landwirtschaftlicher Nutzung.- Bes. Mitt. z. Dt. Gewässerkundl. Jahrbuch 42, hrsg. Vereinigung Dt. Gewässerschutz, 2. Aufl., Bonn

OBERMANN, P. (1983): Die Grundwasserbelastung durch Nitrat aus der Sicht der öffentlichen Wasserversorgung. - Schriftenr. Ver. Dt. Gewässersch. 46

OPARA-NADI, O.A. (1979): A comparison of some methods for determining the hydraulic conductivity of unsaturated soils in the low suction range. - Göttinger Bodenkundl. Ber. 57, 1-104

OTTO, A.(1978): Fremdstoffbelastung der Gewässer in der BRD durch Land- und Forstwirtschaft.- Landwirtschaft - Angewandte Wissenschaft, H.214, BML und AID

PENCK, A. (1896): Untersuchungen über Verdunstung und Abfluß von größeren Landflächen. - Geogr. Abh. Bd. V, H. 5, Berlin

PENMAN, H.L. (1948): Natural evaporation from open water, bare soil and grass. - Proc. of the Royal Society A 193, 120-145

PENMAN, H.L. (1963): Vegetation and Hydrology. - Techn. Communication No. 3, Commonwealth Bureau of Soils, Harpenden

PENMAN, H.L. (1968): Role of vegetation in soil water problems, in: RIJTEMA & WASSING (ed.): Water in the unsaturated zone, 49-62. - Gentbrügge

PETZOLD, E. (1982): Einsatzmöglichkeiten EDV-gestützter räumlicher Informationssysteme für hydrologische Planungszwecke, Bilanzierung des Wasserdargebotes auf kleinräumiger Basis. - Münstersche Geogr. Arb. 14

PFAU, R. (1966): Ein Beitrag zur Frage des Wassergehaltes und der Beregnungsbedürftigkeit landwirtschaftlich genutzter Böden im Raume der Europäischen Wirtschaftsgemeinschaft. - Meteor. Rdsch. 19, 3-46

PHILIP, J.R. (1955): Numerical solution of equation of diffusion type with diffusivity concentration dependent.- Trans. of the Faraday Society 51, 885-892

PLAGGE, R. (1985): Beschreibung und Bestimmung der ungesättigten Leitfähigkeit von und in Böden. - Dipl. Arb. am Institut f. Bodenkunde d. Univ. Bonn

PLASS, W. (1972): Erl. zur Bodenkarte von Hessen 1 : 25.000 Bl. 5917 Kelsterbach. - Wiesbaden

PLASS, W. (1980): Böden. - Erl. zur geol. Karte von Hessen 1 : 25.000 Bl. 5917 Kelsterbach, 117-134, Wiesbaden

VAN DER PLOEG, R.R. & KINZELBACH, W. (1986): Modellüberlegung zur Deutung des Nitratkonzentrationsanstieges im Grundwasser bei Bruchsal in Baden-Württemberg. - Vortrag Tagung Fachsektion Hydrogeol. der DGG u. DBG Braunschweig

RALSTON & JENNRICH (1978): Technometrics Feb. 78,7-14

REMSON, J., HORNBERGER, G.H. & MOLZ, F.J. (1971): Numerical methods in subsurface hydrology. - New York

RENGER, M. (1971): Die Ermittlung der Porengrößenverteilung aus der Körnung, dem Gehalt an organischer Substanz und der Lagerungsdichte. - Z. Pflanzenernähr. Bodenk. 130, 53-67

RENGER, M., GIESEL, W., STREBEL, O. & LORCH, S. (1970): Erste Ergebnisse zur quantitativen Erfassung der Wasserhaushaltskomponenten in der ungesättigten Bodenzone. - Z. Pflanzenernähr. Bodenk. 126, 15-33

RENGER, M. & STREBEL, O. (1976): Transport von Wasser und Nährstoffen an die Pflanzenwurzeln als Funktion der Tiefe und der Zeit. - Mitteilungn. Dtsch. Bodenkundl. Gesellsch. 23, 77-88

RENGER, M. & STREBEL, O. (1978): Quantitative Erfassung der einzelnen Komponenten des Wasserhaushaltes in der ungesättigten Bodenzone durch Messungen in situ mit hoher raumzeitlicher Auflösung. - Abschlußbericht DFG Vorhaben, Niedersächs. Landesamt f. Bodenforsch., Hannover

RENGER, M. & STREBEL, O. (1980): Jährliche Grundwasserneubildungsrate in Abhängigkeit von Bodennutzung und Bodeneigenschaften. - Wasser u. Boden 32, 326-366

RENGER, M. & STREBEL, O. (1981): Beregnungsbedürftigkeit landwirtschaftlicher Kulturen in Niedersachsen in Abhängigkeit von Klima und Boden. - Meteor. Rdsch. 34, 10-16

RENGER, M., STREBEL, O. & GIESEL, W. (1974): Beurteilung bodenkundlicher, kulturtechnischer und hydrologischer Fragen mit Hilfe von klimatischer Wasserbilanz und bodenphysikalischen Kennwerten. - Z. f. Kulturtechnik u. Flurbereinigung 15, 148-160, 206-221, 263-271, 353-366

RENGER, M., STREBEL, O., GIESEL, W. & VON HOYNINGEN-HUENE, J. (1975): Bestimmung der Wasserhaushaltskomponenten von Böden (Verfahrensvergleich). - Mitteilungn. Dtsch. Bodenkundl. Gesellsch. 22, 113-120

RENGER, M., WESSOLEK, G., FACKLAM, M. & STREBEL, O. (1986): Einfluß von Standortnutzungsänderungen auf die Grundwasserneubildung. - Vortrag Tagung Fachsektion Hydrogeol. der DGG u. DBG Braunschweig, vgl. Mitteilungn. Dtsch. Bodenkundl. Gesellsch. 41, 357-364

REUL, K. (1980): Luftbildgeologische Gefügeanalyse. - Erl. zur geol. Karte von Hessen 1 : 25.000 Bl. 5917 Kelsterbach, 65-73, Wiesbaden

RICHARDS, L.A. (1949): Methods of measuring soil moisture tension. - Soil Science 68, 95-112

RIJTEMA, P.E. (1965): An analysis of actual evapotranspiration. - Agric. Res. Publ. 659, 107, Wageningen

ROHDENBURG, H. & DIEKKRÜGER, B. (1984): Zur Beschreibung von Hysterese-Schleifen bei der Bodenwasser-Modellierung. - Landschaftsökologisches Messen und Auswerten 1, 61-66, Braunschweig

RIJTEMA, P.E. & WASSING, H. (Ed.)(1968): Water in the unsaturated zone. - Publication AIHS 82/83 Gentbrügge

ROSE, C.W., STERN, W.R. & DRUMMOND, J.E. (1965): Determination of hydraulic conductivity as a function of depth and water content for soil in situ. - Austr. J. Soil Res. 3, 1-9

ROSENKRANZ, G. (1981): Untersuchungen über den Jahresgang der Bodenfeuchte und ihre geoökologische Bedeutung im Küstenraum der östlichen Kieler Außenförde. - Regensburger Geogr. Schr. 17

SAS-INSTITUTE (1982): SAS User's guide: Statistics. - Cary, North Carolina

SAS-INSTITUTE (1985a): SAS User's guide: Basics. - Cary, North Carolina

SAS-INSTITUTE (1985b): SAS User's guide: Graph. - Cary, North Carolina

SCHARPF, H.C. (1977): Der Mineralstickstoff des Bodens als Maßstab für den Stickstoffdüngerbedarf. - Diss. Hannover

SCHEFFER, F. & SCHACHTSCHABEL, P. (1976): Lehrbuch der Bodenkunde, neubearbeitet von P. SCHACHTSCHABEL, H.P. BLUME, K.H. HARTGE & U. SCHWERTMANN. - Stuttgart

SCHEIDEGGER, A.E. (1961): J. Geophys. Res. 66, 3273-3278

SCHENDEL, U. (1967): Vegetationswasserverbrauch und Wasserbedarf. - Habil.-Schr. Univ. Kiel

SCHLICHTING, E. & BLUME, H.P. (1966): Bodenkundliches Praktikum. - Hamburg

SCHMIEDECKEN, W. (1978): Die Bestimmung der Humidität und ihrer Abstufungen mit Hilfe von Wasserhaushaltsberechnungen - ein Modell. - Colloquium Geographicum 13, 135-159

SCHMIEDECKEN, W. & STIEHL, E. (1983): Wald und Wasserhaushalt. Klimatologische und hydrologische Untersuchungen in der Rureifel. - Festschrift W. Lauer zum 60. Geburtstag. Colloquium Geographicum 16, 165-195

SCHMITHÜSEN, J. (1956): Handbuch der Naturräumlichen Gliederung Deutschlands. - Remagen

SCHRADER, L. (1974): Untersuchungen über die Dynamik des Wasserhaushaltes von Weinbergsböden mit Hilfe der Neutronensonde. - Diss. Bonn

SCHREIBER, K.F. (1977): Methodische Ansätze und Probleme bei der ökologischen Bestandsaufnahme und Bewertung des ländlichen Raumes in Fach- und Landschaftsplanung. - Z. f. Kulturtechnik u. Flurbereinigung 18, 261 - 269

SCHROEDER, D. (1972): Bodenkunde in Stichworten. - Kiel

SCHULIN, R., SELIM, H.M. & FLÜHLER, H. (1986): Bedeutung des Bodenskeletts für die Verlagerung von gelösten Stoffen in einer Rendzina. - Mitteilungn. Dtsch. Bodenkundl. Gesellsch. 41, 397-405

SCHULTE-KELLINGHAUS, S.(in Vorbereitung): Zur Denitrifikation und mikrobiellen Aktivität in der ungesättigten Zone von Sand- und Lößböden mit unterschiedlicher Nutzung. - (in Vorbereitung)

SEMMEL, A. (1969): Quartär. - Erl. zur geol. Karte von Hessen 1 : 25.000 Bl. 5916 Hochheim a. Main. - Wiesbaden

SEMMEL, A. (1970): Bodenkarte von Hessen 1 : 25.000 Bl. 5916 Hochheim a. Main. - Wiesbaden

SEMMEL, A. & ZAKOSEK, H. (1970): Erläuterungen zur Bodenkarte von Hessen 1 : 25.000 Bl. 5916 Hochheim a. Main. - Wiesbaden

SEVRUK, B. (1974): Correction for the wetting loss of a Hellmann precipitation gauge. - Hydrol. Sciences - Bulletin - XIV, 549-559, IAHS

DE SMEDT,F. & WIERENGA, P.J. (1978): Approximate analytical solution for solute flow during infiltration and redistribution.- Soil Sci. Soc. Am. J. 42

SPONAGEL, H. (1980): Zur Bestimmung der realen Evapotranspiration landwirtschaftlicher Kulturpflanzen. - Geol. Jb. Reihe F, H. 9, Hannover

STREBEL, O. (1970): Messung der Bodenwasserspannung mit Hg-Manometer-Tensiometern bei Lufttemperaturen unter 0° C. - Z. Pflanzenernähr. Bodenk. 126, 111-116

STREBEL, O. & RENGER, M. (1977): Einfluß von Vegetations- und Bodenunterschieden auf den Bodenwasserhaushalt. - Ber. über Landwirtschaft 55, 646-651

STREBEL, O., RENGER, M. (1978): Vertikale Verlagerung von Nitrat - Stickstoff durch Sickerwasser aus dem wasserungesättigten Boden ins Grundwasser bei Sandböden verschiedener Bodennutzung.- Abschlußbericht DFG - Forschungsvorhaben

STREBEL, O., GIESEL,W., RENGER, M. & LORCH, S. (1970): Automatische Registrierung der Bodenwasserspannung im Gelände mit dem Druckaufnehmer-Tensiometer. - Z. Pflanzenernähr. Bodenk. 126, 6-15

STREBEL, O., GRIMME, H., RENGER, M. & FLEIGE, H. (1980): A field study with 15-N of soil and fertilizer nitrate uptake and of water withdrawal by spring wheat. - Soil Sci. 130, 205-210

STREBEL, O., RENGER, M. & GIESEL, W. (1973): Soil-suction measurements for evaluation of vertical water flow at greater depths with a pressure transducer-tensiometer. - J. of Hydrology 18, 367-370

STREBEL, O., RENGER, M. & GIESEL, W. (1973): Bestimmung des vertikalen Transports von löslichen Stoffen im wasserungesättigten Boden. - Wasser u. Boden 8, 251-253

STREBEL, O., RENGER, M. & GIESEL, W. (1975): Bestimmung des Wasserentzuges aus dem Boden durch die Pflanzenwurzeln im Gelände als Funktion der Tiefe und der Zeit. - Z. Pflanzenernähr. Bodenk. 138, 61-72

STRUZER, L.R. & GOLUBEV, V. G. (1976): Methods for the correction of the measured sums of precipitation for water balance computations. - State Hydrol. Inst. Publ. 86, Leningrad

SYRING, K.M. & SAUERBECK, K.D. (1985): Ein Modell zur quantitativen Abschätzung des Stickstoffumsatzes im System Boden-Pflanze. - Vortrag Tagung Fachsektion Hydrogeol. der DGG u. DBG Braunschweig

THEWS, J. (1969): Hydrogeologie, in Erl. zur Geol. Karte von Hessen 1 : 25.000 Bl. 5916 Hochheim a. M., 3. Aufl., 109-144. - Wiesbaden

THOMAS, G.W. & SWOBODA, A.R. (1970): Anion exclusion effects on chloride movement in soils. - Soil Science 110, 163-167

THOMAS-LAUCKNER, M. & HAASE, G, (1967): Versuch einer Klassifikation von Bodenfeuchteregime-Großtypen. - Albrecht Thaer-Archiv 11, 1003-1020

THORNTHWAITE, C.W. (1948): An approach towards a rational classification of climate. - The Geogr. Rev. 38, 55-94

TIMMERMANN, F. (1981): Stickstoffauswaschung - Einflußfaktoren und Verhütungsmaßnahmen.- Berichte über Landwirtschaft, Sonderheft 197, 135-145

TIMMERMANN, F., FEGER, U., WELTE, E. (1975): Sickerwasserberechnungen und Nährstoffgehaltsmessungen in der abgesaugten Bodenlösung zur Bestimmung der Nährstoffauswaschung auf einem Lößstandort.- Mitteilgn.Dtsch. Bodenkdl.Gesellsch. 22, 251-270

TRETER, U. (1970): Untersuchungen zum Jahresgang der Bodenfeuchte in Abhängigkeit von Niederschlägen, topographischer Situation und Bodenbedeckung an ausgewählten Punkten in den Hüttener Bergen, Schleswig/Holstein. - Schr. d. Geogr. Inst. Univ. Kiel 33

TROLL, C. & PAFFEN, K.H. (1964): Die Karte der Jahreszeitenklimate. - Erdkunde 18, 5-28

UHLIG, S. (1954): Berechnung der Verdunstung aus klimatologischen Daten. - Mitt. d. Dt. Wetterdienstes 6. - Bad Kissingen

UHLIG, S. (1959): Wasserhaushaltsbetrachtungen nach THORNTHWAITE. - Z. f. Acker- u. Pflanzenbau 109, 384-407

VISCHER, D. & SEVRUK, B. (1975): Die Fehler der Niederschlagsmessung. - Mitt. Eidgen. Anst. f. d. forstl. Versuchswesen 51, 151-170

VISSER, W.C. (1968): An empirical mathematical expression for the desorption curve, in: RIJTEMA (Ed.): Water in the unsaturated zone, 329-336. - Gentbrügge

VOGELBACHER (1983): schriftl. Mitt.

VOGELBACHER, A. (1985): Simulation der Wasserbilanz in terrassierten Lößgebieten. Diss. Freiburg. - Kirchzarten

VÖMEL, A. (1974): Der Nährstoffumsatz in Boden und Pflanze aufgrund von Lysimeterversuchen.- Fortschr. Acker-und Pflanzenbau Sonderheft 3

VOSS, G., ZAKOSEK, H. (1985): Zur zeitlichen Veränderung von Nitrattiefenprofilen in der ungesättigten Zone mächtiger Lößdecken im Vorgebirge bei Bonn. - Landwirtschaftl. Forschung 37, Kongreßband 1984, 410-415

VOSS, G. (1985): Zur Nitratverlagerung in mächtigen Lössen des Vorgebirges bei Bonn. - Diss. Bonn

VOSS, G., ZAKOSEK, H. & ZEPP, H. (1986): Zur Messung und Simulation der Nitrattiefenverteilung in mächtigen Lößdecken. - Mitteilungn. Dtsch. Bodenkundl. Gesellsch. 43/I, 311-316

WELTE, E., TIMMERMANN, F. (1982): Über den Nährstoffeintrag in Grundwasser und Oberflächenwasser aus Boden und Düngung.- Verband Deutscher Landwirtschaftlicher Untersuchungs- und Forschungsanstalten e.V. (VDLUFA)

WEHRMANN, J., SCHARPF, H.C. (1983): Auswaschung von Nitrat aus Böden mit Gemüseanbau; in: Nitrat in Gemüse und Grundwasser.- Vortragstexte der Tagung Bad Honnef April 1983. - Bonn

WENDLING, U. (1981): Messung der Bodenfeuchte mit Neutronensonden im Stationsnetz des Meteorologischen Dienstes der DDR. - Abh. d. Meteor. Dienstes der DDR 126

WESSOLEK, G., TIMMERMANN, F. & VAN DER PLOEG, R.R. (1983): Nährstoffverlagerung und Wasserbilanz einer Braunerde aus Löß-Kolluvium unter Ackernutzung. - Z. Pflanzenernähr. Bodenk. 146, 681-689

WMO (1966): Measurement and estimation of evaporation and evapotranspiration. - WMO-Nr. 201 (Techn. Note 83), Genf

YOUNG, C.P. (1981): The Distribution and Movement of Solutes Derived from Agricultural Land in the Principal Aquifers of the United Kingdom, with Particular Reference to Nitrate.- Water, Science and Technology 13

ZAKOSEK, H. (1954): Die Bedeutung der Böden f. d Grundwassererneuerung. - Z. d. dt. geol. Ges. 106, 36-40

ZEPP, H. (1986): Zur Bilanzierung des Bodenwasserhaushaltes mit Neutronensonden und Tensiometern. Ein Methodenvergleich.-Landschaftsökologisches Messen und Auswerten 2, 41-54

ZIMMERMANN, U., EHHALT, D. & MÜNNICH, K.O. (1967): Soil-water movement and evapotranspiration: changes in the isotopic composition of the water. - Isotopes in Hydrology, IAEA, Wien, 567-585

Anhang

Wassergehalts-Wasserspannungs-Beziehungen auf der Grundlage
paralleler Neutronensonden- und Tensiometermessungen

Die Tabelle enthält die Parameter a, b, c, d und e für die Polynome der nachstehenden,
allgemeinen Form:

$$\Theta = a\psi^4 + b\psi^3 + c\psi^2 + d\psi + e.$$

Station	Tiefe (cm)	a	b	c	d	e	untere Gültigkeitsschranke (pF)
1	10	0.04	− 0.18	− 1.67	3.12	35.45	1.30
1	30	0.04	− 0.18	− 1.67	3.12	35.45	1.30
1	50	0.02	− 0.24	− 0.33	1.40	35.43	1.10
1	70	− 0.60	8.79	− 43.41	83.08	− 21.42	
1	90	− 3.23	51.77	− 287.75	656.03	− 496.25	2.20
1	110	1.56	− 25.75	150.70	− 382.03	383.04	
1	130	5.45	− 88.18	499.01	−1191.67	1053.93	
1	150	0.41	− 6.38	34.77	− 88.45	116.52	
1	170	1.63	− 26.13	146.10	− 349.79	333.65	
1	190	1.63	− 26.13	146.10	− 349.79	333.65	
2	10	0.13	− 1.52	4.64	− 8.96	37.22	
2	30	0.13	− 1.52	4.64	− 8.96	37.22	
2	50	0.32	− 4.35	18.63	− 36.45	57.76	
2	70	0.38	− 5.02	20.17	− 33.26	53.09	
2	90	0.28	− 3.76	15.51	− 26.13	50.46	
2	110	1.98	− 31.37	172.20	− 399.75	366.60	
2	130	1.41	− 21.75	116.02	− 266.45	254.95	
2	150	3.99	− 62.19	334.29	− 753.24	638.13	
2	170	0.94	− 13.53	65.78	− 139.09	140.52	
2	190	0.94	− 13.53	65.78	− 139.09	140.52	
3	10	0.58	9.09	− 47.28	88.08	− 19.64	1.41
3	30	0.58	9.09	− 47.28	88.08	− 19.64	1.41
3	50	− 0.68	10.19	− 51.01	93.58	− 24.01	1.50
3	70	− 0.37	5.35	− 25.52	42.74	12.19	1.30
3	90	− 0.12	1.73	− 8.99	14.64	29.93	1.14
3	110	0.16	− 2.08	7.27	− 11.34	42.36	
3	130	− 0.07	1.90	− 15.25	35.19	10.73	1.60
3	150	− 0.13	2.71	− 19.10	43.36	4.38	1.80
3	170	− 1.96	31.84	− 179.07	408.16	− 292.50	2.00
3	190	− 1.25	20.12	− 110.93	242.01	− 148.34	

Station	Tiefe (cm)	a	b	c	d	e	untere Gültigkeitsschranke (pF)
4	10	− 0.01	0.53	− 5.11	9.83	28.10	1.30
4	30	− 0.01	0.53	− 5.11	9.83	28.10	1.30
4	50	− 0.15	2.36	− 13.02	24.80	18.51	1.46
4	70	0.05	− 0.29	− 1.79	6.53	28.52	1.43
4	90	− 0.26	4.33	− 24.61	51.39	− 2.63	1.70
4	110	1.25	− 19.88	110.13	− 264.07	261.11	
4	130	1.14	− 18.13	100.88	− 245.93	250.86	
4	150	0.40	− 5.71	27.98	− 65.74	91.52	
4	170	2.45	− 38.08	202.60	− 448.85	384.05	
4	190	0.37	− 5.16	23.51	− 47.45	67.61	
5	10	0.05	− 0.05	− 4.23	11.33	28.92	1.34
5	30	0.05	− 0.05	− 4.23	11.33	28.92	1.34
5	50	0.00	0.25	− 3.72	7.72	30.69	1.10
5	70	− 0.14	2.25	− 12.67	23.44	21.03	1.38
5	90	− 0.15	2.61	− 16.07	33.32	10.38	1.80
5	110	0.22	− 3.22	17.70	− 54.22	94.92	
5	130	− 1.32	20.65	− 108.60	217.61	− 108.69	
5	150	− 1.76	28.32	− 157.08	347.97	− 234.17	
5	170	1.05	− 15.60	78.97	− 171.92	170.18	
5	190	1.29	− 19.41	98.76	− 212.61	198.64	
6	10	− 0.29	4.85	− 27.21	50.70	5.11	1.38
6	30	− 0.29	4.85	− 27.21	50.70	5.11	1.38
6	50	− 0.41	6.11	− 31.02	57.53	− 0.81	1.47
6	70	0.44	− 5.46	19.86	− 29.26	50.32	
6	90	0.44	− 5.46	19.86	− 29.26	50.32	
6	110	0.19	− 1.91	3.61	− 0.83	34.25	1.41
6	130	− 0.09	1.79	− 11.70	20.34	28.13	
6	150	− 0.11	2.52	− 18.43	43.94	1.13	